高职高专教材

内蒙古自治区"十四五"职业教育规划教材

氯碱生产技术

种延竹　马桂香　主　编
张爱文　罗　莎　副主编
宋旭东　主　审

化学工业出版社

·北京·

内 容 简 介

本书内容包括一次盐水精制、膜法除硝、二次盐水精制、离子膜电解、淡盐水脱氯、氯气洗涤干燥压缩、氢气洗涤压缩、废气处理、液氯生产、电解水制氢、氯化氢合成、高纯盐酸制备及液碱蒸发、固碱生产。编写过程中以实践操作为主线，体现了教学过程和生产过程的有机衔接，编写内容反映了我国氯碱工业生产现有的技术状况和氯碱行业发展的趋势，全书按照氯碱生产的前后工序进行编写，连贯性强。内容通俗易懂，重点突出，是学习氯碱知识的一本实用的辅导书。

本书可作为高等职业院校应用化工技术专业学生的教材，也可作为从事氯碱生产的操作人员的培训教材。

图书在版编目(CIP)数据

氯碱生产技术/种延竹，马桂香主编. —北京：
化学工业出版社，2021.7（2025.2重印）
高职高专教材
ISBN 978-7-122-38855-1

Ⅰ.①氯…　Ⅱ.①种…②马…　Ⅲ.①氯碱生产-生产技术-高等职业教育-教材　Ⅳ.①TQ114

中国版本图书馆 CIP 数据核字（2021）第 058577 号

责任编辑：张双进　王海燕　　　　文字编辑：姚子丽　师明远
责任校对：杜杏然　　　　　　　　装帧设计：王晓宇

出版发行：化学工业出版社（北京市东城区青年湖南街 13 号　邮政编码 100011）
印　　装：北京天宇星印刷厂
787mm×1092mm　1/16　印张 16　字数 388 千字　　2025 年 2 月北京第 1 版第 3 次印刷

购书咨询：010-64518888　　　　　　售后服务：010-64518899
网　　址：http://www.cip.com.cn
凡购买本书，如有缺损质量问题，本社销售中心负责调换。

定　　价：48.00 元

本书是根据国务院发布的〔2014〕19 号《国务院关于加快发展现代职业教育的决定》中对各类专业的人才培养水平提升要求，依托鄂尔多斯地区周边氯碱企业的设备配置和技术水平，结合现代信息技术教学手段来编写的适合高等职业院校应用化工技术专业的教材，也可以用作从事氯碱生产操作人员的培训教材。

氯碱系统工艺由一次盐水精制、膜法除硝、二次盐水精制、离子膜电解、淡盐水脱氯、氯气洗涤干燥压缩、氢气洗涤压缩、废气处理、液氯以及氯化氢合成、液碱蒸发、固碱生产等组成。本书以企业岗位任务为情景导入本课程的任务，通过"做中学、学中做、做中教"的教学模式让读者通过讨论互动，逐步分析课程任务，学习完成任务需要的理论知识和技术能力，分析任务存在的原因，为学生进入企业岗位实习和生产工作打下良好基础。本书为读者推荐两个氯碱行业的期刊——《中国氯碱》《氯碱工业》，希望读者可以读到氯碱行业最新的技术文章。

本书共三个项目十七个任务，其中项目一的任务一、任务二、任务三、任务四、任务五、任务六、任务七由种延竹编写；项目一任务八由马桂香编写；绪论、项目三的任务一、任务四、任务五、任务六由张爱文编写；项目二的任务一和所有附图（附图 1～附图 13）由鄂尔多斯化工集团罗莎编写；项目二任务二由山东三维石化工程股份有限公司李长胜编写；项目三任务二由郭丽敏编写；项目三任务三由朱晴编写；项目三任务七由池琴编写；全书由种延竹、张爱文、罗莎校核，并由鄂尔多斯化工集团氯碱分公司宋旭东主审。

本教材编写过程中得到了鄂尔多斯化工集团氯碱分公司多名企业技术专家的热情帮助与支持，在此，一并致以衷心的感谢。

由于我们知识水平有限，本书不足和疏漏之处在所难免，衷心希望广大读者给予批评指正，以便予以修订、完善。

编者

2020 年 10 月

目录

项目三
氯氢处理及相关产品合成与生产 /124

绪论（工作任务概述）

一、氯碱工业主要的原料、辅料及产品介绍

氯碱工业主要原料是工业用原盐，辅料有氯化铁、碳酸钠、亚硫酸钠、浓硫酸、白糖。主产品是 32％、50％液体氢氧化钠溶液和 ≥98.5％片状氢氧化钠（本书后续的碱浓度都为质量分数）；副产品是高纯盐酸、氢气、次氯酸钠及液氯。

1. 主产品性质

氢氧化钠（NaOH）又名烧碱、火碱、苛性钠，是化工生产中基本原料之一。目前，市场上常见的烧碱有液体和固体两种形式，固体烧碱分片状、块状、粒状。烧碱具有碱的一切通性，腐蚀性极强，能对人、动物、植物等产生腐蚀作用，是强碱之一。氢气和氯气生产的氯化氢，一般用于与乙炔反应制备氯乙烯，再聚合生成聚氯乙烯。液氯在氯碱工厂中一般是为了平衡生产，也可作为产品外售。

氢氧化钠纯品是无色透明的晶体，分子量为 40，密度为 2.130g/cm³，熔点为 318.4℃，沸点为 1390℃。质脆，易溶于水、乙醇、甘油，不溶于丙酮。溶于水时放出大量的热，在空气中易吸收水分而潮解，且易吸收 CO_2 而变成碳酸钠。氢氧化钠及其水溶液对动物及植物有强烈的腐蚀作用，因此，必须存放在密闭的铁罐或塑料容器中。

2. 主产品用途

固体烧碱（固碱）和液体烧碱（液碱）是用途极广的基本化工原料，主要可应用于：轻纺工业，如造纸、印染、皮革、制皂等；化学工业，如农药、染料等；石油工业，如石油炼制、动植物油脂精炼等。还可用于国防、机械、医药工业等。

3. 原料及辅料介绍

（1）原盐

原盐主要成分化学式为 NaCl，分子量为 58.5，相对于水的密度为 2.164，熔点为 800℃，沸点为 1433℃。为无色等轴晶体，是由许多小晶体集合而成的。另外，晶体之间的缝隙往往含有母液或空气，因而呈白色且不透明，也因含泥沙呈灰褐色。

纯的 NaCl 无吸湿性，但是由于原盐不纯，特别是因含有氯化镁而极易吸湿。另外，常因温度变低而固结。在水中的溶解度随温度变化不大，但随着温度的升高其溶解速率加快很多。

（2）氯化铁

氯化铁化学式为 $FeCl_3$，分子量为 162.5。黑色粉末，易溶于水，具有很强的氧化性，对铁、铜等金属腐蚀性特别强，水溶液呈酸性。在生产过程中，将固体氯化铁用生产水溶解为 1％～2％的水溶液供生产使用。

（3）碳酸钠

碳酸钠化学式为 Na_2CO_3，分子量为 106，相对密度为 2.532，熔点为 850℃。白色粉末（俗称苏打），易溶于水，在水中溶解度随温度的变化有较大的变化，水溶液呈强碱性，能因吸湿而结成硬块。

（4）亚硫酸钠

亚硫酸钠（Na_2SO_3）分子量为 126，相对密度为 2.633。无色、单斜晶体或粉末。易溶于水，溶液呈碱性，具有还原性。对眼睛、皮肤、黏膜有刺激作用。

（5）浓硫酸

浓硫酸主要成分分子式为 H_2SO_4，分子量为 98，纯硫酸为无色、油状透明液体，硫酸密度和结晶温度随浓度的变化而变化。78%～90%（质量分数）或大于 96%（质量分数）硫酸，冬季会形成硫酸水合物结晶，所以应注意防冻。

4. 副产品介绍

（1）液氯（Cl_2）

氯气，化学式为 Cl_2。常温常压下为黄绿色、有强烈刺激性气味的有毒气体，密度比空气大，可溶于水，易压缩，是氯碱工业的主要产品之一，可用作强氧化剂。氯气中混合体积分数为 5%以上的氢气时，遇强光可能会有爆炸的危险。在压强为 101kPa、温度为 −34.6℃时易液化为金黄色液态氯。如果将温度继续冷却到 −101℃时，液氯变成固态氯。氯气在标准状况下密度为 $3.214kg/m^3$，约为氧气的 2.3 倍、空气的 2.5 倍。国家规定大气中含氯要小于 $1mg/m^3$。生产液氯的过程，是将氯气冷却、取走氯气的显热与潜热、使氯气变为液体的过程。

氯气能与有机物和无机物进行取代反应或加成反应生成多种氯化物。氯气在早期作为造纸、纺织工业的漂白剂，还可以制备农药、消毒剂、有机氯产品（如氯仿、氯甲烷、三氯氢硅）等。

（2）高纯盐酸

氯化氢（HCl）在常温下为无色、有刺激性臭味的气体，熔点为 −114.6℃，沸点为 −84.1℃，相对密度为 1.3。极易溶于水，并强烈地放热，其水溶液就是盐酸，是常用的无机强酸之一。纯的盐酸是无色液体，工业盐酸由于有铁、氯或有机杂质存在而呈黄色。20℃时，浓度为 31%的盐酸相对于水的密度为 1.154，浓度为 36%的盐酸相对于水的密度为 1.179。饱和的或浓的盐酸在空气中能挥发出氯化氢气体。氯化氢极易与潮湿空气中的水分生成白色的烟雾。

（3）氢气

常温常压下，氢气是一种极易燃烧、无色透明、无臭无味的气体。标准状况下，密度是 $0.0899kg/m^3$（最轻的气体），难溶于水。在 −252℃时，变成无色液体，−259℃时变为雪花状固体。分子式为 H_2，熔点为 −259.2℃，沸点为 −252.77℃，分子量为 2。

氢气是主要的工业原料，也是最重要的工业气体和特种气体，在石油化工、电子工业、冶金工业、食品加工、浮法玻璃、精细有机合成、航空航天等方面有着广泛的应用。在一般情况下，氢气极易与氧结合。这种特性使其成为天然的还原剂使用于防止出现氧化的生产中。在玻璃制造的高温加工及电子微芯片的制造过程中，在氮气保护气中加入氢气以去除残余的氧。在石化工业中，需通过加氢去硫和氢化裂解来提炼原油。氢的另一个重要的用途是对人造黄油、食用油、洗发精、润滑剂、家庭清洁剂及其他产品中的脂肪氢化。由于氢的高燃料性，航天工业使用液氢作为燃料。它还可以用作合成氨、甲醇、盐酸的原料，冶金用还原剂，石油炼制中加氢脱硫剂等。

（4）次氯酸钠

次氯酸钠的化学式为 NaClO，危险性类别为腐蚀品，经常用手接触本品的工人，手掌大量出汗，指甲变薄，毛发脱落。次氯酸钠放出的氯气有可能引起中毒，但其本身对环境无明显污染。不燃，具有腐蚀性，可致人体灼伤，具有致敏性。

二、氯碱工业生产现状及发展趋势

1. 氯碱产能基本情况

2019 年中国烧碱企业总数维持在 162 家，年总产能 4346 万吨。其中退出产能 6 万吨，新增产能 100.5 万吨，长期停车涉及产能 60 万吨。2019 年底，中国烧碱年总产能（4346 万吨），较 2018 年增加 87 万吨。2014～2019 年中国烧碱行业企业数量及年产能新增、退出统计见图 0-1。

图 0-1　2014～2019 年中国烧碱行业企业数量及年产能新增、退出统计

2009～2010 年期间，烧碱行业装置利用率处于低位，整体开工率低至 70% 以下。近年来，由于退出产能增多，产能增速放缓，行业开工情况略有好转，整体开工率保持在 80% 左右。2018 年，国内烧碱整体市场情况相对稳定，行业开工率达到 80.3%。2009～2018 年中国烧碱行业开工率变化情况如图 0-2 所示。

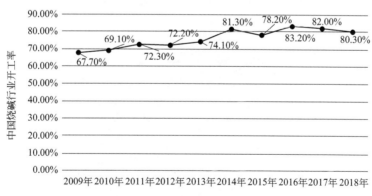

图 0-2　2009～2018 年中国烧碱行业开工率变化情况

如表 0-1 所示，排名前五位的企业均为离子膜碱企业，合计总产能为 604 万吨（6 家合计），平均产能为 100.7 万吨，产能占全国总产能的比重超过 10%。随着下游行业需求的提升，近年来中国烧碱的表观消费量也呈现持续增长的态势，2018 年国内烧碱行业表观消费量达到 3276 万吨。

表 0-1　2018 年氯碱产能排名前五位的企业情况

序号	企业名称	产能/（万吨/年）
1	新疆天业（集团）有限公司	116
2	山东信发化工有限公司	113

序号	企业名称	产能/(万吨/年)
3	新疆中泰化学股份有限公司	110
4	山东大地盐化集团有限公司	105
5	山东金岭集团有限公司	80
	陕西北元化工集团有限公司	80

2. 烧碱下游行业需求比重变迁

烧碱是最重要的基础化工原料之一，广泛应用于轻工、化工、纺织、冶金、石油和军工等行业。烧碱最早的主要用途是制造肥皂。随着石油化工等各行业的发展，烧碱使用范围逐渐延伸。在化工行业中，主要用于有机化工和无机化工产品的生产；在轻工行业中，烧碱主要用于造纸、纤维素浆的生产，也用于生产肥皂、洗涤剂等；在纺织印染工业中，烧碱主要用作棉布退浆剂、煮炼剂和丝光剂；冶金行业主要用于氧化铝的生产。

2007 年之前，造纸、印染和化工行业为烧碱主要消耗用户，烧碱消费占比达 67%。与此同时，随着中国电解铝生产高速发展，氧化铝需求直线上升，而新建和扩建的氧化铝项目基本上都是采用拜耳法，全部使用烧碱生产，从而带动烧碱需求大幅提升。2016 年，氧化铝耗碱比重从 2007 年的 9% 增加至 34%。而传统的烧碱下游用户如造纸、印染等行业，近年来受环保检查力度加强以及外贸低迷等因素影响，对烧碱的需求下降，占烧碱下游行业的比重持续下降。其中造纸行业由于生产工艺的改进，碱回收率提高，耗碱量降低，也在一定程度上导致了烧碱需求量的下降。

近年来国家和地方政府陆续出台了多项化解电解铝过剩产能的政策，电解铝、氧化铝去产能正在拉开序幕，而氧化铝作为主要耗碱产品，去产能后将势必减少烧碱市场需求，同时氧化铝企业多配套氯碱生产，将会释放部分烧碱进入市场，对烧碱市场造成影响，目前国内烧碱的下游消费分布（图 0-3）中，氧化铝仍是需求大的行业领域，2018 年氧化铝占烧碱下游消费比重为 33%。我国是世界氧化铝产能最大的国家，氧化铝产量的增长将进一步带动其对烧碱需求量的提升。

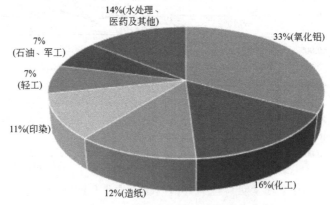

图 0-3　2018 年国内烧碱的下游消费分布

3. 烧碱进出口情况

在 20 世纪 90 年代以前，中国每年需要从国外进口 20 万～30 万吨的烧碱。90 年代以后，随着烧碱生产能力的提升，中国烧碱开始供大于求，烧碱出口量开始增多，成为烧碱净出口国。在 2004 年以前，由于受世界经济不景气的影响，中国烧碱的出口量较少。随着世界经济的逐渐复苏，以及中国烧碱产能的不断扩大，从 2005 年开始，我国的烧碱出口量开始大幅增加，烧碱产品出口保持较快增长，到 2008 年烧碱出口量突破了 200 万吨。在 2008 年爆发金融危机后，烧碱需求疲软，价格低迷，出口量在 2009 年、2010 年出现大幅下降。在国外下游需求逐渐恢复后，2011～2014 年，烧碱出口量基本维持在 200 万吨/年左右。2015 年开始，在澳大利亚等国家需求量减少以及日本、韩国、印度等国低价烧碱的影响下，中国烧碱出口量开始逐年走低。2017 年，烧碱出口量降至自 2008 年以来的新低，其主要原因是氧化铝行业对烧碱需求量增加，国内烧碱市场行情走高。1995～2017 年烧碱进出口情况见图 0-4。

图 0-4　1995～2017 年烧碱进出口情况

三、离子膜法制备烧碱生产工艺原理和流程介绍

离子膜法制碱是指采用离子交换膜法电解食盐水而制烧碱。主要原理是使用具有特殊选择透过性的阳离子交换膜，该膜只允许阳离子通过而阻止阴离子和气体通过。

离子膜法制烧碱自 20 世纪 70 年代末工业化以来，由于其具有节能、产物质量高（碱液含盐小于 50mg/L），且避免了汞污染或石棉污染，全国离子膜法制烧碱的企业已经占氯碱企业的 99%（2017 年的统计数据）。

1. 离子膜法制烧碱工艺原理

电解反应机理：用电解氯化钠水溶液的方法生产氢氧化钠溶液和氯气、氢气。电解反应是一种电化学反应。电解反应方程式如下：

$$2NaCl + 2H_2O \xrightarrow{\quad\quad} 2NaOH + Cl_2 \uparrow + H_2 \uparrow$$

2. 离子膜法制烧碱工艺流程简图

离子膜法制烧碱工艺流程简图如图 0-5 所示。

3. 离子膜法制烧碱工艺流程简述

离子膜法制烧碱工艺流程由一次盐水精制、膜法除硝、二次盐水精制、离子膜电解、淡盐水脱氯、氯气冷却干燥、氯气压缩、氢气洗涤、事故氯处理、液氯（可以电解水制氢代替）以及氯化氢合成、液碱蒸发、固碱生产单元组成。下面以某工厂的情况为例，具体介绍每个单元的基本情况。

（1）一次盐水精制单元

一次盐水精制工序是利用电解返回淡盐水、盐泥滤液、生产上水等对食盐进行化盐，并经过各类精制剂除去粗盐水中钙、镁等杂质，生产合格的一次盐水，保证离子膜电解工序生产稳定运行。生产任务是提供离子膜电解所需要的合格盐水，采用 SF 膜过滤技术，除硫酸根采用膜法脱硝技术。

（2）二次盐水精制和离子膜电解单元

将一次盐水精制工序送来的一次盐水，通过加入盐酸调节 pH 值，控制温度为 58～62℃，通过螯合树脂塔吸附盐水中的金属阳离子杂质，制取合格的二次精制盐水。通过螯合树脂塔再生恢复树脂的性能，使树脂循环使用，保证二次精制盐水质量合格。生产任务是进一步除去金属阳离子，以免这些离子的碱性沉积物堵塞电解槽离子膜孔隙，影响离子膜寿命。

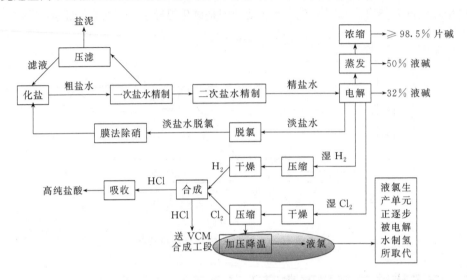

图 0-5　离子膜法制烧碱工艺流程简图

将合格的二次精制盐水送到电解槽进行电解，阳极生产出符合要求的氯气，阴极生产出合格的液碱和氢气，湿氯气和氢气分别送氯处理岗位和氢处理岗位，阳极淡盐水送淡盐水脱氯岗位，阴极产生的 32% 液碱送蒸发工序或液体罐区。生产任务是电解食盐水生产氢氧化钠，这是工艺设计主要化学反应发生的单元，前期的一次和二次盐水精制是为了给本单元提供离子膜电解所需要的要求苛刻的合格精盐水；后续的单元主要是主副产品的处理和浓缩。

（3）蒸发、固碱单元

蒸发单元通过三效逆流降膜蒸发工艺把来自电解工序的浓度为 32% 的液碱蒸发浓缩成浓度为 50% 的液碱，一部分送往固碱单元进行再次浓缩；另一部分送往液碱罐区销售。

固碱单元主要任务是将浓度为 50% 的液碱进行进一步蒸发浓缩，浓缩采用两效逆流降膜工艺，浓缩至浓度为 98.5% 以上的熔融碱，经片碱机制片后包装码垛。浓缩所需的热量由熔盐炉供给。

（4）氯氢处理单元

氯处理主要任务是处理电解送来的湿氯气。先用氯水进行洗涤并冷却，然后将氯气通入干燥塔，利用硫酸的吸水性进行干燥。最后用氯气压缩机将氯气增压后送出界区至各用户，并保证电解槽阳极室压力稳定。

氢处理的任务是对电解送来的高温湿氢气进行洗涤、冷却和加压，并保证电解槽阴极室压力稳定。

合成 HCl 时，氯气：氢气＝1：（1.05～1.1），电解生产的氯气和氢气是 1：1，所以就会剩余氯气，如果加入电解水制氢项目，那么就能够满足合成 HCl 的比例，就能将液氯生产项目取代。

液氯工序的主要任务是将气态氯通过氟利昂冷却为液态氯，有利于提高氯气纯度；缩小氯气体积，便于储存和运输；同时缓冲平衡，保证氯碱生产的连续性，并将液氯销售给客户使用。

电解水制氢工艺技术成熟，设备简单，运行可靠，管理方便，安全系数高，不产生污染，杂质含量少，且氢气纯度高，故从安全环保角度考虑，水电解制氢是制氢最佳的选择。碱性电解水制氢技术是耗氯技改项目制氢工艺的最佳选择。其原理主要是在充满氢氧化钾或氢氧化钠的电解槽中通入直流电，水分子在电极上发生化学反应，分解为氢气和氧气。

（5）氯化氢合成单元

氯化氢合成单元的主要任务是将氯气处理工序送来的合格的氯气及液氯达米的液化尾气与氢气在石墨合成炉内燃烧，生成氯化氢气体，供应给氯乙烯单体岗位（后续生产聚氯乙烯的工厂）或用氯化氢吸收成合格的高纯盐酸（后续不生产聚氯乙烯的工厂），并且为本厂及用户提供优质的高纯盐酸；平衡氯气，保证全厂正常生产。

四、各单元通用岗位职责

1. 班长职责

① 在装置长领导下，全面负责本班组的安全生产、劳动纪律、现场管理工作。

② 带头执行公司、分厂有关安全生产、现场管理、劳动纪律的规章制度。负责准确及时地组织本班员工完成各项本职工作，负责对班组职工进行安全教育。

③ 对本班组的安全生产负责，严格执行交接班制度，做好设备和安全设施的巡回检查及维护保养工作。

④ 严格控制工艺指标。

⑤ 督促本班组人员正确使用劳动保护用品、消防器材，认真执行安全作业证制度。

⑥ 与本班员工互相配合、团结协作，管理好全班的劳动纪律和劳动考核；做好本班分管的现场管理工作；责任到人，并对班组工作进行考核。

⑦ 发现异常及时处理，不具备处理条件的及时上报，同时采取控制措施。

⑧ 完成领导临时交办的工作任务。

2. 主控职责

① 熟练掌握本岗位工艺规程、操作规程及岗位应急预案。

② 精心操作，严格执行工艺指标，认真填写运行记录，要求清晰、及时、准确。

③ 及时查看DCS主机工艺控制点变化情况，发现问题及时与班长、巡检工联系。

④ 严格遵守劳动纪律，严禁串岗、脱岗、睡岗、做与工作无关的事情。

⑤ 严格遵守各项安全生产规章制度，不违章作业，并有权劝阻或制止他人违章作业。

⑥ 上岗操作严格按照规定穿戴好劳动保护用品和防护用品。

⑦ 完成领导交办的临时任务。

3. 巡检职责

① 熟练掌握《岗位操作法》及设备、工艺管路、就地仪表、安全设施及其他设施的维护保养和正确操作方法。

② 操作人员每1h对各个操作点进行巡检并实行挂牌制度。

③ 检查本工序所有工艺管路、设备、就地仪表、安全设施及其他设施的运行情况，发现异常情况或泄漏现象及时抢修处理并汇报当班班长或调度，对处理不了的重大问题及时向当班班长或调度汇报解决。

④ 检查设备、管线、泵、阀门工作状态，避免脏、松、缺油等不合规定的情况发生。

⑤ 排查界区内的不安全因素。

项目一

离子膜电解装置

任务一　原盐的选用、储存和输送

任务目标　　综合原盐成本、运输成本和需要添加的精制剂的成本及一次盐水精制的工作负荷，选择合适的原盐供货方，根据盐仓（场）的储存能力合理存放原盐，保证原盐输送和使用的顺畅。

任务描述

原盐是氯碱生产的主要原料，它的质量的好坏直接影响后续一次盐水精制工段精制剂的加入量和设备的负荷，进而影响最终的精盐水的指标。了解原盐的种类和特点，根据企业周边各盐厂的情况衡量运输和质量的平衡，最终选择合适的供货方。原盐的存放既要考虑盐仓的储存能力，又要考虑原盐的运输方便。

 知识链接

一、原盐的种类

根据 GB/T 5462—2015《工业盐》的规定，工业盐主要分为两大类，即日晒工业盐和精制工业盐。前者包括海盐、湖盐和井矿盐，一般含杂质较多，多用作工业原料。后者主要是以卤水或者原盐为原料，用真空蒸发制盐工艺、机械热压缩蒸发制盐工艺制得的工业用盐。我国的盐资源极为丰富，用途亦很广，按盐的产制来源分，有海盐、湖盐、矿盐、井盐、土盐。原盐的主要成分为无色透明的正六面晶体。

工业用盐主要分为海盐、湖盐、井矿盐。在全国 18 个省（区）有产出，形成了北方沿海大型海盐、西部湖盐和中、东、南井矿盐产业带三大原盐产区。我国的原盐因品种和产地而异，质量不一。就 NaCl 含量而言，湖盐质量最佳，NaCl 含量为 96%～99%；井矿盐次之，NaCl 含量为 93%～98%；海盐一般含水分 2%～4%，含 NaCl 91%～95%。海盐中的钙、镁含量最高，但重金属离子则低于湖盐或井矿盐。

1. 海盐

海盐主要是以海水为原料，通过盐田日晒而得到。主要成分有氯化钠、硫酸镁、硫酸钾、硫酸钙、氯化镁、溴化镁和碳酸钙等。某海盐的主要成分及指标如表 1-1 所示。

表 1-1　某海盐的主要成分及指标　　　　　　　　　　　单位：%

等级	NaCl	Ca^{2+}	Mg^{2+}	SO_4^{2-}	水不溶物	水溶杂质
一级	94.0	0.2	0.2	0.7	0.3	1.5
二级	92.0	0.2	0.3	0.8	0.4	1.7
三级	89.5	0.3	0.3	1.0	0.5	2.6

2. 湖盐

湖盐指从盐湖中直接采出和以盐湖卤水为原料在盐田中晒制而成的盐。一般来说，湖盐资源丰富，含盐量高，生产成本和能耗低于海盐和井矿盐，开发潜力较大。但是湖盐中含有泥沙、芒硝和石膏等杂质。湖盐的主要成分及指标如表 1-2 所示。

表 1-2　湖盐的主要成分及指标　　　　　　　　　　　单位：%

等级	NaCl	Ca^{2+}	Mg^{2+}	SO_4^{2-}	水不溶物	水溶杂质
一级	94.0	0.08	0.3	0.5	1.0	0.4
二级	94.0	—	—	—	0.4	1.4
三级	92.0	—	—	—	0.4	2.0

3. 井矿盐

井盐主要是运用凿井法汲取地表浅部或地下天然卤水加工制得；矿盐是通过开采古代岩盐矿床加工制得。井矿盐是井盐和矿盐的总称，主要含有天然卤水盐矿和岩盐矿床，运用开采矿盐钻井水溶法开采。其主要含有钾、钠、钙、镁等金属离子和碳酸氢根、硫酸根、碳酸根及氯离子等阴离子。井矿盐的主要成分及指标如表 1-3 所示。

表 1-3　井矿盐的主要成分及指标　　　　　　　　　　　单位：%

等级	NaCl	Ca^{2+}	Mg^{2+}	SO_4^{2-}	水不溶物	水溶杂质
优级	95.5	0.25	0.2	0.7	2.0	1.0
一级	94.0	—	—	—	0.4	1.4
合格	92.0	—	—	—	0.4	2.0

4. 精制工业盐

精制工业盐是指具有商品属性（按标准划分等级）、经过精制加工的工业用盐（氯化钠）。精制井矿盐是对井矿盐卤水进行精制加工而得到的精制工业盐，在精制工业盐中占较大比重。精制井矿盐是离子膜电解中食盐水配制的首选原料之一。精制井矿盐的主要成分及指标如表1-4所示。

表1-4　精制井矿盐的主要成分及指标

成分	NaCl	Mg^{2+}	Ca^{2+}	SO_4^{2-}
指标/%	≥99.5	≤0.005	≤0.01	≤0.005 .

5. 液体盐（盐卤水）

液体盐主要来源于井盐或天然卤水和岩盐。井盐或天然卤水可直接吸出，通过管道输送到工厂使用，如果盐水浓度较低，可先进行浓缩，或加入一定量的固体盐，使其浓度增加。岩盐一般是先在地下用水溶解，吸出之后通过管道输送到工厂。从井矿提取的盐卤水的主要成分及指标如表1-5所示。

表1-5　盐卤水的主要成分及指标

成分	NaCl	$CaSO_4$	$MgSO_4$	Na_2SO_4
指标/(g/L)	≥290	≤5	≤0.2	≤20

二、原盐的质量对生产的影响

1. 原料（盐）的质量对生产氯碱的影响

原料（盐）的质量对生产氯碱有很大的影响，具体来说，影响如下。

（1）影响生产成本

如果原盐中钙离子、镁离子含量高，增加了精制过程中纯碱、氢氧化钠、氯化铁、氯化钡等的用量，从而增加了费用，提高了生产成本。

（2）影响电解槽性能

盐水中的钙离子、镁离子、硫酸根离子在精制过程中形成碳酸钙、氢氧化镁、硫酸镁等沉淀，堵塞电解槽离子膜，使槽电压升高，降低电解槽离子膜寿命，且如果硫酸根离子浓度太高，在阳极上可放电产生氧气，降低电流效率和氯气纯度。

（3）影响澄清能力

原盐中镁离子和钙离子的比值会直接影响盐水的澄清速率，镁离子和钙离子比值越大，澄清能力越低。

（4）影响化盐速度和盐水饱和度

如果原盐杂质含量升高，化盐速度降低，盐水不容易达到饱和，化盐设备的生产强度降低。

2. 原盐质量标准

① 氯化钠含量要高，一般要求大于94%。

② 化学杂质如氯化钙、氯化镁、硫酸钠，含量要少。

③ 不溶于水的机械杂质要少。

④ 盐的颗粒要粗，否则容易结成块状，给运输和使用带来困难。如果盐的颗粒太细时，盐粒容易从化盐桶（池）中泛出，使化盐和澄清操作难以进行。

⑤ 菌、藻、腐殖酸等含量要低。

3. 原盐的选用原则及要求

各种盐的生产工艺不同，产品质量差别也很大，各单位可以根据实际情况合理选用原盐，但总体上应遵循以下两个原则。

（1）产地就近原则

为了消除涨价因素和原盐供应不足给企业造成的经济损失，也为了降低原盐运输成本，氯碱企业应当首选离企业最近的盐场生产的原盐，或氯碱厂建厂时就应尽量靠近盐场。

（2）质量优先原则

选择品位高的原盐作原料，可以减少盐水精制岗位人力、物力、财力的投入，节约大量的投资和运行费用，因此企业应尽量选用含杂质少的原盐作为原料。一般情况下，海盐和湖盐的生产以日晒为主，未经过净化处理，盐的品质差，泥沙、悬浮物含量高；井矿盐通过真空蒸发生产，盐的品质好，不含泥沙、悬浮物，杂质含量低。

4. 精制盐和日晒盐化学成分对比

原盐的化学成分及指标如表1-6所示。

表 1-6　原盐的化学成分及指标

项　　目		精制工业盐（干盐）			日晒工业盐		
		优级	一级	二级	优级	一级	二级
氯化钠/%	≥	99.1	98.5	97.5	96.2	94.8	92.0
水分/%	≤	0.3	0.5	0.8	2.8	3.8	6.0
水不溶物/%	≤	0.05	0.1	0.2	0.2	0.3	0.4
钙镁离子/%	≤	0.25	0.4	0.6	0.3	0.4	0.6
硫酸根离子/%	≤	0.3	0.5	0.9	0.5	0.7	1.0

日晒工业盐和精制工业盐如图1-1和图1-2所示。

图 1-1　日晒工业盐

图 1-2　精制工业盐

总之，氯碱企业应根据自己的实际情况，选用适合自己的原盐，从整体上降低企业的成本。食盐水离子膜电解中，原盐偏向选择精制工业盐，即选精制井矿盐。由于精制井矿盐的杂质离子含量明显少于海盐，在精制过程中能大大减少精制剂 Na_2CO_3 和 $NaOH$ 的添加量；同时，杂质含量少可降低脱硝装置的运行负荷。井矿盐颗粒较海盐颗粒细小，加入化盐池后，井矿盐会随化盐水"漂流"，堵塞下游管道，使化盐和澄清操作难以进行。为了达到节能降耗并且一次盐水精制系统运行的稳定性，部分企业正在尝试精制盐和日晒盐掺混使用，已有文献报道取得了比较好的效果。表 1-7 是某氯碱厂原盐的分析指标。

表 1-7　某氯碱厂原盐的分析指标

样品编号	氯化钠 （≥94.5%）	水分 （≤3%）	水不溶物 （≤0.3%）	钙离子 （≤0.4%）	镁离子 （≤0.4%）	硫酸根离子 （≤0.5%）
CYPVC180101-03	95.32	3.54	0.10	0.06	0.09	0.39
CYPVC180102-06	95.96	3.06	0.10	0.06	0.05	0.26
CYPVC180104-11	96.32	2.96	0.09	0.04	0.05	0.08
CYPVC180108-13	95.81	3.36	0.16	0.04	0.04	0.24
CYPVC180109-16	96.08	3.23	0.15	0.04	0.05	0.23

三、原盐的储存和使用注意事项

1. 原盐（固体原盐）储存注意事项

① 原盐储存场所应保持清洁，避免混入机械杂质。

② 露天存放时应注意防雨，以免流失。

③ 新盐与陈旧盐质量若有差异，精制时应加以注意。

④ 原盐储存时间过长会结成硬块，因此新旧盐要经常倒换使用。

2. 储盐设备

根据原盐是固体盐还是盐卤水，储盐设备可以分为地上盐库、地上化盐桶、地下化盐池或地上化盐池等。

固体原盐一般使用地上盐库存放，有盐场（露天）和盐仓（仓库）两种形式。盐场的防风、防雨雪情况较差，使用防风挡板，雨雪天气应积极采取措施减少原盐的损失；对于"原盐先入库的先用"这一原则比较容易实现。盐场的总貌如图 1-3 所示。盐仓防风、防雨雪情况较好，原盐应该先入库的先用，并定期进行翻仓，因操作不方便、翻仓工作量比较大而造成的长期存放发生结块板结现象比较突出。盐仓一角如图 1-4 所示。

图 1-3　盐场总貌

图 1-4　盐仓一角

四、原盐的输送

对于原盐的输送，费红丽 2017 年的调查报告中显示氯碱企业使用的上盐设备有铲车和皮带机，抑或两种方式共同使用上盐；全卤制碱送卤方式有使用泵送卤、离心机连续送卤和斗提机间歇送卤等。使用其他设备，如天吊、装载车、叉车、分盐器和扒盐机等间歇上盐。具体调查结果如表 1-8 所示。

表 1-8　氯碱企业上盐设备和方式调查结果

使用设备	操作方式	调查所占比例/%	使用设备	操作方式	调查所占比例/%
铲车	间歇上盐	62	皮带机	连续上盐	21
泵	输送卤水	7.4 （全卤制碱）	天吊、装载车、叉车	间歇上盐	7.4
离心机（连续）和斗提机（间歇）	输送卤水		分盐器和扒盐机		

现以皮带运输机为例，简单介绍原盐输送的过程，生产用的原盐通过火车运到盐场，由龙门吊车抓斗送入集盐场，在盐场内用龙门吊车将盐送入盐斗，然后通过皮带运输机将原盐经过电子皮带秤计量后，连续不断地送入化盐桶内。图 1-5 是原盐从盐场至化盐桶的流程。

图 1-5　原盐从盐场至化盐桶的流程

1. 龙门吊车

龙门吊车是盐场装卸盐的主要设备，负责将进厂原盐从火车内卸进盐场，并将盐场内原盐连续地供给皮带运盐机。若生产需要，也可用于将盐场内的新旧原盐进行搭配供盐。

其安全注意事项如下：

① 遵守安全操作规程，施工作业人员按规定作业，持证上岗。

② 现龙门吊车已加装遥控器，司机操作时站在地面上，前后方有许多管片，视线不好，开动龙门吊车时必须先鸣长哨，然后按行走键。

③ 工作时，不准看书、看报、吃东西、闲谈，不准瞌睡，严禁酒后作业。

④ 起重作业工人不得擅离岗位，工作中必须集中精神，注意倾听周围有无异响，注意

指挥信号，信号不明或可能引起事故时，应暂停作业，待弄清情况后方可继续作业。

⑤ 起重司机必须思想集中，养成上、下、左、右、前、后观察的习惯，做到心中有数，准确安全地工作。

⑥ 无起重人员指挥不得起吊物件，起重设备需有安全保险装置，坚持"起重十不吊"，不得超负荷作业，预防机械事故的发生。

⑦ 在工作状态下，如多人挂钩时，在紧急意外情况下，发出任何的危险信号，都要要求司机紧急刹车，停车检查。

⑧ 严禁吊物在人头上空通过，空中运行时吊具最低位置不得低于 2m 高度。

⑨ 起重机在每次起吊或移动前，必须先发出警铃等警告信号。

⑩ 驾驶人员离岗时，必须将起重机开到固定地点，吊具不准悬持吊物，各控制手柄应置于零位，切断主开关。

2. 皮带运输机及电子皮带秤

皮带运输机是原盐输送的主要设备，担负着连续向化盐桶输送原盐的任务。利用水银接点实现化盐桶盐层高度与皮带运输机联锁自控，原盐通过电子皮带秤计量。

其安全注意事项如下。

① 严格遵守公司、工厂制定的本岗位安全制度。

② 本岗位操作人员必须按规定穿戴好发放的劳动护具及用品。

③ 给皮带机加油、铲除滚筒上的盐时必须停皮带机。

④ 开皮带机前必须先检查是否有人修理，是否有人在皮带机旁，检查没有人后再开动皮带机。

⑤ 转动设备的转动部分必须有安全罩。

⑥ 电器部分有问题请电工修理，仪表部分有问题请计量工修理。

⑦ 开皮带机前必须先响铃 2～3min 并检查皮带上和旁边是否有人，如有必须让人离开，然后再开皮带机。

⑧ 开皮带机必须与保管员共同完成。

⑨ 每班计量人员都要进行核算，双方认可签字。

⑩ 抄仪表读数必须与保管员共同抄，不得单方面抄。

⑪ 计量中的问题必须服从计量人员仲裁，有异议可以提出，仲裁必须服从。

3. 铲车

铲车是实现把原盐送入吊车的主要设备。安全注意事项如下。

① 开车前的准备和检查工作，确认铲车是否具备开车条件。

② 学徒工必须经过培训和考试后经过厂部同意方可独立操作，无关人员不准进入铲车驾驶室，更不准进行操作。

③ 进入驾驶室操作必须佩戴好规定的劳动护具和必要的机械电器维修工具，精神状态不好不要勉强上车工作。

④ 铲盐时，铲斗要稳起稳落。

⑤ 严格禁止超负荷运行。

⑥ 铲车在运行中禁止检修和设备维护工作。

⑦ 操作室有两人或多人时，离开操作室的人必须与操作司机打招呼，不允许擅自下车。

⑧ 在运行中，出现铲车有异常现象必须立即检查排除故障，未找出故障原因，不能开车。

⑨ 两台铲车同时工作时要经常用讯号联系，两车要保持 3m 以上的距离，严防撞车。

⑩ 铲车运行时精神要高度集中，随时观察，双手必须握牢操作手柄，以便处理突然发生的情况。

⑪ 检修铲车或临时排除电机故障时，必须拉下电源开关，并在开关处挂上"有人工作　禁止合闸"的安全警告牌，必要时指定一人监护，防止他人合闸送电。

⑫ 电器设备着火时应立即切断电源，用干粉或二氧化碳灭火器灭火。

⑬ 发现有人触电时首先应设法切断电源，对触电者做人工呼吸或送医院急救。

任务实施

一、教学准备/工具/仪器

图片、视频展示

粗盐实物展示

与基础实验室联系，根据国家标准，练习如何确定原盐质量

二、操作规范及要求

GB/T 5462—2015 工业盐

工业盐取样方法（GB/T 8618）

三、操作要点

本任务涉及的岗位有一次盐水原盐铲车岗位、一次盐水计量岗位，以及化验室原料质量检验岗位。

1. 一次盐水原料铲车岗位任务

① 自敞棚火车箱内卸原盐。

② 将汽车卸下的原盐和卸在铁路两侧的原盐倒开堆起。

③ 将原盐铲起放入下盐斗，保证生产所需原盐。

④ 根据工艺要求按照盐种、杂质含量的不同搭配使用，确保盐水精制质量。

⑤ 负责铲车的维护及保养。

⑥ 负责作好铲车运行原始记录。

2. 一次盐水计量岗位任务

① 负责原盐的准确计量，并与盐库核实，签字。

② 计量秤有故障，负责与仪表联系，并向上级汇报。

③ 负责大小皮带机的铲盐和清洗。

④ 负责大小皮带机上转动设备上润滑油。

⑤ 随时向班长、化盐工、精制工报告使用盐种的情况。

⑥ 负责本岗位所属设备的维修和卫生区域的清扫。

⑦ 作好本岗位原始记录。

3. 化验室原料质量检验岗位任务

根据操作规范中的国家标准，演示练习正确的固体采样方法，如果学校有粗食盐，并且

具备检验原盐的条件，可以跟教师申请练习原盐质量检验方法。

为了加深对工厂的认识，可以进行下列训练：

① 搜索各厂家生产的工业原盐，根据包装上的国家标准和等级，写出这种工业原盐符合的 NaCl 和其他各类杂质的含量范围。

② 结合原盐质量计算每吨原盐中各种杂质的含量，通过计算各厂家不同等级的工业盐杂质的多少，结合一次盐水使用的精制剂，计算需要的精制剂的量。

③ 通过在网络上查找相关知识，给出年产 10 万吨的氯碱厂盐场的大小。

任务二　认识一次盐水精制工艺

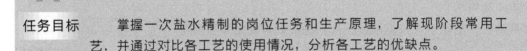

任务目标　　掌握一次盐水精制的岗位任务和生产原理，了解现阶段常用工艺，并通过对比各工艺的使用情况，分析各工艺的优缺点。

任务描述

一次盐水精制的岗位任务是将杂质含量很多的饱和食盐水精制成能够满足离子膜电解需要的合格盐水，具体任务是利用电解返回淡盐水化盐，并除去粗盐水中钙、镁等杂质，生产合格的一次盐水，保证离子膜电解生产稳定运行。

 知识链接

一、一次盐水生产基本原理

（一）原盐溶解原理

原盐中氯化钠可溶解于水中。温度对氯化钠溶解度影响并不大，但温度升高可加快其溶解速率；盐水在输送中应考虑温度的影响，防止氯化钠晶体析出堵塞管道。生产过程中盐水温度始终保持在 60℃±5℃。表 1-9 是氯化钠在水中的溶解度。

表 1-9　氯化钠在水中的溶解度

温度/℃	NaCl/[g/100g(H$_2$O)]	温度/℃	NaCl/[g/100g(H$_2$O)]
0	35.7	60	37.3
10	35.8	70	37.8
20	36.0	80	38.4
30	36.3	90	39.0
40	36.6	100	39.8
50	37.0		

（二）一次盐水精制工艺原理

盐水中的化学杂质可用化学方法处理，先加精制剂使其生成溶解度很小的沉淀，然后用沉降、过滤的方法除去。

1. Ca^{2+}、Mg^{2+} 精制方法

（1）Ca^{2+}、Mg^{2+} 的影响

如果盐水中的 Ca^{2+}、Mg^{2+} 不除去，则在电解过程中 Ca^{2+}、Mg^{2+} 将与阴极电解产物氢氧化钠发生化学反应，生成氢氧化钙及氢氧化镁沉淀。这样，不仅消耗生成的碱，而且这些沉淀物会堵塞电解槽离子膜孔隙，降低离子膜的渗透性，导致电流效率下降，槽电压升高，破坏电解的正常运行。

（2）除钙离子

钙离子一般以氯化钙和硫酸钙的形式存在于原盐中，精制时向盐水中加入碳酸钠（纯碱），使其生成碳酸钙沉淀。反应式如下：

$$Ca^{2+} + CO_3^{2-} = CaCO_3 \downarrow$$

为了除净钙离子，碳酸钠的加入量必须超过反应式的理论需要量。本工艺碳酸钠的过碱量为 $0.2 \sim 0.6g/L$；本反应速率较慢，反应速率受温度影响较大，一般在 $50℃$ 左右、碳酸钠过量的情况下需半小时方能反应完全，所以在精制过程中要注意必须有足够的精制反应时间。

（3）除镁离子

镁常以氯化物的形式存在于粗盐水中，向盐水中加入氢氧化钠（烧碱）溶液，使其生成氢氧化镁沉淀。反应式如下：

$$Mg^{2+} + 2OH^- = Mg(OH)_2 \downarrow$$

为了除净镁离子，氢氧化钠的加入量也必须超过反应式的理论需要量。本工艺过碱量为 $0.2 \sim 0.6g/L$；本反应速率快，几乎瞬间完成，但生成物为絮状沉淀，不易沉降。

在 Ca^{2+}、Mg^{2+} 脱除过程中，$Mg(OH)_2$ 结晶很细，只有 $0.03 \sim 0.10\mu m$，沉降速率很慢，温度低于 $15℃$ 时几乎不沉降。碳酸钙结晶为 $3 \sim 10\mu m$，碳酸钙形成饱和溶液的趋向性很强，$15℃$ 时碳酸钙在盐水中的溶解度是 $5 \sim 6mg/L$，此时过饱和浓度可达 $150 \sim 200mg/L$，析出的结晶为絮状，这种较大的聚合体在 $25℃$ 时，沉降速率可达到 $0.4 \sim 0.8m^3/h$。

2. SO_4^{2-} 精制原理

（1）SO_4^{2-} 的影响

盐水中 SO_4^{2-} 含量较高时，会阻碍氯离子放电。SO_4^{2-} 在阳极放电产生氧气，消耗电能，降低电流效率；导致氯内含氧升高，氯气纯度降低。

（2）钡法

向盐水中加入氯化钡，使其生成硫酸钡沉淀。反应式如下：

$$SO_4^{2-} + Ba^{2+} = BaSO_4 \downarrow$$

加入的氯化钡不应过量，否则将增加离子交换树脂的负荷，若发生 Ba^{2+} 泄漏，则 Ba^{2+} 和电解产物氢氧化钠反应生成氢氧化钡沉淀，堵塞离子膜；反应速率较快，但生成的硫酸钡沉淀颗粒较细，黏度较大，不易沉降。

（3）冷冻法

冷冻法是利用冷冻来降低淡盐水或盐卤水的温度，让 SO_4^{2-} 与 Na^+ 结合形成硫酸钠结

晶（芒硝）而除去 SO_4^{2-} 的方法。该法属于直接除硝法，但成本较高，若利用纳滤膜预先对淡盐水或盐卤水中 SO_4^{2-} 进行增浓，再用冷冻法除硝，则成本会显著降低。

（4）膜法除硝

膜法除硝原理是根据道南效应（若将负电性的阳离子交换膜置含盐溶剂中，则膜内侧溶液阴离子浓度会大于主体溶液，同时膜内侧溶液阳离子浓度会低于主体溶液——形成道南位差）和纳滤膜的选择性分离功能（表面孔径为 0.51nm，一价离子如氯离子、钠离子可以透过此膜，而两价的硫酸根离子则难透过此膜被截留），将淡盐水或盐卤水中的硫酸根离子截留在膜内。膜法除硝实际上还取代了传统工艺（砂滤器和碳素管过滤器），能提高精制盐水的质量，成为盐水精制的新的发展方向。

3. 除 NH_3 和游离氯

（1）NH_4^+ 的影响

在电解槽阳极液 pH 值为 2～4 的条件下，将产生 NCl_3 气体。反应式如下：

$$NH_4Cl+3Cl_2 \Longrightarrow NCl_3+4HCl$$

氯气中 NCl_3 气体浓度超过 30mg/L 时，有爆炸危险，危及生产安全。

（2）去除有机物、NH_3

盐水中加次氯酸钠可将盐水中菌藻类、腐殖酸等天然有机物氧化分解成小分子，最终通过氯化铁的吸附和共沉淀作用在预处理器中预先除去；若盐水中含有氨或胺类物质，与次氯酸钠反应生成 NH_2Cl 或 $NHCl_2$ 气体，然后用压缩空气吹除。反应式如下：

$$NH_3+Cl_2 \Longrightarrow NH_2Cl+HCl$$
$$NH_3+2Cl_2 \Longrightarrow NHCl_2+2HCl$$

（3）去除游离氯

盐水中的游离氯一般以 ClO^- 形式存在，除去游离氯用亚硫酸钠，反应式如下：

$$ClO^-+Na_2SO_3 \Longrightarrow Na_2SO_4+Cl^-$$

4. Fe^{3+} 及其他重金属离子的影响

在电解过程中 Fe^{3+} 及其他重金属离子也会在阴极附近和 OH^- 反应生成 $Fe(OH)_3$、$Mn(OH)_2$、$Cr(OH)_3$ 等沉淀，堵塞离子膜，增加离子膜电压降，影响电解槽的正常运行和技术经济指标；另外 Fe^{3+}、Mn^{2+}、Cr^{3+}、Ni^{3+} 等多价金属离子对阳极活性有相当大的影响，沉积在阳极表面，形成不导电的氧化物，使阳极涂层的活性降低，压降增加，电耗升高。

5. 机械杂质的影响

如果不溶性的泥沙等机械杂质随盐水进入电解槽，同样会堵塞离子膜孔隙，降低渗透性，使电解槽运行恶化，造成离子膜电阻增加。

一般通过预处理器及后反应器进行沉降、膜过滤器进行过滤达到去除 Fe^{3+}、机械杂质的目的。

6. pH 值的调节

盐水 pH 值的调节方法一般是加入 HCl 即可。反应式如下：

$$NaOH+HCl \Longrightarrow NaCl+H_2O$$
$$Na_2CO_3+2HCl \Longrightarrow 2NaCl+H_2O+CO_2\uparrow$$

二、一次盐水精制阶段工艺介绍

盐水精制是保证氯碱装置正常安全稳定生产的重要工序，经过其处理的盐水质量好坏直接影响电解槽及离子膜的使用寿命。传统盐水处理工艺自20世纪40年代至20世纪末基本没有大的改进，精盐水质量也无进一步提高。近年来，离子膜电解槽得到广泛应用，已逐步取代水银电解槽、隔膜电解槽，由于离子膜电解槽对盐水杂质的要求更为严格，因此盐水精制技术也随之发展，由传统的澄清桶工艺发展到膜过滤等工艺。

据费红丽在2016～2017年调查的95家氯碱企业的数据分析统计，国内离子膜法制烧碱在一次盐水工序约占95%的氯碱企业采用膜过滤粗盐水技术。常用的过滤膜分别是有机膜（御隆SF膜、麦驼科技MAXUS大通膜与戈尔SST膜）与无机膜（陶瓷膜），比例都在20%以上。个别企业采用凯膜过滤技术、山东布莱恩过滤技术、颇尔膜过滤技术等。

1. 有机膜过滤技术

（1）戈尔公司有机膜过滤技术

戈尔公司在20世纪90年代末期，推出了戈尔膜过滤盐水技术，2000年戈尔公司与滨化公司合作开发了预处理与膜（滤袋式滤膜）过滤相配套的盐水精制技术，并实现了工业化。2005年，戈尔公司推出的ePTFE滤元（管式膜，ZF膜组件）首次在江苏扬农化工集团有限公司工业化应用。该技术由膜过滤器取代了砂滤器和碳素管过滤器，一次盐水质量更好，自动化程度高，运行费用更低，运行更稳定，且避免了传统工艺砂滤器带来的SiO_2污染问题。2009年根据市场需要，戈尔公司全面与布莱恩公司合作，在新项目的开拓上相互支持，在市场上得到了国内用户的认可和信任。2011年双方公司开发出国内第一套无处理器的膜精制工艺，后来又配套GF膜和SST膜（本书HygienWash盐水过滤新技术部分详细介绍）来适应国内氯碱行业的发展。

该技术的工艺过程如下：从化盐桶出来的粗盐水中加入氢氧化钠溶液与少量的次氯酸钠溶液，生成氢氧化镁絮状沉淀，送入溶气罐内，溶入压缩空气后，加入1%（质量分数）的氯化铁溶液，经文丘里混合器，从浮上澄清桶的中部送入，除去生成的氢氧化镁絮状沉淀、悬浮物和不溶性杂质沉淀物等，从中部溢流而出的清液，加入一定量的碳酸钠溶液与少量的亚硫酸钠溶液，送入碳酸钙前反应桶内，溢流而出流入后反应槽内。反应完全的盐水溶液进入戈尔膜过滤器，经过滤膜除去碳酸钙结晶状颗粒沉淀。经戈尔膜渗透而溢出的清液，再加入31%的高纯盐酸后，流入折流反应槽内，调节pH值，流入一次盐水贮槽内，同样送去二次盐水精制岗位。工艺流程示意图见图1-6。

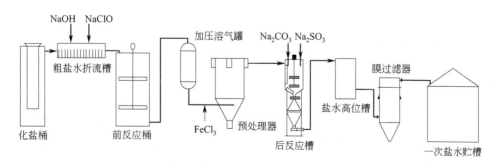

图1-6　有机膜过滤工艺流程示意图

（2）凯膜过滤技术现状

凯膜过滤技术采用内外壁大小不一的多孔高分子有机膜材料，该有机膜属于膨化聚四氟乙烯管式多孔膜，膜材料具有不黏性、摩擦系数小的特点，从而确保膜的通量保持稳定。其核心部件是膜组件，组件骨架采用耐腐蚀的三元乙丙橡胶，具有柔性，每组有 9 根指型膜袋，其膜孔径为 $0.5\sim1.0\mu m$，过滤压力为 $0.05\sim0.10MPa$，过滤通量可以达到 $0.5m^3/(m^2\cdot h)$，SS 过滤精度达到 1×10^{-6}。过滤方式采用的是垂直过滤（又称滤饼层过滤）。属于微孔膜袋式过滤器，膜上微孔分布均匀，开孔率高，具有优良的耐腐蚀性和耐热性，以及较高的强度与柔韧性，对滤饼具有不黏性，因此表面易清理，反冲清膜较为方便，其过滤过程基本能够实现连续操作运行。

（3）御隆 SF 膜过滤技术现状

御隆 SF 膜是一次浇铸成型，膜丝和端头融为一体，仅一个安装静密封点，消除了密封点多、易泄漏、SS 超标的隐患。膜底部采用柔性连接，保证膜在小范围漂移，有利于除泥，不会打结及被吸入反冲口。

SF 管式膜直径为 16mm 左右，内部以橡胶管支撑，用钛件固定，每 9 支膜集成一组，每组过滤面积为 $0.675m^2$。SF 膜滤芯材质为膨体聚四氟乙烯中空管，直径为 2mm，每组膜包括 170 根膜丝，面积为 $5m^2/$组。膜孔径为 $0.2\mu m$ 左右，SS 过滤精度小于 1×10^{-6}。工艺流程示意图如图 1-7。

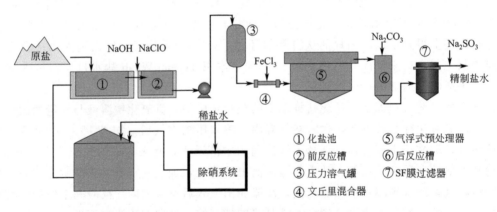

图 1-7　御隆 SF 膜过滤工艺流程示意图

（4）麦驼科技 MAXUS 大通膜过滤技术现状

上海麦驼科技研发的 MAXUS 大通膜具有过滤通量大、过滤精度高的特点，单个膜组件通量可以达到 $0.5m^3/h$，SS 过滤精度小于 1×10^{-6}。

（5）颇尔膜过滤技术现状

颇尔膜滤芯是由两部分组成的，一是聚乙烯（PE）烧结的骨架（PE 管），过滤孔径小于 $0.2\mu m$，壁厚为 15mm，体现了滤芯的刚性；二是 PE 烧结膜，过滤孔径小于 200nm，壁厚为 $200\mu m$，覆盖在 PE 管的外部，体现了滤芯的柔性。颇尔膜过滤操作需要颇尔过滤器是带压过滤，压力控制在小于 0.45MPa。颇尔膜过滤装置滤芯采用戈尔公司的 ZF 膜组件，滤芯由两部分构成，其滤芯中的龙骨，需要良好地固定。滤芯上端与罐体上的花盘有效固定，下端因需要定期反冲，采用格栅固定，因为滤芯反冲时有震动偏移。因此，在组装时需要精确控制滤芯间距以及上、下端的同轴性，否则极易出现龙骨从根部处折断的现象。膜孔径为

$0.2\mu m$，采用干态保存，耐腐蚀性好，机械强度高，过滤通量大，可以达到 $0.7m^3/(m^2 \cdot h)$，出水 SS 可以达到 $0.1 \times 10^{-6} \sim 0.3 \times 10^{-6}$。

2. 陶瓷膜过滤技术

自 2004 年起，南京九思高科技有限公司开始进行无机陶瓷膜替代有机聚合物膜应用于盐水精制工艺的研究和开发，在 2006 年成功地开发出了陶瓷膜法盐水精制过滤技术，2007 年，首套陶瓷膜法过滤装置在江西湖口新康达化工有限公司氯碱项目中得到应用。

陶瓷膜是一种固态膜，由无机材料加工而成，强度高，陶瓷膜支撑体是采用高纯度进口材料 α-Al$_2$O$_3$ 在 1600℃以上的高温下烧结而成，其使用温度可达 $400 \sim 800℃$，其 pH 值适用范围为 $0 \sim 14$，不受酸碱与氧化剂的影响。在氯碱行业中一般采用 5nm 孔径的陶瓷超滤膜，饱和盐水溶液通量大于 $800L/(m^2 \cdot h)$。膜管上有 1 个或多个通道，每根膜管上的通量很大，在实际运行操作过程中，采用错流流动过滤方式（又称为切线流过滤），这种过滤方式对盐水中悬浮粒子的大小、密度、浓度的变化不敏感。最大工作压力为 1MPa，可耐受一定的压力，并在 1MPa 的工作压力下长期工作，不存在有机聚合膜的膜表面剥离、撕裂、腐蚀，特别是膜孔径拉伸导致盐水质量下降等现象。同时也具有流程短、操作简单、全自动控制操作程度高等特点。

陶瓷膜过滤工艺是化学反应完全的粗盐水通过高效率的错流流动方式［主要是通过三级连续过滤模式，即将反应后的粗盐水用泵打入第一级陶瓷膜组件后，流过陶瓷膜产出部分清盐水，而被浓缩的粗盐水继续进入第二级陶瓷膜组件，再次进行过滤分离，被浓缩的粗盐水被送入第三级陶瓷膜组件，浓缩液即含固量为 5%～10%（质量分数）的盐泥，从第三级陶瓷膜过滤器排出，经三级陶瓷膜过滤器渗透出来的清盐水即为过滤器的总产水量］被送往盐水溶液 pH 值调节槽后，流入一次盐水罐内，同样供二次盐水精制使用。三级过滤器内的膜组件，一般以 6 个、4 个、2 个的顺序排列，每一个组件内装有 37 根陶瓷膜管即 37 芯。工艺流程示意图见图 1-8。

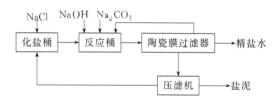

图 1-8　陶瓷膜过滤工艺流程示意图

3. Hygien Wash(HW) 盐水过滤新技术

HW 一次盐水精制工艺是美国戈尔公司与山东布莱恩化工技术有限公司联合推出的新一代无预处理器一次盐水精制工艺，该工艺使用了美国戈尔公司专利技术。其优点是取消了重力分离精制过程，实现了有机膜一次精密过滤精制，形成全新的工艺方法。目前该技术在实际中成功运用的是 2016 年新疆圣雄氯碱有限公司一次盐水系统扩能改造，将一次盐水装置设计产能为配套 19 万吨/a 离子膜法制烧碱，运用 HygienWash 盐水过滤新技术实现了产能为 22 万吨/a 离子膜法制烧碱的转变。

该工艺的特点是分两步加入纯碱和烧碱，采用全四氟中空过滤膜过滤盐水，使用淡盐水再生过滤膜。该工艺采用了戈尔公司最先进的 SST 系列抗污染膜产品，99.99% 的膜孔径达到 $0.2\mu m$，具有非常高的过滤精度，实测精盐水 SS 含量能够稳定运行在 $0.1 \sim 0.2mg/L$。

同时该工艺采用了微压过滤，过滤压力最高不超过 4.5×10^4 Pa，对于任何因素引起的泄漏会形成滤饼自修复，不会引起盐水的极度瞬间恶化现象，过滤过程属于终端过滤，过滤后的排渣（盐泥）中固含量高，浓缩倍数可以达到 50 倍以上，盐泥无须二次浓缩增稠，就可以直接进行压滤，大大提高了盐泥压滤的效率。而且进行酸洗清膜时，可以采用盐水加盐酸进行洗涤，避免了氯气的产生。同时具有投资少、运行成本低、占地面积小等特点。

该技术的工艺流程如下：来自盐场的原盐经过皮带机进入化盐桶内，与来自配水罐的化盐水通过蒸汽加热的方式进行化盐。将溶化制成的粗盐水中加入次氯酸钠溶液后，流入前、后反应槽，并在此按工艺要求分别加入纯碱溶液、烧碱溶液，反应后的粗盐水再流入缓冲槽。缓冲槽流出来的粗盐水，用泵打入滤前缓冲罐，再打入戈尔 SST 膜过滤器进行过滤，过滤后的精盐水加入高纯盐酸调节 pH 值为 8～10，再加入亚硫酸钠除去精盐水中过量的游离氯后，送入一次盐水罐内，合格的一次盐水送入二次盐水精制岗位。该技术工艺流程示意图见图 1-9。

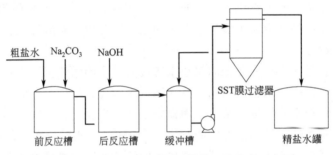

图 1-9　Hygien Wash 膜过滤技术工艺流程示意图

三、不同膜过滤器工艺技术对比

1. 一次盐水质量对比

无论是采用哪种膜过滤粗盐水，其目的都是将一次盐水生产过程中的化学杂质与不溶性的机械杂质实行固液分离操作。采用添加精制剂通过化学反应除去反应后杂质与不溶性的沉淀物是膜过滤的主要目的。在综合分析了国内几家使用这些不同膜过滤一次盐水后，对其中的杂质含量进行归纳对比，见表 1-10。

表 1-10　几种有机膜过滤与无机膜过滤处理后一次盐水杂质含量归纳对比表

过滤类型	过滤压力 /MPa	$w(Ca^{2+}+Mg^{2+})$ （均值）$/10^{-6}$	$\rho(NaOH)$ （均值）$/(g/L)$	$\rho(Na_2CO_3)$ （均值）$/(g/L)$	$w(SS)$ （均值）$/10^{-6}$
凯膜过滤	0.02～0.03	0.0243	0.1856	0.402	0.87
颇尔膜过滤	0.02～0.045	0.515	0.223	0.404	0.100
戈尔 SST 膜过滤	0.02～0.045	0.637	0.260	0.451	0.053
陶瓷膜过滤	0.15～0.3	0.0127	0.277	0.373	0.333

从表 1-10 的一次盐水过滤后的盐水数据来看，在膜过滤压力相近的情况下，过滤后盐水中的 Ca^{2+} 与 Mg^{2+} 之和，都能满足一次盐水生产过程控制 Ca^{2+}、Mg^{2+} 含量之和 $\leqslant 1$ mol/L 的指标要求，过滤后的 SS 含量也均小于 1×10^{-6}，都符合生产运行指标控制要求。单从表中 Ca^{2+} 与 Mg^{2+} 之和的数值来看，凯膜过滤与陶瓷膜过滤要优于颇尔膜过滤与戈尔 SST 膜过滤。

2. 工艺技术比较

有机膜过滤技术运行更稳定，盐水质量更好，因此一经问世就得到了广泛应用，逐步取代了传统的澄清桶工艺。美国戈尔公司的戈尔膜、美国颇尔公司的 PE 膜、凯膜公司的 HVM 膜、上海御隆公司的 SF 膜、上海麦驼科技公司的 MAXUS 大通膜等有机膜过滤工艺运行装置的设计路线与生产运行控制的要求非常接近，但是其处理粗盐水流量的通量却有所不同。

戈尔 SST 膜过滤工艺装置与陶瓷膜过滤工艺装置的设计路线，从总体上看，都没有设置顶处理器、加压溶气罐，不需要压缩空气等，也不需要添加具有腐蚀性强的氯化铁溶液作为絮凝净水剂。因此，其粗盐水的过滤精制路线较短，投资少，占地面积小，操作简单，自动化程度高，便于生产管理。加上陶瓷膜工艺的不断改进成熟，目前行业内的应用越来越多。

在氯碱行业中，一般采用 50nm 孔径的陶瓷膜，饱和氯化钠盐水通量大于 $800L/(m^2 \cdot h)$，而戈尔 SST 膜过滤器单台最大过滤面积为 $162m^2$，过滤流量能达到 $115m^3/h$，但其过滤的方式有所不同，戈尔 SST 膜采用的是终端过滤模式，实现了固液一次分离，而陶瓷膜实行的是三级连续过滤模式，通过错流流动过滤方式，属于逐级过滤分离操作方式。这两种膜过滤后得到的一次盐水清液的所含杂质等结果近似相同，但是分离后的泥浆中含泥量却不同，戈尔 SST 膜过滤后盐泥浓缩液的固含量为 10%～20%（质量分数），陶瓷膜过滤后浓缩液的固含量为 5%～10%（质量分数）。由于陶瓷膜对于膜的反洗压力要求高，而且过滤后的浓缩液固含量偏低，需要增加后续的盐泥压滤设备。

> **任务实施**

1. 一次盐水精制工序需要注意哪些问题（如温度是多少？各类杂质使用什么精制剂除去？pH 值如何调节？）？

2. 根据各类杂质的除去原理和各类一次盐水精制工艺特点，总结出各种杂质除去使用的各类设备的特点，如果由你来选择一条工艺路线来建厂，你会使用哪种工艺？选择的原因是什么？这条工艺路线有哪些优势呢？

任务三 识读一次盐水精制工艺流程及主要设备

任务目标 掌握一次盐水精制的 PID 图，以 PID 图为依据熟悉开停车操作，并且在教师引导下能够分析异常情况并给出排除方案。

> **任务描述**

某化工厂采用的是上一任务提及的一次盐水精制有机膜过滤技术，核心设备是上海御隆公司的 SF 膜过滤器，本任务中将以由工厂给员工培训使用的 PID 图加入本岗位所涉及的各控制指标，使学生在学习读图的时候能够通过图样了解更多的知识，并根据这张 PID 图使学生按照开停车操作完成任务实施内容，最终达到熟悉一次盐水精制生产过程的目的。

 知识链接

一、一次盐水精制岗位任务

生产水、电解脱氯后的淡盐水、盐泥压滤后回收的淡盐水、氢气洗涤液，经蒸汽加热后溶解固体原盐，制成含 $NaCl(310\pm5)g/L$ 的盐水溶液，同时按原盐及配水中杂质的比例，连续加入适量的精制剂（$NaOH$、Na_2CO_3 等），使盐水中 Ca^{2+}、Mg^{2+}、SO_4^{2-} 等杂质离子分别生成难溶性沉淀物，然后经预处理器和 SF 膜过滤器分离掉盐水中机械杂质和沉淀物，制得质量合格的一次精制盐水（Ca^{2+} 与 Mg^{2+} 含量$<1mg/L$），按需要连续不断输送给二次盐水精制工序。

二、一次盐水精制控制指标

经过处理的一次盐水要达到一定的指标，如表 1-11 所示。

表 1-11　一次盐水精制指标

控制项目	控制指标		控制项目	控制指标	
粗盐水温度/℃		55～65	入本工序蒸汽总管压力/MPa(G)		0.35
过滤器过滤压力/MPa(G)	≤	0.1	加压泵出口压力/MPa(G)	<	0.5
盐水浓度/(g/L)		300～315	盐泥泵/MPa(G)	<	0.70
钙镁（$Ca^{2+}+Mg^{2+}$）含量/(mg/L)	<	1	配水槽液位/%		15～95
硫酸根浓度/(g/L)	≤	5	进液缓冲槽液位/%	≤	80
悬浮物 SS 含量/(mg/L)	≤	0	加压溶气罐液位/%		40～80
pH 值		9～12	过滤盐水槽液位/%		30～95
游离氯		未测出	活性炭过滤器出口的 pH 值		5～8
$NaOH$、Na_2CO_3 过碱量/(g/L)		0.2～0.6	二级板换出口淡盐水温度/℃		35±5

三、以 SF 膜过滤器为主要设备的一次盐水精制工艺流程

目前氯碱行业以 SF 膜过滤器为主要设备的一次盐水精制工艺占所有一次盐水精制工艺的 50% 左右，工艺流程方框图如图 1-10 所示。具体流程如下。

由电解送来的返回淡盐水与各处收集来的废水一起收集到配水槽内，用化盐池给料泵打入化盐桶进行化盐，在这之前通过板式换热器将温度控制在（60 ± 5）℃。从化盐桶出来的粗盐水中加入氢氧化钠溶液和次氯酸钠溶液后流入前反应槽，粗盐水中的镁离子与精制剂氢氧化钠反应生成氢氧化镁，菌藻类、腐殖酸等有机物则被次氯酸钠氧化分解成小分子有机物，然后用加压泵将粗盐水送出。

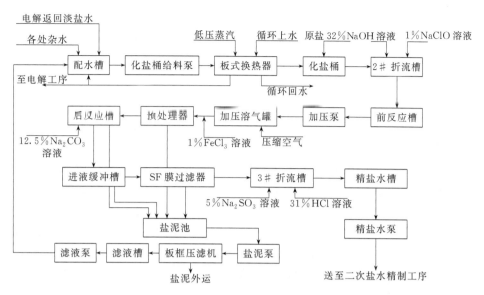

图 1-10　一次盐水精制工艺流程方框图

在气水混合器处粗盐水与空气混合后进入加压溶气罐，再进入预处理器，并在预处理器进口的文丘里混合器处加 $FeCl_3$ 溶液，在预处理器内，泥沙下沉、悬液上浮，清液从侧面流出。经过预处理的盐水进入后反应槽，同时加入碳酸钠溶液，盐水中的剩余钙离子与碳酸钠反应形成碳酸钙再次沉降，之后盐水自流进入进液缓冲槽中，再靠液位压差流入 SF 膜过滤器进行过滤。

SF 膜过滤器内有 240 根过滤膜管，当盐水通过时，悬浮的杂质再次被截留，过滤后得到的精盐水自流进入 3♯ 折流槽，加入亚硫酸钠溶液除去盐水中的游离氯并加盐酸将 pH 值调节至 9～12 进行中和，中和后的一次盐水进入精盐水槽，用精盐水泵送去二次盐水精制工序进一步精制。

预处理器、后反应槽以及过滤器截留的滤渣定期排入盐泥池进行盐泥处理。

盐泥池中的盐泥浆再用盐泥泵打入板框压滤机脱水，滤饼用拖车运出界区。滤液再回收利用化盐。

四、主要设备介绍

某工厂一次盐水精制所使用的所有设备的规格型号如表 1-12 所示。

表 1-12　某工厂一次盐水精制主要设备介绍

设备名称	规格型号	设备名称	规格型号
配水槽	$\Phi 13000mm \times 13015mm$	后反应槽	$19800mm \times \Phi 5800mm \backslash 4800mm$　$V=380m^3$
化盐桶给料泵	IJ200-150-315-PK	进液缓冲槽	$\Phi 2000mm \times 10020mm$　$V=27.2m^3$
化盐桶	$12000mm \times 8000mm \times 10000mm$　$V=960m^3$	SF 膜过滤器	SFb-333-CS/R-TM-B
2♯ 折流槽	$L20000mm \times W1200mm \times H1200mm$	3♯ 折流槽	$4000mm \times 1208mm \times 1500mm$　$V=7.35m^3$
前反应槽	$9000mm \times 5000mm \times 8000mm$　$V=360m^3$	精盐水槽	$13800mm \times \Phi 13000mm$　$V=1328m^3$
加压泵	CZR150-500	精盐水泵	IJ200-150-350-PK
气水混合器	$V=\sim 0.07m^3$	板框压滤机	XMZ200/1250-U
加压溶气罐	$8044mm \times \Phi 2600mm \times 10mm$　$V=39m^3$	渣池	$6100mm \times 7850mm \times 2800mm$　$V=140m^3$
预处理器	$19394mm \times \Phi 15500mm$　$V=1924m^3$	盐泥泵	VZAO80-250B

1. 化盐桶

化盐桶的主要作用是制取饱和食盐水，即将固体原盐（如有需要，日晒盐和精制盐按比例配好）、生产上水、部分盐卤水、蒸发回收盐水、电解淡盐水和洗盐泥回收淡盐水等，按照一定比例混合，加热溶解后制成饱和食盐水。

化盐桶是一立式衬橡胶的钢制圆筒形设备。高度一般在4.5～6m。底部有化盐水分布管，中间有一折流圈，上部有一溢流栏，栏内有铁栅（用以拦截杂质、纤维等）。固体盐自上部进入，与淡盐水逆流接触，保持盐层2～3m。其结构见图1-11。

化盐水由桶底部通过分布管进入化盐桶内。分布管出口均采用菌帽形结构防止盐粒、异物等进入化盐水管道造成堵塞现象。菌帽一般有五个，在化盐桶底部截面上均匀分布。在化盐桶中部设置加热蒸汽分配管，蒸汽从分配管小孔喷出，小孔开设方向向下，可避免盐水飞溅或分配管堵塞。在化盐桶中间还设置有折流圈，折流圈与桶体成45°角。折流圈的底部开设用于停车时放净残存盐水的小孔。折流圈的作用是避免化盐桶局部截面流速过大或化盐水沿壁走短路造成上部原盐产生搭桥现象。折流圈宽度通常为150～250mm。化盐桶上都有盐水溢流槽及铁栅，与盐层逆向接触上升的饱和粗盐水，从上部溢流槽溢流出，原盐中常夹带的绳、草、竹片等漂浮性异物经上部铁栅阻挡除去。

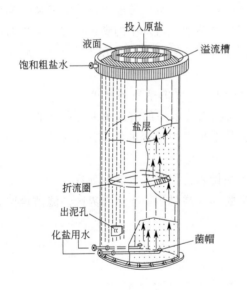

图1-11　化盐桶结构

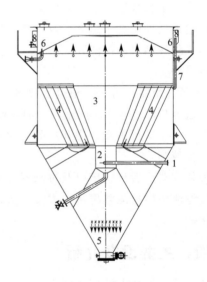

图1-12　预处理器结构图

1—粗盐水进口管；2—凝聚搅拌室；3—凝聚反应室；
4—斜板沉降室；5—沉泥斗；6—浮泥槽；
7—清盐水溢流管；8—集水槽

2. 澄清桶

（1）澄清桶的作用和种类

澄清桶的作用是将粗盐水中的含钙、镁等难溶性的颗粒与液体分开，得到电解所需要的精盐水。常用的澄清桶主要有：道尔型澄清桶、斜板澄清桶和浮上澄清桶三种。预处理器实际上就是氯碱生产盐水精制工序中的浮上澄清桶和斜板澄清桶的结合体。费红丽在2016～2017年调查的95家氯碱企业的数据分析统计，采用预处理工艺除 Mg^{2+}、

Ca^{2+}等杂质的企业占接受调查氯碱企业总数的一半以上。采用其他澄清桶、白煤过滤器、PE过滤器、砂石过滤器的占接受调查氯碱企业总数的20%左右。所以重点介绍预处理器的结构和澄清原理。

（2）预处理器结构

预处理器主要结构包括：粗盐水进口管、凝聚搅拌室、凝聚反应室、斜板沉降室、沉泥斗、浮泥槽、清盐水溢流管、集水槽八个部分，主要作用是上浮除去氢氧化镁悬浮物，下沉除去固体颗粒盐泥，精盐水从溢流管溢出。如图1-12所示。

（3）预处理器澄清原理

在一定压力下溶解于粗盐水中的空气在突然减压后从粗盐水中释放出来，形成一定粒径的微小气泡，并在氢氧化铁的作用下与盐水中的氢氧化镁附着在一起形成絮状的悬浮物。这种附着在气泡上的絮状悬浮物表观密度大大降低，它们在盐水中所受的浮力作用下使其克服自身的重力和液体的摩擦力，以一定的速度向上浮起，并从上排泥口排出。而少量的水不溶物、碳酸钙固体颗粒（由于采用先除镁后除钙的工艺，此时还未投加碳酸钠，还未生成大量的碳酸钙固体颗粒，一次碳酸钙固体颗粒是极少量的）在氢氧化铁的作用下被氢氧化镁裹缠，絮凝成表观密度较大的固体颗粒沉降，部分固体颗粒沉降在斜板上，因斜板的倾角大于盐泥的摩擦角（因此斜板的倾角设计很重要），使盐泥沿斜板滑入桶底，而另一部分固体颗粒则随着盐水的流动形成同向流沉降到桶底的盐泥沉降区，最终从下排泥口排出。而清液则折流向上以低速度从清液溢流管溢出预处理器。

预处理器对含镁量较高的原盐有较好的适应性，而对原盐中的钙离子、镁离子之比没有严格的局限性。但是除镁能力的大小取决于能否产生足量的、气泡直径满足氢氧化镁附着需求的有效气泡。原盐中镁离子含量的绝对值最为关键，原盐中镁离子含量0.15%以上的盐水，预处理器处理氢氧化镁的能力就勉为其难了。

（4）提高预处理器分离能力的方法（针对镁离子含量高的原盐）

① 尽可能提高空气的溶解量，使空气在盐水中溶解达到饱和或者接近饱和。要保证减压后溶解的空气尽可能地全部释放，并形成高质量的气泡粒径，尽可能地减少气泡量的损失和气泡质量的低下。

② 充分利用预处理器在结构上的特殊性，将盐泥循环技术嫁接到预处理器上来，使得因为没有足够的小气泡，而不能裹缠小气泡浮上分离的氢氧化镁，在氢氧化铁的作用下，裹缠在循环盐泥中的结晶型碳酸钙固体颗粒周围，形成表观密度较大的固体颗粒并借助斜板效应和同流向分离原理，而迅速沉降到桶底。此预处理器的分离速度为浮泥上升速度和沉泥下降速度的累加，大大提高了预处理器分离氢氧化镁的能力。

预处理器的使用效果，主要看其出口除镁上浮情况，控制好加压溶气罐的压力很重要，加入氯化铁的量、温度、过碱量对其都有影响。

（5）预处理器工作的五个要点

① 精制反应完全。加入NaOH溶液后必须充分反应，再进入预处理器，流程是在2#折流槽加入NaOH溶液，再到前反应槽，有充足的反应时间和空间，然后经加压溶气罐才进入预处理器。反应时间大于1h，绰绰有余。

② 加压溶气。空气在盐水中的溶解度较低。$3kg/cm^2$的压力下，$1m^3$盐水只溶解5L空气。温度低对空气溶解有利，但太低对精制不利，所以一般控制温度不低于40℃，压缩空

气压力为 $1.5\sim3.0\mathrm{kg/cm^2}$。可以控制在上限 $2.5\sim3.0\mathrm{kg/cm^2}$。

③ 减压释放。溶解在粗盐水中的空气，必须在离开凝聚反应室之前完全释放出来。否则，在盐水离开凝聚室以后，盐水折流向下，气泡越来越难以释放。加压出来的粗盐水，经减压阀后，加入絮凝剂 $FeCl_3$ 溶液，气泡大量析出，减压时析出的气泡小，直径为 $30\sim120\mu m$，容易钻进 $Mg(OH)_2$ 絮状悬浮物的空隙中，盐水流速越来越快，气泡越小、越多，对上浮有利，要求流量不低于 $120\mathrm{m^3/h}$。

④ 附着、凝聚。释放出来的气泡能不能附着在杂质颗粒上，形成疏松的絮状结构，关键在于空气泡释放与杂质颗粒的凝聚过程能否同时发生，能同时发生才能有更好的上浮效果。

⑤ 沉降与排泥。及时地排除沉泥和浮泥，对保证浮上槽的正常运转、提高浮上速度有重要的意义。浮泥如果不能及时排出，其附着的气泡逐渐破裂或逸出，便会出现大块浮泥下沉的现象；沉泥如果不能及时排出，会逐渐堆积，封住盐水通道，影响盐水质量。正常操作情况下，每4h上排浮泥一次，上排泥见露出上液面为止，每2h下排沉泥一次，下排泥见盐泥变稀为止。

文丘里混合器原理很简单，就是氯化铁和盐水充分混合的作用。

3. SF膜过滤器

SF膜过滤器（图1-13）使用的是上海御隆有机膜设备公司生产的第三代聚四氟乙烯纤维膜——SF膜，如图1-14所示。目的就是为了突破当时氯碱行业生产的瓶颈——膜过滤设备，因为当时原盐质量下降，预处理器频繁返混，直接影响膜过滤能力。

图1-13　SF膜过滤器　　　　　　　图1-14　第三代聚四氟乙烯纤维膜——SF膜

（1）SF膜组件和SF膜过滤器特点

SF膜组件类似超滤膜结构，膜一体浇铸，膜丝和端头融为一体，安装仅一个静密封点，消除了密封点多易泄漏、SS超标的隐患。填充密度高，单组过滤面积为 $5\mathrm{m^2}$，单台过滤器可满足7.5万吨规模盐水处理量；有超强的抗污染能力，能适应预处理器出水质量的波动；特殊结构保证膜组件不断丝、不积泥、不打结，稳定长期运行；预处理器返混时，受到的影响远小于其他过滤膜，仍可达到保证值，保证膜过滤器不成为生产瓶颈；精制后盐水达到SS含量小于 $1\mathrm{mg/L}$ 的要求；经过SF过滤膜后，一次盐水精制能满足离子膜电解要求，效果图如图1-15（山东海化股份有限公司使用SF膜之后的现场运行效果图）。

图 1-15 盐水过滤器整台更换为 SF 膜现场运行效果图

（2）SF 膜特点

① 膨体聚四氟乙烯双向拉伸膜，单根膜丝拉伸强度大于 23kg；

② 双向拉伸使膜孔均匀、致密，完全做到表面过滤；

③ 孔径范围为 0.05～0.2μm，孔径小，开孔率高，通量大；

④ 聚四氟乙烯材质耐腐蚀，使用寿命保证 3 年。

五、一次盐水精制岗位操作

在进行一次盐水岗位操作之前一定要熟悉需要重点掌握的控制项目和指标，并熟悉那些属于岗位需要重点监控的指标。表 1-13 是一次盐水精制岗位操作控制项目，表 1-14 是一次盐水精制岗位分析控制项目。

表 1-13 一次盐水精制岗位操作控制项目

控制名称及控制点	控制指标	检测方法	控制次数
粗盐水温度/℃	55～65	温度计	在线
入本工序蒸汽总管压力/MPa(G)	0.35	压力表	
加压泵出口压力/MPa(G)	0.4	压力表	1 次/2h
过滤器过滤压力/MPa(G)	≤0.1	压力表	1 次/2h
盐泥泵/MPa(G)	0.6	压力表	1 次/1h
配水槽液位/%	15～95	液位计	在线
进液缓冲槽液位/%	≤80	液位计	在线
加压溶气罐液位/%	40～80	液位计	在线
过滤盐水槽液位/%	30～95	液位计	在线

表 1-14 一次盐水精制岗位分析控制项目

控制名称及控制点	控制指标	控制方法	控制次数	分析单位
前反应槽内的 NaCl 浓度/(g/L)	310±5	取样分析	4 次/班	岗位
前反应槽内的 NaOH 浓度/(g/L)	0.2～0.6	取样分析	4 次/班	岗位
预处理器出口 Mg^{2+} 浓度/(mg/L)	<20	取样分析	2 次/班	岗位
后反应槽出口 Na_2CO_3 浓度/(g/L)	0.2～0.6	取样分析	2 次/班	岗位

控制名称及控制点		控制指标	控制方法	控制次数	分析单位
SF 膜过滤器出口	NaCl 浓度/(g/L)	310±5	取样分析	2次/班	岗位
	$Mg^{2+}+Ca^{2+}$ 浓度/(mg/L)	<1	取样分析	2次/班	岗位
	SS 浓度/(mg/L)	≤0	取样分析	1次/2天	分析室
	游离氯浓度	0	取样分析	1次/班	分析室
	SO_4^{2-} 浓度/(g/L)	≤5	取样分析	1次/班	分析室

1. 开车前准备

① 检查各设备润滑部位油量是否适宜，保证润滑良好。

② 检查各安全设施是否齐全牢固，是否符合安全要求。

③ 检查各控制点、仪表、仪器是否齐全完好；各阀门是否灵活好用及其备用情况，确保各阀门处于规定的开启或关闭状态；检查管道是否畅通。

④ 盘车检查各转动设备确保灵活好用及其备用情况，并盘车或点动试车，确定无问题后装好防护罩准备开车。

⑤ 检查盐场原盐的储量及上盐装载车、设施是否良好及其备用情况，确保原盐储备量足够。

⑥ 检查并排除影响设备运转的障碍物，通知设备内部和周围的工作人员离开设备。

⑦ 检查各类工具是否齐全，为处理开车过程中出现的异常问题做好准备。

⑧ 所有检查工作就绪，确保装置内设施均能正常投用。

⑨ 通过调度与公用工程部门确认生产上水、循环水、纯水、压缩空气、仪表气、蒸汽的正常供应。

⑩ 确认分析室已正常工作，并要求提供原盐或配水的分析数据，便于控制精制剂的加入量。

⑪ 通过调度与电气车间确认能否正常供电；确认电仪车间能够及时处理仪表故障。

⑫ 按要求配制好生产过程中所需的各种精制剂。

⑬ 打开酸洗液储槽进口阀，通过调度通知盐酸工序送一定量（酸洗液储槽液位30%）的盐酸（原始开车盐酸外购），以防 SF 膜被污染时再生使用。

⑭ 检查 SF 膜过滤器仪表空气调节阀，调节进气压力至 0.3～0.4MPa；检查 4 台 SF 膜过滤器，设定运行参数，关闭 SF 膜过滤器进液、反洗、排渣等手动阀。

2. Na_2CO_3 溶液的配制方法

① 向碳酸钠配制槽内投入碳酸钠（配制浓度为 12% 碳酸钠溶液）。

② 打开生产上水阀，向配制槽内加水，液位控制在 80%。

③ 打开蒸汽阀加温至 60℃ 左右，提高溶解速率和溶解度。

④ 用压缩空气进行搅拌，使固体碳酸钠全部溶解，并取样分析浓度。

注意：操作时穿戴好劳动防护用品，佩戴防尘口罩；减少扬尘污染；防止发生跑料、撒料等浪费现象；打开蒸汽阀门时，平缓操作，注意防止发生漏汽烫伤。

3. $FeCl_3$ 溶液的配制方法

① 向 $FeCl_3$ 配制槽内投放固体 $FeCl_3$（配制浓度为 1% $FeCl_3$ 溶液）。

② 打开生产上水阀向配制槽内加水，保持液位在 80%。

③ 用压缩空气进行搅拌，使固体氯化铁全部溶解，并取样分析浓度。

注意：由于 $FeCl_3$ 具有强腐蚀性，粉尘对呼吸道有较强的伤害，操作时必须严格穿戴好劳动防护用品，佩戴护目镜、塑胶手套、防毒口罩等；减少扬尘污染；防止发生跑料、撒料等浪费现象。

通过调度通知相关岗位输送一定量的 NaOH 溶液、NaClO 溶液、HCl 溶液（液位加至 80%），并确认送来精制剂的浓度。

说明：原始开车 NaOH 溶液在电解工序开车碱槽配制，然后用碱泵送入 NaOH 高位槽；NaClO 溶液外购，自行在高位槽直接配制或稀释（使用浓度为 1%～3%），盐酸由液碱罐区送至高位槽。

4. 正常开车操作

① 控制配水储槽液位在 30%～50%。

② 用装载机将原盐倒入化盐桶，保持盐层 3～5m。

③ 待上级下达开车指令后，打开配水储槽的出口阀。

④ 打开化盐桶给料泵至化盐桶管路上的阀门，开启化盐桶给料泵，开启盐水换热器，将温度控制在 55～65℃。

⑤ 待化盐桶出口开始出水时，打开 NaOH 溶液进口阀门，将粗盐水中的 NaOH 浓度控制在 0.2～0.6g/L。

⑥ 待前反应槽内液位至 50% 左右时，开启搅拌器，随后开启加压泵（注意：在开加压泵之前，必须先将加压泵至加压溶气罐进口所有管路阀门打开，将加压溶气罐出口自控阀适当关小）。

⑦ 加压溶气罐液位达到 50% 时，打开空气缓冲罐各阀门，调节进气压力在 0.2MPa。

⑧ 待加压溶气罐液位涨至 60%～70% 时，调节粗盐水流量保证加压溶气罐液位稳定。

⑨ 打开文丘里混合器 $FeCl_3$ 加料阀，并观察加入量，盐水呈现透明为宜，调节适量后保持稳定加入。

⑩ 待预处理器出口开始出盐水时，打开后反应槽上的碳酸钠阀门，调节加入量，并取样分析，使过量碳酸钠保持在 0.2～0.6g/L，反应槽液位达到 50% 以上时，开启搅拌。

⑪ 开始向缓冲水储槽进盐水，打开返回配水槽的回流阀。

⑫ 各项工艺指标合格后，启动 SF 膜过滤器进液程序，打开进液、反洗、排渣等手动阀，清液上升至管板以上按过滤按钮，过滤器进入过滤状态。

⑬ 当过滤盐水进入折流槽时，打开盐酸高位槽的加料阀，将盐水 pH 值调节至 9～12。

⑭ 当过滤盐水储槽液位达到 50% 以上时，开启过滤盐水泵，打开去二次盐水工序的阀门输送盐水。

5. 正常停车

① 接调度停车通知后，按计划降低配水槽和精盐水槽液位，按工艺顺序关闭各类泵、阀门及其他设备；若为长期停车，应将 Na_2CO_3 溶液配制槽、$FeCl_3$ 溶液配制槽、高纯盐酸高位槽内的精制剂用完。

② 关闭空气缓冲罐进出口阀，停止加入压缩空气。

③ 关闭蒸汽阀及进一次盐水工序界区的蒸汽总管阀门，停化盐桶给料泵，同时通知停止上盐。

④ 停加 NaOH 溶液和 NaClO 溶液，关闭相应高位槽出口阀门和调节阀，并通知电

解工序。

⑤ 前反应槽内盐水液位为 30％时，停加压泵，关闭加压泵进出口阀门。加压溶气罐没有液位时，关闭氯化铁溶液加料泵出口阀及流量调节阀。

⑥ 预处理器上没有盐水流出时，关闭碳酸钠溶液进反应槽的阀门，停反应槽搅拌器。

⑦ 进液缓冲槽液位为 20％时，关 SF 膜过滤器进液阀，同时关闭 SF 膜过滤器各管线手动阀，过滤器内盐水不必放掉（注意：不论生产时还是停车期，SF 膜必须保持湿润，否则膜干后容易发脆，直接影响下次开车并缩短使用寿命）。

⑧ 关闭盐酸高位槽出口阀，将管线内盐酸排净。

⑨ 通知电解工序。接电解通知不需要一次盐水时，停过滤盐水泵；同时关闭亚硫酸钠溶液高位槽出口阀，将管线内液体排净。

⑩ 将预处理器底部盐泥排净。

⑪ 将盐泥池内盐泥全部处理完毕后，停盐泥压滤系统。

⑫ 及时放净各盐水泵、碳酸钠溶液泵等易结晶泵及管线内剩余液体。

6. 紧急停车

① 迅速关闭空气缓冲罐进出口阀。关闭蒸汽阀及进一次盐水工序界区的蒸汽总管阀门。

② 关闭配水槽出口阀、停化盐桶给料泵、停加压泵。关闭各精制剂手动阀。

③ 将所有传动设备、输送设备、机械设备按钮或控制键调整为停止状态（过滤盐水泵听调度指令停车）。

④ 迅速关闭 SF 膜过滤器所有手动阀，防止仪表气中断后各挠性阀自行打开造成跑料事故。

⑤ 如故障 2h 内排除，可不必关闭所有阀门；如故障不能在 2h 内排除，按正常步骤停车。

注意：如遇突然停电，先将所有传动设备、输送设备、机械设备按钮或控制键调整为停止状态，再按紧急停车步骤关闭阀门。

7. 生产注意事项

（1）化盐岗位

① 控制配水储槽液位保证在 30％～80％之间，防止发生冒罐。

② 用装载机上盐时周围禁止有人员作业。

③ 保证化盐桶内盐层高度在 3～5m，确保稳定生产。

④ 严格巡查碱液高位槽和次氯酸钠溶液高位槽，杜绝跑、冒、滴、漏现象。

⑤ 接触碱液时必须佩戴相应的防护用品，避免造成局部伤害。

（2）精制岗位

① 每 2h 取样分析一次盐水中 NaOH、Na_2CO_3 过量指标，并联系 DCS 操作工，控制好 NaOH 溶液、Na_2CO_3 溶液的流量。

② 对所使用的分析试剂认真做好使用记录并交接。

（3）巡检岗位

① 操作人员每 1h 对各个操作点进行巡检并实行挂牌制度。

② 检查本工序所有工艺管路、设备、就地仪表、安全设施及其他设施的运行情况，发

现异常情况或泄漏现象及时抢修处理并汇报当班班长或调度，对处理不了的重大问题及时向当班班长或调度汇报解决。

③ 检查设备、管线、泵类、阀门工作状态，避免脏、松、缺油等不合规定的情况。

（4）中控岗位

① 及时查看 DCS 主机工艺控制点变化情况，发现问题及时与班长、巡检工联系。

② 严格遵守劳动纪律，严禁串岗、脱岗、睡岗、做与工作无关的事情。

③ 严格遵守各项安全生产规章制度，不违章作业，并有权劝阻或制止他人违章作业。

（5）化学品配制岗位

① 由于氯化铁具有强腐蚀性，粉尘对呼吸道有较强的伤害，操作时必须严格穿戴好劳动防护用品，佩戴护目镜、塑胶手套、防毒口罩等；减少扬尘污染；防止发生跑料、撒料等浪费现象；助剂溅在皮肤上应立即用水冲洗。

② 配制碳酸钠溶液时佩戴好防尘口罩避免粉尘吸入，完成工作后及时清洗。

六、一次盐水精制中常见的异常现象及处理

一次盐水精制中常见的异常现象及处理见表 1-15。

表 1-15　一次盐水精制中常见的异常现象及处理

故障现象	产生原因	处理方法
精盐水浓度低	①原盐质量太差。 ②盐层太低。 ③化盐桶渣太多。 ④SO_4^{2-} 含量高。 ⑤盐在桶里结块。 ⑥化盐桶挡圈已坏。 ⑦流量过大。 ⑧化盐温度过低。 ⑨回收液少。 ⑩化盐桶内形成空洞	①要求好盐、差盐混合用。 ②停止化盐，开皮带机运盐。 ③停止化盐，挖化盐桶除渣。 ④除 SO_4^{2-}。 ⑤破坏盐块。 ⑥停止化盐、清洗补焊。 ⑦控制、调节流量。 ⑧提高化盐温度。 ⑨与蒸发联系送回收液。 ⑩仔细检查盐层高度
Na_2CO_3 过碱量波动	①盐层时高时低。 ②盐层变化大。 ③Na_2CO_3 溶液加入量不稳定。 ④Na_2CO_3 浓度变化大	①勤开勤停皮带机，保持盐层稳定。 ②单用一种盐。 ③认真调节。 ④精心控制好 Na_2CO_3 的浓度
精盐水 Ca^{2+}、Mg^{2+} 含量高	①盐水过碱量控制太低，特别是 Na_2CO_3 浓度太低。 ②盐水温度不稳定。 ③粗盐水流量太大。 ④膜过滤器异常	①适当提高过碱量。 ②认真控制在 55℃ 左右。 ③控制流量。 ④检修膜过滤器
预处理器返混	①原盐质量差；粗盐水 NaCl 含量不稳定。 ②粗盐水 NaOH 含量不稳定。 ③原盐水温度低，盐水黏度大，澄清效果差。 ④粗盐水流量波动大。 ⑤粗盐水的溶气量不足；加压溶气罐的液位太低。 ⑥排泥不及时或排泥顺序有误。 ⑦$FeCl_3$ 溶液流量不稳定	①使用优质原盐；分析粗盐水浓度，保证合格浓度的粗盐水。 ②分析并调整碱液加入量，适当排泥，加快不合适盐水置换速度。 ③调节化盐温度，上盐前将化盐温度控制在规定范围内，上完盐后及时恢复到正常控制指标。 ④检查加压泵流量，检查各阀控制是否正常。 ⑤调整加压溶气罐液位和压力。 ⑥及时进行排泥并按照先上排泥后下排泥的顺序。 ⑦调整 $FeCl_3$ 溶液加入量，当盐水加至浅黄色为宜

故障现象	产生原因	处理方法
过滤器压力高	①压力表失灵。 ②预处理器返混。 ③过滤流量大。 ④滤膜结垢严重或前次酸洗不充分。 ⑤盐水温度低，黏度大。 ⑥盐水中NaOH含量高。 ⑦反冲或排渣不能正常进行。 ⑧滤膜被油污染或使用寿命到期	①维修。 ②降低盐水流量，防止进液缓冲槽液位过高造成预处理上浮泥。 ③调整过滤流量。 ④立即酸洗SF膜。 ⑤调节化盐温度，减少负荷，待温度合格后再恢复。 ⑥取样分析预处理器、化盐桶、化盐水储槽各处的NaOH含量，并及时调整NaOH溶液加入量。 ⑦及时联系修复。 ⑧及时更换滤膜，做好防油措施
盐水管道堵塞	①盐水浓度过高。 ②保温差，气温低，盐结晶	①降低粗盐水浓度。 ②做好保温工作，停机时将管道内的盐水放净
泵不上水	①泵内气体没有排完。 ②泵体漏气。 ③泵法兰漏。 ④进口管堵。 ⑤底阀损坏。 ⑥底阀堵塞。 ⑦吸水高度太大。 ⑧水已沸腾。 ⑨叶轮脱落。 ⑩马达反转。 ⑪叶轮堵塞。 ⑫进口阀坏	①加大水量，延长排气时间。 ②堵塞漏气孔。 ③加填料。 ④补焊或更换进口管。 ⑤修理或更换底阀。 ⑥疏通底阀。 ⑦搞高液位。 ⑧停汽加水降温。 ⑨修理。 ⑩请电工更改电源方向。 ⑪疏通叶轮。 ⑫修理或更换阀门
开泵时压力表无压力，不上液	①泵进口阀阀芯脱落，堵塞管道。 ②泵壳内有气体，发生气缚。 ③泵的进口管道堵塞。 ④泵叶轮脱落。 ⑤进液管道上有漏点，发生气缚	①更换或检修进口阀。 ②重新灌泵并排气。 ③清理管道内的异物。 ④检修泵。 ⑤检查并封堵漏点
离心泵流量不稳	①泵的吸液口或进口管道有异物，发生堵塞。 ②储槽内液位低。 ③泵进液管道上有砂眼	①打开备用泵，清理杂物。 ②保证储槽的液位。 ③查出漏气点，并封堵
盐水管道堵塞	①盐泥未充分洗涤，时间太短。 ②盐水浓度太高。 ③保温不良气温低时盐结晶	①均匀加入洗水进行洗涤。 ②适当降低盐水浓度。 ③搞好保温

七、一次盐水精制中的安全防范

一次盐水精制中的安全生产规定及注意事项如下：

① 上班前戴好防护用品，操作酸碱及氯化铁溶液，必须戴眼镜，以防酸碱烧伤或烫伤；原盐含有杂质，吸湿性强，必须严格保持设备外部清洁，特别是保持电气设备开关部位的干燥，防止漏电；尽量避免皮肤、眼睛接触烧碱、纯碱。若不慎接触，立即用大量水冲洗，严重时要到医院就诊。

② 为保证安全，高速运转的设备，其运转部分要有防护罩，转动时严禁擦拭，加油时，不要戴手套。

③ 电机、电盘要有接地线，操作电器开关不能用湿手，阴雨天操作要戴胶皮手套。

④ 开动运转设备前，要看设备上有无人员操作或检修，以防设备突然转动伤人。

⑤ 操作人员上班时严禁吸烟和动火，以防易燃易爆气体爆炸。若电器起火，用干粉灭火器扑灭，切不可用水或其他润湿的纤维灭火。

⑥ 登高操作时，要避免踏空，注意身体中心不能失衡，高空作业或维修设备时要系安全带。

⑦ 严禁酒后上岗操作，切不可穿高跟鞋和披散着长发上岗操作。

⑧ 在检修、检查各种设备时，确保两人共同工作，达到安全监督的作用。

⑨ 使用压缩空气时，不能对着人开阀门。

⑩ 防止蒸汽烫伤。

任务实施

一、教学准备/工具/仪器

图片、视频展示

详细的一次盐水精制 PID 图

彩色的涂色笔

化工图样中的设备、仪表、阀门中字母所代表的含义

二、操作要点

（一）流程识读

根据附图 1 和附图 2 来完成，首先找出一次盐水精制中的各种物料，规定相应的彩色准备涂色。

例如，原盐使用蓝色的线；饱和粗盐水使用绿色的线（因为这是主物料，所以描色时应该使线加粗）；盐泥使用枣红色的线；水使用墨绿色的线；空气使用黑色的线；酸碱和其他精制剂使用紫色的线。

任务一：找到原盐从配水开始到经过各种精制剂和设备之后成为合格的一次盐水的主流程，并使用对应的颜色和物料线粗度来涂好颜色。

任务二：给以下辅助物料涂上相应的颜色。

① 配盐水的来源。

② 盐泥都是从哪些设备中来的，最终汇集到盐泥池后经过过滤设备后盐泥和过滤水都去哪儿了？

③ 一次盐水中使用的氢氧化钠溶液、次氯酸钠溶液、氯化铁溶液、碳酸钠溶液、亚硫酸钠溶液、盐酸溶液等助剂都是在哪台设备使用的，目的是除去哪类杂质，使用相应的彩笔将它们涂好颜色。

④ 原盐和空气都在哪里使用，使用相应的彩笔将它们涂好颜色。

（二）根据工艺流程图，找出巡检工需要检查的各台设备

巡检工带好巡检使用的点检仪、测温枪和测震仪等设备，根据要求按照以下路线进行巡检：

配水槽→化盐给料泵→化盐水换热器→化盐桶→2♯折流槽（烧碱溶液高位槽、次氯酸钠溶液高位槽）→前反应槽→加压泵→加压溶气罐→文丘里混合器→预处理器→后反应器（纯碱溶液高位槽）→进液缓冲槽→SF膜过滤器（酸洗液储槽、反洗盐水槽）→3♯折流槽（盐酸高位槽、亚硫酸钠溶液高位槽）→精盐水槽→二次盐水工序

一次盐水精制工序巡检工需要做的任务如下：

① 每1h监测化盐水预热温度（通过知识链接确定温度范围）。

② 每2h分析粗盐水中NaOH、Na_2CO_3的含量，并按工艺控制要求及时调整（通过知识链接确定过碱量范围）。

③ 每1h观测加压溶气罐的气水混合情况及预处理器盐泥上浮情况，调整压缩空气压力（通过知识链接确定加压泵压力要求），调整加压溶气罐液位（通过知识链接确定加压溶气罐液位要求）在视镜范围内。

④ 每1h巡检预处理器的运行情况，包括清液收集情况及出口盐水透明度、浮泥上浮及排出情况、沉泥排出量等，做到按时排放浮泥、沉泥。

⑤ 及时配制各种精制剂。

⑥ 定时处理盐泥。

⑦ 每4h检查SF膜过滤器出液的钙离子、镁离子、SS含量，确保工艺指标合格（通过知识链接确定SF膜过滤器出液盐水指标）。

⑧ 每1h检测一次3♯折流槽的盐酸加入情况，保证pH值为9～12。

⑨ 每1h观测化盐桶内盐层高度，并按工艺控制范围调整原盐加入量（通过知识链接确定化盐桶内盐层高度）。

⑩ 每1h巡检一次，观察动设备的运转情况，观察油位、声音等。

⑪ 每个班取样一次3♯折流槽液体，确定Na_2SO_3溶液加入情况，保证ClO^-含量为0。

⑫ 每个班取样一次3♯折流槽液体，确定SO_4^{2-}含量在工艺指标范围内（通过知识链接确定SO_4^{2-}含量）。

（三）根据工艺流程图，模拟开车，并重点注意开停车或者正常工况中出现的异常情况

下面以正常开车举例。

① 控制配水储槽液位在30％～50％（打开哪些阀门配水槽的液位会上升？如果液位超过50％时，需要开哪个阀门调节？）。

② 用装载机将原盐倒入化盐桶，保持盐层为3～5m（根据计算和经验严格按照规定的量和时间间隔加入原盐，否则容易出现粗盐水浓度不够或者盐层结块等问题，粗盐水浓度不够的原因以及对应的处理方式有哪些？）。

③ 待上级下达开车指令后，打开配水储槽的出口阀。

④ 打开化盐桶给料泵至化盐桶管路上的阀门，开启化盐桶给料泵，开启盐水换热器，

将温度控制在 55~65℃（温度控制是由管路内的流量大小、热源的流量和冷却水的流量配合实现的）。

⑤ 待化盐桶出口开始出水时，打开 NaOH 溶液加料阀门，将粗盐水中的 NaOH 控制在 0.2~0.6g/L（按规定时间测定过碱量，并对比测定结果和指标及时调整 NaOH 溶液加入量）。

⑥ 待前反应槽内液位至 50% 左右时，开启搅拌器，随后开启加压泵（注意：在开加压泵之前，必须先将加压泵至加压溶气罐进口所有管路阀门打开，将加压溶气罐出口自控阀适当关小）。

⑦ 加压溶气罐液位达到 50% 时，打开空气缓冲罐各阀门，调节进气压力在 0.2MPa。

⑧ 待加压溶气罐液位涨至 60%~70%，调节粗盐水流量保证加压溶气罐液位稳定。

⑨ 打开文丘里混合器 $FeCl_3$ 溶液加料阀，并观察加入量，盐水呈现透明为宜，调节适量后保持稳定加入（加入 $FeCl_3$ 溶液时，配制工需要采取哪些防护措施？）。

⑩ 待预处理器出口开始出盐水时（预处理器返混有哪些因素？采取哪种处理措施？），打开后反应槽上的碳酸钠阀门，调节加入量，并取样分析，使过量碳酸钠在 0.2~0.6g/L 之间（按规定时间测定过碱量，并对比测定结果和指标及时调整 Na_2CO_3 溶液加入量），反应槽液位达到 50% 以上时，开启搅拌。

⑪ 开始向缓冲水储槽进盐水，打开返回配水槽的回流阀。

⑫ 各项工艺指标合格后（前面所述的指标都有哪些？指标是多少？），启动 SF 膜过滤器进液程序，打开进液、反洗、排渣等手动阀，清液上升至管板以上按过滤按钮，过滤器进入过滤状态（SF 膜过滤器过滤后盐水的质量指标是多少？）（精盐水钙、镁含量高的原因和处理措施有哪些？SF 膜过滤器压力高的原因是什么？应该如何消除故障？）。

⑬ 当过滤盐水进入折流槽时，打开盐酸高位槽的加料阀，盐水 pH 值调节至 9~12。

⑭ 当过滤盐水储槽液位达到 50% 以上时，开启过滤盐水泵，打开去二次盐水工序的阀门输送盐水。

（四）化工单元中一般工作都是由内操和外操配合完成，内操根据 DCS 的控制界面了解各控制指标的情况，如发现异常，及时通过对讲机与值班的外操人员沟通，外操人员根据异常情况分析可能存在的原因，检查现场相关设备、仪表等的情况，排除异常

将自己作为外操人员，根据以下涉及的异常情况，分析相关原因，给出处理方案。

① 泵不上水。

② 开泵时压力表无压力，不上液。

③ 离心泵流量不稳。

④ 盐水管道堵塞。

⑤ 预处理器返混。

⑥ Na_2CO_3 过碱量波动。

⑦ SF 膜过滤器压力高。

⑧ SF 膜过滤器出口 NaCl 含量低。

⑨ SF 膜过滤器出口精盐水 Ca^{2+}、Mg^{2+} 含量高。

⑩ 废泥含盐量高。

任务四　膜法除硝生产过程

　　据文献报道，现如今采用膜法除硝的企业约占到 90%，可以说膜法除硝是清除 SO_4^{2-} 目前主流的生产工艺，本任务选用 SRO 膜为例，讲解膜法除硝的原理、指标、工艺流程和岗位操作情况，使学生能够掌握膜法除硝的生产过程。

任务描述

膜法除硝的岗位任务是利用 SRO 膜对盐水脱氯系统返回的淡盐水中的硫酸钠进行初步分离，再对分离后的浓硝液进行冷却降温，进一步使硫酸钠结晶沉淀，最后通过离心机使硫酸钠结晶物甩干，用运输车送出场外，分离后的贫硝淡盐水回收至化盐系统。

 知识链接

一、膜法除硝岗位任务

（一）除 SO_4^{2-} 的方法

目前，比较成熟的分离去除硫酸根的技术方法主要有 7 种，即氯化钡法、氯化钙法、碳酸钡法、冷冻法、离子交换法、NDS 法和膜分离法。膜分离法是目前最先进的、正在工业化推广实施的方法，可以做到工业"三废"的零排放。费红丽 2017 年的调查报告中显示采用膜法除硝的企业约占到 90%，其中包括 SRS 膜法、CIM 膜法、SST 膜法和 SRO 膜法等。本任务内容以 SRO 膜法为例讲解膜法除硝的生产过程。

（二）淡盐水膜法-冷冻除硝的生产任务

1. SO_4^{2-} 危害及富集原因

淡盐水来自电解后淡盐水脱氯工序，因为二次盐水经电解后，氯化钠被电解，而硫酸钠没有转化，所以淡盐水 Na_2SO_4 含量比二次盐水明显提高。Na_2SO_4 含量高的淡盐水是不能用于化盐的（盐水中 SO_4^{2-} 含量较高时，会阻碍氯离子放电；SO_4^{2-} 在阳极放电产生氧气，消耗电能，降低电流效率，导致氯内含氧升高，氯气纯度降低），因而淡盐水返回化盐工序前必须除硝。

2. 淡盐水除硝的生产任务

利用膜法-冷冻除硝法，先将淡盐水通入膜法系统进行膜法分离，一方面获得过滤除硝的淡盐水可去化盐利用；另一方面将其中 Na_2SO_4 富集到浓缩液中（含 Na_2SO_4 约 100g/L），Na_2SO_4 浓缩液再通过冷冻系统，其中硫酸钠在低温下过饱和结晶析出，通过离心机固液分离，将返回淡盐水中积累的硫酸根离子以 $Na_2SO_4 \cdot 10H_2O$（芒硝）的形式从盐水系统中除去，从而降低盐水系统内的 SO_4^{2-} 含量。淡盐水除硝前后的工艺指标如表 1-16 所示。

表 1-16 系统淡盐水及除硝透过液的主要工艺指标（参考值）

淡盐水	工艺指标	除硝透过液	工艺指标
NaCl 浓度/(g/L)	200±10	NaCl 浓度/(g/L)	200±10
NaClO₃ 浓度/(g/L)	10~15	NaClO₃ 浓度/(g/L)	10~15
SO_4^{2-} 浓度/(g/L)	≤10(当≥3g/L 时开系统)	SO_4^{2-} 浓度/(g/L)	0.3~0.5
游离氯浓度/(mg/L)	0(事故时是 0~30)	游离氯	0
pH	10~12	pH	5~8
温度/℃	75~85	温度/℃	约 60(换热后)
SS 浓度/(mg/L)	≤5		
压力/MPa	≥0.35		

二、膜法除硝的工艺原理

膜法作为一种新工艺，其除硝原理是根据 Donnan 效应，利用膜的选择性分离功能，将淡盐水循环系统中的硫酸根离子以芒硝的形式从盐水系统中分离，合格盐水返回盐水循环系统。对于含有不同价态离子的多元体系，由于膜对各种离子的选择性有差异，不同离子透过膜的比例不同。膜法除硝系统的透过液不含或含微量的 Na_2SO_4，可以直接回到化盐工序使用，浓缩液中的 Na_2SO_4 经过膜的选择性浓缩，进入浓缩液储罐，通过冷冻除硝系统去除。

某公司采用的除硫酸根的方法是淡盐水两级膜分离脱硝工艺。

（一）膜过滤原理

淡盐水经过预处理，达到 SRO 膜法系统的进料要求，进入 SRO 系统。通过高压泵的作用，淡盐水克服膜的渗透压产生透过液（脱硝盐水），利用先进的生产工艺对膜孔径进行精密控制的作用及负电荷的作用，根据 Cl^- 和 SO_4^{2-} 的离子价数和组成分子分子量的区别，使膜对离子存在选择性，可以将进入系统的离子进行分离，即 Cl^- 可以通过膜组件进入透过液系统，SO_4^{2-} 不能通过膜组件而进入浓缩液系统。

（二）冷冻结晶原理

SRO 膜法除硝系统的富硝盐水，温度在 30℃ 左右，含 Na_2SO_4 80g/L 或以上，经过输送管道进入结晶槽。通过冷冻机对冷媒介质乙二醇进行冷却，再通过乙二醇与结晶槽盐水换热降温，使硫酸钠溶液过饱和形成结晶，再通过离心分离的方式将硫酸钠从淡盐水中分离出来。

三、淡盐水膜法-冷冻除硝的工艺流程

淡盐水膜法-冷冻除硝（两级膜分离脱销）工艺主要有预处理系统、膜法除硝系统和冷

冻脱硝系统三部分，流程图如图 1-16 所示。

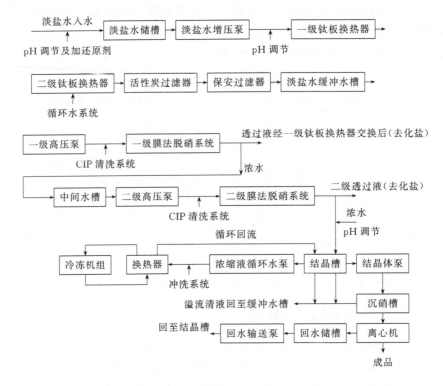

图 1-16 淡盐水两级膜分离脱硝工艺方框流程图

1. 预处理系统

调节淡盐水的流量合适，进入淡盐水储槽缓冲并调节 pH，经过淡盐水增压泵直接送至 SRO 预处理系统，经过一级钛板换热器将温度控制在 50℃，然后再经过二级钛板换热器通过工业循环冷却水进行降温，冷源将淡盐水交换至符合工艺要求的温度，并通过温度调节阀来调节温度至小于 40℃。符合温度要求的淡盐水在进入淡盐水缓冲水槽前，通过加还原剂系统和调 pH 系统添加还原剂来中和余氯，利用增压泵进入活性炭过滤器吸附有机物后进入下一个系统。

2. 膜法除硝系统

淡盐水经过预处理后，从活性炭过滤器进入缓冲水槽，当达到一定液位后，启动一级高压泵进入膜系统处理，利用变频控制和阀门调节来调整系统处理量，同样，中间水槽达到一定液位后开二级高压泵，通过高压泵的作用，淡盐水克服膜的渗透压产生透过液，利用先进的生产工艺对膜孔径进行精密控制的作用及负电荷的作用，将进入系统的离子进行分离，硫酸根通过膜组件而进入浓缩液系统。

3. 冷冻脱硝系统

SRO 膜法除硝系统的富硝盐水经过输送管道进入结晶槽，通过冷冻板式换热器，0℃乙二醇与结晶槽盐水换热，以恒定结晶槽温度为 0～5℃ 为准。在结晶槽内降温使硫酸钠溶液过饱和形成结晶，开浆料输送泵，将含晶体的物料送上沉硝槽沉降分离，晶体在沉降过程逐渐变大，沉降后的晶体通过管道，利用高位压差进入离心分离系统。通过进料管连续地供入双级推料离心机，经过第一级转鼓的筛网，大部分母液在这里得到过滤，并经液体收集罩排到回水储槽。形成的滤饼推到第二级转鼓，在转鼓内有足够的停留时间和较大的离心力，使滤饼达到很低的含湿率。当对固体产品的纯度有要求时，在离心机内可以进行洗涤，洗涤液冲洗滤饼后，经筛网、收集罩排到回水储槽。离心分离后的母液，用回水输送泵，送回结晶槽。

四、淡盐水除硝设备

1. 活性炭过滤器

活性炭过滤器的作用主要是去除铁氧化物、大分子有机物和余氯。

活性炭过滤器是一种内部装填粗石英砂垫层及优质活性炭的压力容器。在水预处理系统中，活性炭过滤器能够吸附前级过滤中无法去除的余氯，同时还吸附从前级泄漏过来的小分子污染性有机物，对水中含有的铁氧化物等有较明显的吸附去除作用。

活性炭过滤器，是一种罐体的过滤器，外壳一般为不锈钢或者玻璃钢，内部填充有活性炭，用来过滤水中的游离物、微生物、部分重金属离子，并可以有效降低水的色度。活性炭过滤器结构如图 1-17 所示。

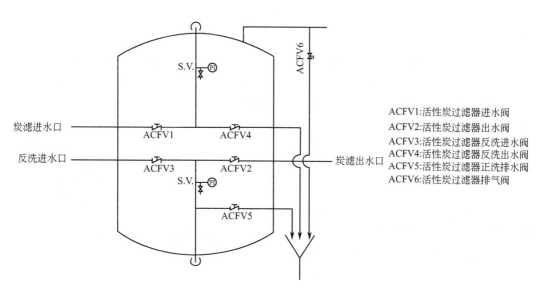

图 1-17　活性炭过滤器结构

当活性炭过滤器进出口压差≥0.05MPa 时，应对其进行清洗。其操作过程如表 1-17 所示。

表 1-17　活性炭过滤器的清洗

操作步骤	阀门状态	时间	注意事项
反洗	开：ACFV3、ACFV4 关：ACFV1、ACFV2、ACFV5	8～10min	逐渐开启反洗进水阀直至全开，以免滤料流失
正洗	开：ACFV1、ACFV5 关：ACFV2、ACFV3、ACFV4	5～7min	
使用	开：ACFV1、ACFV2 关：ACFV3、ACFV4、ACFV5	累计运行 36～48h	①先调整好阀门位置，再开启进水增压泵。 ②开启排气阀 ACFV6 排出罐内的空气，当排气管有水流出后关闭此阀

2. SRO 陶瓷膜过滤器

（1）SRO 膜元件结构

膜法脱硝系统的 SRO 膜元件（图 1-18）采用标准 8 英寸（1 英寸＝0.0254m）直径卷式膜元件，该卷式膜由平板膜片制造，用胶黏剂密封成一个三面密封、一端开口的膜封套。在膜封套内置有多孔支撑材料，将膜片隔开并构成产水流道。膜封套的开口端与塑料穿孔中心管连接并密封，脱硝盐水将从膜封套的开口端汇入中心管。

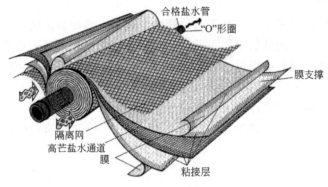

图 1-18 SRO 膜元件

为使设备更加紧凑，将多个膜封套螺旋卷缠中心管。膜封套之间为塑料滤网（称为进水流道），该滤网在膜的表面形成流道，淡盐水通过该流道进入元件，富硝盐水沿流道排出元件，脱硝盐水透过膜进入中心管收集排出。用半刚性的玻璃丝外壳缠绕层包裹形成保护层，并维持膜元件的形状。工程上使用的膜元件长度为 40 英寸，直径为 8 英寸。

（2）膜分离原理

膜分离原理（图 1-19）：膜对盐的截留性能主要是由于离子与膜之间的静电作用，满足道南效应。盐离子的电荷强度不同，膜对离子的截留率也有所不同。对于含有不同价态离子的多元体系，由于膜

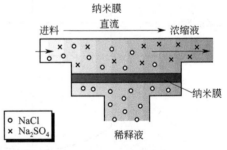

图 1-19 SRO 膜分离原理

对各种离子的选择性有异，根据道南效应，不同离子透过膜的比例不同。例如，溶液中含有 Na_2SO_4 和 $NaCl$，膜对 SO_4^{2-} 的截留优于 Cl^-。如果增大 Na_2SO_4 的浓度，则膜对 Cl^- 的截留率降低。

五、岗位开停车操作

（一）开车准备操作

① 检修后确认活性炭过滤器内部水帽完好，罐体人孔关闭且已紧固。

② 检查各容器和水箱内部在检修后是否留有工具、材料或其他杂物，检查人孔、盖板是否盖好。

③ 检查各设备管线、阀门是否齐全、灵活好用及其备用情况。

④ 检查转动设备的电气部分和机械部分是否完好无缺损。

⑤ 检查各仪表是否齐全、准确。

⑥ 检查流量计是否完整、准确、好用。

⑦ 检查过滤器滤料装填高度是否合适。

⑧ 检查并确认 pH 调节装置、加还原剂装置已按比例配制好药剂并处于备用状态。

⑨ 检查保安过滤器的滤棒是否符合要求并安装好。

(二) 正常开车操作

1. 预处理系统

① 观察淡盐水储槽液位，达 50% 以上、水质符合要求时，开启淡盐水增压泵，将水送至钛板换热器。

② 观察换热后的产水温度，调节循环冷却水量，确保温度在 40℃ 左右。

③ 开启亚硫酸钠溶液计量泵，将亚硫酸钠溶液计量泵的调节钮转到箭头指向 "55%"，控制流量为 3.0L/h（5% 亚硫酸钠溶液）。

④ 开启调 pH 计量泵，将计量泵的调节钮转到自动状态，根据产水 pH 值进行自动调节，控制 pH 值在 5～8。

⑤ 缓慢开启活性炭过滤器入口阀进水，防止滤料对水帽的冲击；打开排气阀，待排气管出水后，关排气阀；开排水阀，出水合格后关排水阀，然后开启出水阀及至缓冲水槽阀门。

2. 膜法除硝系统

① 确认钛板换热器、活性炭过滤器、精密过滤器都处于待机或运行状态；确保缓冲水槽液位在 50% 以上，在缓冲水槽取样测量淡盐水余氯在 0.1mg/L 以下，否则不能启动反渗透装置（余氯值大于 0.1mg/L 会使反渗透膜氧化，使膜的脱盐性能降低，长时间的氧化会彻底损坏反渗透膜）。检测 pH 值是否在合适范围。

② 用高压泵变频器和浓水节流阀来调节膜处理系统压力和流量，浓水（富硝盐水）与产水（脱硝盐水）的流量必须满足工艺要求，浓水流量必须保证，特别是二级系统还要增加部分回流流量，否则容易发生堵塞。检测淡盐水进水、脱硝盐水和富硝盐水的硫酸根浓度，如进水和浓水的硫酸根浓度低，可以适当将浓水进行回流循环，以减少冷冻工序的处理量，降低能耗。

③ 开启调 pH 计量泵，向系统添加适量的碱液，调节浓缩水的 pH 值在 8 左右，以有利于冷冻脱硝。

3. 冷冻脱硝系统

① 确认板式换热器、冷水机组及配套冷冻水系统、离心机及泵、阀门均处于正常待机状态。

② 二级 SRO 膜系统富硝盐水进入结晶槽前，先经过加碱装置添加氢氧化钠溶液，将盐水调节成碱性。同时注意观察进出结晶槽各液体的流量，保持结晶槽液位平衡。

③ 保持结晶槽液位在循环管出口以上，浓缩液循环泵为常开，将循环盐水送至冷冻板式交换器进行降温。冷冻板换正常换热温度是由 5℃ 降至 3℃，以恒定结晶槽温度为 0～5℃ 为准。

④ 提前开启冷水机组，在储水槽制备 0℃ 乙二醇。通过冷冻板式换热器乙二醇与结晶槽盐水换热，手动调节流量得到稳定的浓缩循环液冷冻温度。

⑤ 待结晶槽内温度稳定在5℃左右时，观察结晶槽进料液位变化及结晶槽中晶体变化情况。结晶槽液位至高位时，开浆料输送泵，将含晶体的物料送上沉硝槽沉降分离，维持物料的平衡。

⑥ 观察沉硝槽上清液回流情况，以及芒硝的沉降情况，开离心机，打开排料自动阀，控制好手动阀，向离心机进料，利用离心机的作用进行固液分离。离心机为间歇操作，视沉硝槽的含硝量来开机。

⑦ 离心分离后的母液，用回水输送泵送回结晶槽。

（三）停车操作

1. 膜法脱硝设备的停车

① 淡盐水储槽低液位，停淡盐水增压泵，停供淡盐水进钛板换热器及活性炭过滤器，停冷却水，关相应的阀门，管道能用清水置换更佳。

② 停淡盐水后，接着停加还原剂泵和调pH计量泵。

③ 观察缓冲水槽和中间水箱的液位，待液位到低位时，准备停膜处理系统。

④ 缓慢降变频停高压泵，打开浓水快冲阀，使浓水排放1~2min，然后停泵，关缓冲水槽/中间水箱出口阀门（正常停机时，可自动变频停机，不用切换阀门）。

⑤ 切换成纯水清洗，开清洗水泵，排放3~5min，将SRO膜系统内的淡盐水清洗干净，停泵（短时间停机或气温在冰点以下，可不用冲洗，用低硝盐水封存）。

⑥ 停电控箱总电源。

⑦ 操作人员在离开岗位之前要对整套设备进行安全检查。做好交班记录。

2. 冷冻除硝设备的停车

① 观察结晶槽的温度，当温度达到5℃或以下时，停冷水机组。

② 观察结晶槽的液位，当液位低于循环泵出水管时，停浓缩液循环泵，循环泵、冷冻板式换热器及管道最好用水清洗置换。

③ 继续开结晶体输送泵，将含晶体的溶液送进沉硝槽，然后排到离心机进行分离。

④ 当进入沉硝槽的物料晶体含量非常少时，可以停结晶体输送泵，结晶槽内的浓缩液暂时存放在槽内或另行处理。

⑤ 沉硝槽内物料全部处理完后，清洗离心机，停机。分离后母液也可以抽上结晶槽存放，待下次开机时使用。

⑥ 如是短时间停机，以能保持结晶工序的循环保温运行为主，减少停机堵塞情况。

⑦ 停电控箱总电源。

⑧ 操作人员在离开岗位之前要对整套设备进行安全检查。做好交班记录。

3. 膜法脱硝工序长时间停用

① 脱硝系统一般情况下保持连续运行，需要停机较长时间，建议将系统进行全面置换清洗。特别注意防止换热器、SRO系统堵塞。

② SRO系统停用7~15d时，则需用化学药剂清洗干净，再密封存放。

③ SRO系统停用15d以上，要用化学药剂来保存。

六、膜法除硝工艺系统中常见故障及处理

淡盐水膜法-冷冻除硝工艺的常见故障及处理如表1-18所示。

表 1-18　淡盐水膜法-冷冻除硝工艺的常见故障及处理

设备	故障现象	产生原因	解决方法
钛板换热器	未达到运行温度	冷却水流量不足或温度过高；淡盐水的瞬间流量过大	调节冷却水温度和流量；控制淡盐水的流量
	流量未达到设计值	阀门没有开好；换热器堵塞	控制进出口阀门；清洗、清埋换热器
活性炭过滤器	出水杂氯含量超标	原水中的含余氯高	进行回流循环并添加还原剂
	运行压力高	滤料层堵塞；滤料吸附能力饱和	反洗或更换滤料
SRO 系统	运行压力过高	SRO 受污染堵塞	冲洗 SRO 膜，必要时用药剂清洗
	产水中的含硝量升高	SRO 膜受污染	
	未达到设计流量值	高压泵的电机反转	调正水泵的转向
	膜元件更换后产水含硝量高	密封圈损坏或错位	用硅油或无碳氢化合物油脂润滑密封圈并更换
	SRO 通量增大、操作压力降低，含硝高	SRO 膜受温度或者余氯影响而损坏	降低运行温度和余氯，若无好转应更换 SRO 膜
冷冻除硝系统	蒸发器温度波动大	蒸发器发生堵塞；冷凝器温度高；循环流量波动大	清洗蒸发器并切换操作；控制循环液流量；增加冷却水温度
	板换流量不足	结晶堵塞	清理并进行循环
离心分离系统	异响	轴承故障；V 形皮带过松；加料过多	更换轴承；更换皮带；减少加料量
	油温高	冷却水不足；油质量问题；冷却管堵塞	调节冷却水量和温度；更换合适的机油；处理堵塞
	离心机震动大	布料不均匀；物料含结晶物少且较稀；筛网堵塞；其中一把刮刀脱落	控制进料阀，使布料均匀；晶体含量少，晶体沉降后再分离；清理堵塞；处理故障

任务实施

一、教学准备/工具/仪器

图片、视频展示

详细的膜法除硝 PID 图

彩色的涂色笔

化工图样中的设备、仪表、阀门中字母所代表的含义

二、操作要点

(一) 流程识读

根据附图 3 来完成，首先找出膜法除硝中淡盐水的起始管道，规定相应的彩色准备涂色。

另外，淡盐水用绿色的线描出，盐酸用红色的线描出，亚硫酸钠用蓝色的线描出，芒硝成品用紫色的线描出。

任务一：脱氯淡盐水通过除游离氯、调节 pH 值、降温、过滤悬浮物操作，进入一级和二级 SRO 纳滤膜过滤器，浓缩后的富硝液再次经过结晶槽持续降温结晶，经过沉硝槽后离心操作得到芒硝。用绿色的线描出脱氯淡盐水最终分离出芒硝的过程。

任务二：给以下辅助物料涂上相应的颜色。

① 除游离氯；

② 调节 pH 值；

③ 芒硝的分离。

(二) 根据工艺流程图，找出巡检工需要检查的各台设备

巡检工带好巡检使用的点检仪、测温枪和测震仪等设备，根据要求按照以下路线进行巡检：亚硫酸钠溶液储槽→亚硫酸钠溶液计量泵→淡盐水储槽→盐酸储槽→盐酸计量泵→淡盐水增压泵→一级、二级淡盐水冷却器→活性炭过滤器→微过滤器→淡盐水缓冲槽→一级加压泵→一级膜组件→二级加压泵→二级膜组件→结晶槽→冷冻水机组→沉硝槽→芒硝离心机。

膜法除硝工序巡检工需要做的任务如下：

(1) 预处理系统

① 淡盐水储槽液位维持在 50% 以上。

② 淡盐水冷却后温度在 40℃ 左右。

③ 亚硫酸钠计量泵，控制流量为 0L/h（5% 亚硫酸钠溶液）。

④ 调 pH 计量泵控制 pH 值在 5～8。

(2) 膜法除硝系统

① 确认钛板换热器、活性炭过滤器、精密过滤器都处于待机或运行状态；确保缓冲水槽液位在 50% 以上，在缓冲水槽取样测量淡盐水余氯在 0.1mg/L 以下，检测 pH 值是否在合适范围。

② 确认浓水（富硝盐水）与产水（脱硝盐水）的流量满足工艺要求，浓水流量必须保证，特别是二级系统还要增加部分回流流量，否则容易发生堵塞。检测淡盐水进水、脱硝盐水和富硝盐水的硫酸根浓度，如进水和浓水的硫酸根浓度低，可以适当将浓水进行回流循环，以减少冷冻工序的处理量，降低能耗。

③ 开启调 pH 计量泵，向系统添加适量的碱液，调节浓缩水的 pH 值在 8 左右，以有利于冷冻脱硝。

(3) 冷冻脱硝系统

① 二级 SRO 膜系统富硝盐水进入结晶槽时，注意观察进出结晶槽各液体的流量，保持结晶槽液位平衡。

② 保持结晶槽液位在循环管出口以上，浓缩液循环泵为常开，将循环盐水送至冷冻板式交换器进行降温。冷冻板换正常换热温度是由 5℃ 降至 3℃，以恒定结晶槽温度为 0～5℃ 为准。

③ 通过冷冻板式换热器乙二醇（0℃）与结晶槽盐水换热，手动调节流量得到稳定的浓缩循环液冷冻温度。

④ 确认结晶槽内温度稳定在 5℃ 左右，维持结晶槽进料液位变化及结晶槽中晶体变化与沉硝槽沉降分离之间物料的平衡。

⑤ 观察沉硝槽上清液回流情况，以及芒硝的沉降情况，开离心机，打开排料自动阀，

控制好手动阀,向离心机进料,利用离心机的作用进行固液分离。离心机为间歇操作,视沉硝槽的含硝量来开机。

(三)化工单元中一般工作都是由内操和外操配合完成,内操根据 DCS 的控制界面了解各控制指标的情况,如发现异常,及时通过对讲机与值班的外操人员沟通,外操人员根据异常情况分析可能存在的原因,检查现场相关设备、仪表等的情况,排除异常

将自己作为膜法除硝工序的外操人员,根据以下涉及的异常情况,分析相关原因,给出处理方案。

① 钛板换热器:未达到运行温度或者流量未达到设计值。

② 活性炭过滤器:出水余氯含量超标或者运行压力高。

③ SRO 系统:运行压力过高;产水中的含硝量升高;未达到设计流量值;膜元件更换后产水含硝量高;SRO 通量增大、操作压力降低,含硝高。

④ 冷冻除硝系统:蒸发器温度波动大或者板换流量不足。

⑤ 离心分离系统:异响、油温高、离心机震动大。

任务五 二次盐水精制生产过程

任务目标 费红丽 2017 年全国氯碱行业盐水精制报告中所有接受调查的氯碱企业全部采用螯合树脂塔进行盐水二次精制。本任务使学生掌握螯合树脂塔进行二次盐水精制的原理、工艺指标、生产流程和岗位操作。

任务描述

二次盐水的岗位任务是生产离子膜电解能够正常使用的纯度合格的盐水,具体是:将化盐岗位送来的一次精制盐水,通过加入盐酸调节 pH 值为 8.5~11(内控 pH 8.5~10),温度为 55~65℃,通过螯合树脂塔吸附盐水中的杂质金属阳离子,制取合格的二次精制盐水。通过螯合树脂塔再生恢复树脂的性能使树脂循环使用,保证二次精制盐水质量合格(表 1-19)。

表 1-19 二次精制盐水质量控制指标

一次盐水控制项目	控制指标	二次盐水控制项目	控制指标
粗盐水温度/℃	55~65	过滤盐水温度/℃	55~65
过滤器过滤压力/MPa(G)	≤0.1		
盐水浓度/(g/L)	300~315	盐水浓度/(g/L)	300~315
$Ca^{2+}+Mg^{2+}$ 浓度/(mg/L)	<10	$Ca^{2+}+Mg^{2+}$ 浓度/(μg/L)	≤20
Fe 含量/(mg/L)	≤1	Fe 含量/(μg/L)	≤100

续表

一次盐水控制项目	控制指标	二次盐水控制项目	控制指标
硫酸根浓度/(g/L)	≤5	硫酸根浓度/(g/L)	≤5
悬浮物浓度/(mg/L)	=0	悬浮物浓度	—
pH 值	9~12	过滤盐水 pH 值	8.5~10
游离氯浓度	未测出	Ni 含量/(μg/L)	≤10
ClO_3^- 浓度/(g/L)	≤2	Mn 含量/(μg/L)	≤10
总铵含量/(mg/L)	≤1	Sr 含量/(μg/L)	≤50
NaOH 过碱量/(g/L)	0.2~0.6	Ba 含量/(μg/L)	≤500
Na_2CO_3 过碱量/(g/L)	0.2~0.6	Si 含量/(μg/L)	≤5000
		过滤盐水槽液位/%	50~90
		树脂捕集器液位/%	50~90
		31%HCl 储槽液位/%	30~75
		纯水槽液位/%	50~90

 知识链接

一、盐水二次精制意义

电解槽所用的阳离子交换膜，具有选择和透过溶液中阳离子的特性。因此它不仅能使 Na^+ 大量通过，而且也能让 Ca^{2+}、Mg^{2+}、Ba^{2+} 等离子通过，当这些杂质阳离子透过膜时，就和从阴极室反渗过来的微量 OH^- 形成难溶的氢氧化物堵塞离子膜。这样，一方面使膜的电阻增加，引起槽电压上升；另一方面会加剧 OH^- 的反渗透而造成电流效率下降。在盐水中，如果钡离子、铁离子含量高，还会破坏金属阳极的钌钛涂层和阴极涂层的活性，影响电极使用寿命。此外，盐水中氯酸根和悬浮物也能影响离子膜的正常运行。有的离子膜对盐水中 I^- 的含量还有要求。因此，用于电解的盐水的纯度远远高于隔膜电槽盐水和水银电槽盐水，它必须在原来盐水一次精制的基础上，再进行第二次精制。

二、二次盐水的螯合树脂精制原理

1. 二次盐水岗位工艺原理

由一次盐水工序送来的过滤盐水，通过加入盐酸调节 pH 值至 8.5~9.5，进入过滤盐水储槽，用过滤盐水泵经盐水换热器送至树脂塔制得合格的超纯盐水，送至超纯盐水槽，用超纯盐水泵送盐水高位槽后进电解槽。

2. 二次盐水过滤原理

一次盐水中的少量悬浮物，如果随盐水进入螯合树脂塔，将会堵塞螯合树脂的微孔，甚至使螯合树脂呈团状物，严重时有结块现象，从而降低树脂处理盐水的能力。因此，盐水精制时一般要求盐水中悬浮物的含量小于 1mg/L。这样就必须要经过过滤，如果采用传统的砂滤设备往往不能符合要求，目前常用的是碳素管式过滤器。

3. 二次盐水中和原理

过滤后，盐水中 Ca^{2+}、Mg^{2+} 含量与过滤前相比降低了，但存在未滤掉的 $CaCO_3$ 和 $Mg(OH)_2$ 微粒，Mg^{2+} 与 NaOH 在 pH 值为 8 时开始反应，pH 值为 10.5~11.5 时反应迅速完成，Mg^{2+} 全部转变为 $Mg(OH)_2$ 微粒。$CaCO_3$ 完全沉淀的 pH 值为 9.4。

　　由于盐水的 pH 值为 10.5，这些微粒无法完全溶解。螯合树脂只能吸附 Ca^{2+}、Mg^{2+}，而不能吸附微粒中钙、镁成分，造成二次盐水中 Ca^{2+}、Mg^{2+} 含量超标。为杜绝这种现象，采用添加盐酸来降低盐水的 pH 值，使 Ca^{2+}、Mg^{2+} 微粒完全溶解，而被螯合树脂吸附。

4. 螯合树脂交换原理

（1）螯合树脂概念

　　螯合树脂是一种带有具有螯合能力基团的高分子化合物，它是一种具有环状结构的配合物，也是一种离子交换树脂，与普通交换树脂不同的是，它吸附金属离子形成环状结构的螯合物。

　　螯合物又称内配合物，是螯合物形成体（中心离子）和某些合乎一定条件的螯合剂（配位体）配合而成具有环状结构的配合物。"螯合"即成环的意思，犹如螃蟹的两个螯把形成体（中心离子）钳住似的，故称螯合树脂，它对特定离子具有特殊选择能力。

（2）交换原理

　　螯合树脂在水合离子作用下，交换基团—COONa 水解成 COO^- 和 Na^+，在盐水精制时，由于树脂对离子的选择性顺序为：$H^+ > Ca^{2+} > Mg^{2+} > Ba^{2+} > Na^+$，所以盐水中 Ca^{2+}、Mg^{2+} 就和螯合树脂形成稳定性高的环状螯合物。

　　① 塔内盐水中的 Ca^{2+}、Mg^{2+} 与树脂发生了如下离子交换反应。

$$R{-}CH_2{-}N(CH_2COONa)_2 + Ca^{2+}(Mg^{2+}) \longrightarrow R{-}CH_2{-}N(CH_2COO)_2Ca(Mg) + Na^+$$

　　② 钙（镁）型树脂转变成氢型树脂。

$$R{-}CH_2{-}N(CH_2COO)_2{\cdot}Ca(Mg) + HCl \longrightarrow R{-}CH_2{-}N(CH_2COOH)_2 + CaCl_2(MgCl_2)$$

　　③ 氢型树脂转变成钠型树脂。

$$R{-}CH_2{-}N(CH_2COOH)_2 + NaOH \longrightarrow R{-}CH_2{-}N(CH_2COONa)_2 + H_2O$$

5. 螯合树脂再生原理

　　螯合树脂再生需使用 31%（质量分数）的盐酸和纯水配制成的浓度为 7% 的再生盐酸溶液，32%（质量分数）的烧碱溶液用纯水配制成浓度为 4% 再生用的烧碱溶液。酸碱浓度如果太低，再生可能不彻底，影响再生效果，酸碱浓度过高，会使树脂过度收缩或膨胀，导致树脂发生龟裂、破碎、并使得盐水流经树脂床时压力损失增大和树脂损耗量增加。

　　螯合树脂再生过程中，31% 的盐酸与纯水混合后通过程控阀送入离子交换树脂塔。溶液浓度由流量测量系统控制。32%（质量分数）的 NaOH 溶液以同样方式处理。再生过程中所排出的酸性以及碱性废液送到污水池处理。

三、二次盐水精制工艺流程

二次盐水精制三塔流程简图如图 1-20 所示：从一次盐水送来的过滤盐水，通过调节 pH 值为 8.5～9.5 后，进入过滤盐水槽，通过泵经盐水换热器将温度升高至 60℃ 左右，进入螯合树脂塔，通过树脂的吸附使 Ca^{2+}＋Mg^{2+} 含量达到≤20μg/L，运行 32h 后螯合树脂的交换能力下降，此时在串联的第一台螯合树脂塔中必须用酸、碱再生以恢复该塔的交换能力。原运行的第二塔变为第一塔运行，如此循环使用，经树脂交换的二次精盐水进入超纯盐水槽，用超纯盐水泵送入精盐水高位槽，进入电解槽，再生废水用酸性废水泵、碱性废水泵送一次盐水化盐使用。

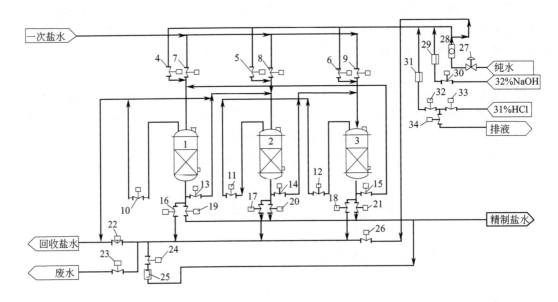

图 1-20 二次盐水精制三塔流程简图

1～3—离子交换树脂塔；4～6—再生液入塔前开关阀；7～9—一次盐水入塔前开关阀；10～12—反洗开关阀；
13～15—盐水开关阀；16～18—排液开关阀；19～21—精盐水开关阀；22，23—回收盐水及废水开关阀；
24—盐水置换开关阀；25—置换盐水流量计；26—反洗开关阀；27—纯水调节阀；28—纯水流量计；
29—再生碱液流量计；30—再生碱液开关阀；31—再生盐酸流量计；32～34—再生盐酸开关阀

树脂塔吸附的生产工艺有三塔流程和四塔流程。据费红丽统计，采用 3 塔设计的企业占接受调查氯碱企业总数的 62%；还有 4 塔流程 2 塔运行的企业。因三塔流程占主流，作为重点介绍：三塔流程始终是两塔运行（如 A 串 B、B 串 C、C 串 A），一塔再生、等待，运行周期短，再生频繁。

树脂的再生由如下循环程序实现总控制：

第一步：一次盐水→A 塔→B 塔→C 塔→精制盐水。

第二步：A 塔再生；一次盐水→B 塔→C 塔→精制盐水。

第三步：一次盐水→B 塔→C 塔→A 塔→精制盐水。

第四步：B 塔再生；一次盐水→C 塔→A 塔→精制盐水。

第五步：一次盐水→C 塔→A 塔→B 塔→精制盐水。

第六步：C 塔再生；一次盐水→A 塔→B 塔→精制盐水。

四、主要设备

1. 碳素烧结管过滤器

碳素烧结管过滤器（图 1-21）的外壳有钢衬橡胶防腐层，内部有多层碳素管均匀固定在花板上。有良好的耐蚀性（不耐强氧化剂），耐强酸、强碱和中性溶液的腐蚀，它由纯炭烧结而成。含碳量为 99.93％，在管壁上分布有均匀的微孔。碳素烧结管过滤器的特点是经一段时间使用后，可经再生恢复重新使用。

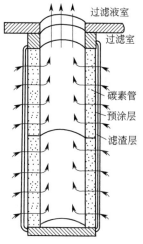

碳素管过滤器工作过程：用泵将盐水和 α-纤维素配制成悬浮液送到过滤器中，并且不断循环，使烧结碳素管表面涂上一层厚度均匀的 α-纤维素，叫预涂层。然后把一次盐水送入过滤器，同时用定量泵把与盐水中 SS 质量相当的 α-纤维素送入过滤器，这样做的目的是利用 α-纤维素在水中的分散性，使过滤器内的泥饼在返洗时碎成小块剥落。

由于 α-纤维素的骨架作用，α-纤维素和截留在预涂层表面的 SS 混合，形成新的过滤层，此新的过滤层也能通过过滤液，使过滤器能在 SS 含量为 10mg/L 时，通过添加等量 α-纤维素，保证在设计流量下 48h 内过滤器内的压差不超过 0.2MPa 的状况下安全运转。

图 1-21 碳素烧结管
过滤器结构

2. 螯合树脂塔

（1）螯合树脂塔的作用

螯合树脂塔将一次精制盐水中的悬浮物和部分钙离子、镁离子等杂质去除，以满足离子膜电解的需要。

（2）螯合树脂塔结构

螯合树脂塔的外壳由钢板制成，内衬特殊的低钙镁橡胶防腐层。塔内装有一定量的带有螯合基团的特种离子交换树脂。螯合树脂塔结构如图 1-22 所示，实物如图 1-23 所示。

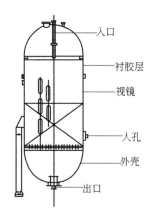

图 1-22 螯合树脂塔结构

图 1-23 螯合树脂塔实物

（3）目前国内使用树脂情况

费红丽在 2017 年全国氯碱行业盐水精制情况统计中涉及的企业使用树脂的种类、性能情况如表 1-20 所示。进口树脂的使用寿命较长，但价格很高，多家氯碱企业将其与国产树脂混合使用，与国产树脂各取所长。

表 1-20 氯碱行业使用树脂的种类、性能情况表

树脂类型	使用情况	再生周期	在接受调查氯碱企业中的比重
D-403 型 D-751 型树脂（上海华申树脂有限公司）	每年更换树脂总量 14%	48h、72h	37%
D-463 型等树脂（淄博东大化工股份有限公司）	寿命为 5 年以上	24h、36h	37.9%
德国进口树脂 Lewotit TP208		24h、36h、48h、96h	22%
日本进口树脂 CR-10、CR-11、ES-466			4.2%
漂莱特树脂、国产 LSC 系列树脂			

（4）树脂的更换和添加

树脂经过一段时间的工作后，由于种种原因，吸附容量下降，在经过倍量再生后，仍不能生产出合格的盐水，就需要更换。

① 树脂的取出。利用水力喷射器产生负压，将塔内水和树脂混合物抽出。步骤：

a. 打开人孔，将喷射器入口的软管投入塔内，喷射器出口的软管放入塑料制的袋内。

b. 打开纯水阀，利用水力喷射器将塔内的树脂与水一起从塔内抽出，收集到袋内。当塔内水位不足时，补充纯水。

c. 达到规定的树脂层高度时，停止操作。

② 树脂的补充。与树脂的取出相同，但是进出口相反。步骤：

a. 将喷射器的吸入口放入聚乙烯的桶内，内装树脂和纯水。

b. 将喷射器的出口软管放入塔内，打开塔的出口取样阀门，使塔内水位下降。

c. 打开纯水阀，利用水力喷射器将桶内的树脂和水一起从桶内抽出，加到塔内。

d. 当桶内水位不够时，应补加。

e. 填充到规定高度时，停止一切操作，封闭入口。

（5）螯合树脂塔再生步骤

三塔流程树脂塔的再生步骤如表 1-21 所示。

表 1-21 三塔流程树脂塔的再生步骤

再生步骤	时间/min	流向	流体名称
切换	1	—	—
排液	<15	DF	工艺空气
第一次反洗	10	UF	纯水
鼓泡-1	3	UF	工艺空气
静止-1	10	—	—
水洗	60	DF	纯水
第二次反洗	30	UF	纯水
静止-2	10	—	—
加盐酸	60	DF	4%盐酸溶液
盐酸排放	40	DF	纯水
排水	<15	DF	工艺空气
加 NaOH	20	UF	5% NaOH 溶液

续表

再生步骤	时间/min	流向	流体名称
加水	10	UF	纯水
鼓泡-2	10	UF	工艺空气
静止-3	10	—	—
排放碱液	40	DF	二次精制盐水
第二次反洗	6	UF	纯水
鼓泡-3	3	UF	工艺空气
静止-3	10	—	—
等待	约18h	—	—
切换	1	—	—
充液	17	DF	二次精制盐水

注：UF表示向上流，DF表示向下流。

树脂塔再生每步的作用如下：

① 排液。为了避免螯合树脂在反冲洗时被冲走，用工艺空气将塔中的残留盐水排出。

② 第一次反洗。在正常操作时，盐水中的SS沉积于螯合树脂层的上面，有一些螯合树脂颗粒结成了块状，因此，从树脂塔的底部打入纯水，以除去螯合树脂层上面的SS，打散成块状的螯合树脂和松动的螯合树脂层。为防止螯合树脂从树脂塔中流出来，冲洗水应从安装在树脂塔中间带滤网的出口处排出。

③ 鼓泡-1。从树脂塔的底部通入工艺空气，以搅拌和分散螯合树脂。

④ 静止-1。用来静置悬浮的螯合树脂。

⑤ 水洗。为了完全除去螯合树脂层中的盐分，加纯水自上而下进行洗涤。

⑥ 第二次反冲洗。目的同第一次反洗，纯水从树脂塔的底部打入，从塔顶的出口流出。

⑦ 静止-2。用来静置悬浮的螯合树脂。

⑧ 加盐酸。加盐酸是用来解吸被螯合树脂吸附了的金属离子。此步螯合树脂会有些收缩。

⑨ 盐酸排放。解吸后，没有反应的盐酸还残留在螯合树脂层中，应将它排出，同时从树脂塔的顶部加入纯水。

⑩ 排液。此步骤的下一步将用NaOH使螯合树脂从H型转化为Na型。在加NaOH之前，应用工艺空气将塔内残留的酸水排放掉，以防止NaOH的损失。

⑪ 加NaOH。稀碱液从塔底部加入，用后的碱液从树脂塔中间带滤网的出口排出，此步螯合树脂会膨胀。

⑫ 加水。加NaOH后，没有反应的NaOH会留在塔的底部，为了充分利用残留的NaOH，从树脂塔的底部加入纯水。

⑬ 鼓泡-2。从树脂塔的底部通入工艺空气，该步是为了充分与树脂接触，进一步利用NaOH。

⑭ 静止-3。

⑮ 排放碱液。为了排放掉塔内残留的NaOH，将二次精制盐水从塔的中部加入，底部排出。

⑯ 第二次反洗。在上一步中，盐水还会残留在塔中，在冬季时盐水会结晶。为了防止此现象发生，用纯水将其稀释。

⑰ 鼓泡-3。为了使塔内盐水浓度均匀，从树脂塔的底部通入工艺空气，以混合盐水。

⑱ 静止-4。用来静置悬浮的螯合树脂。

（6）树脂的倍量再生

填充新的树脂后，以及树脂的钙吸附容量降低时，要倍量再生。倍量再生就是用正常量的盐酸洗脱两次，因为经过一段时间的工作后，螯合树脂吸附了一定量的重金属，而螯合树脂对重金属的吸附能力很强，正常的洗涤钙的操作工艺不能将重金属全部洗脱。

五、二次盐水精制工艺条件控制

螯合树脂的吸附能力除树脂本身外，还受盐水的温度、pH 值、盐水流量、Ca^{2+} 及 Mg^{2+} 含量等因素的影响。螯合树脂的内在结构不同，交换能力也不同，但是随流量、温度、pH 值变化的变化趋势是一样的。因此，要加强各工艺控制指标的控制，保证进电解槽盐水质量合格。

1. 温度

螯合树脂与钙、镁的螯合反应是在一定温度下进行的，温度高时，螯合反应速率快，树脂使用周期长。但盐水温度过高（大于 80℃），树脂的强度会降低，破碎率升高，将使树脂受到不可恢复的损伤。要保证树脂发挥良好的性能，应将进入螯合树脂塔的盐水温度控制在 55～65℃。

2. pH 值

在一定的 pH 值下，钙、镁等是以离子形式存在的，这样有利于与树脂进行螯合去除。而当 pH＜8 时，树脂去除钙离子、镁离子的能力明显下降；当 pH＞11 时，镁离子易生成 $Mg(OH)_2$ 胶状沉淀物，进入树脂塔后会堵塞树脂孔隙，大大降低了树脂的交换能力，同时还会造成进入树脂塔内的盐水发生偏流，增加压力降，从而导致盐水中钙离子去除不彻底，二次盐水中钙、镁含量升高。所以，盐水 pH 值应控制在 8.5～9.5。

3. 盐水流量

盐水的供应量是由树脂塔的选型和塔内树脂填充量来确定的。进入树脂塔的盐水流量取决于树脂塔的尺寸和需要的循环时间，如果盐水流量过大则在树脂内停留时间缩短，造成盐水在树脂塔内短路，处理后的盐水中钙离子、镁离子不合格；如盐水流量降低，树脂的使用时间延长，但需要较大的树脂塔。一般要求盐水流量应小于 $40m^3/h$，最佳流量为 $20m^3/h$。

4. 盐水中 Ca^{2+}、Mg^{2+} 浓度

螯合树脂塔对盐水中 Ca^{2+}、Mg^{2+} 的吸附量随着浓度的升高而增加，但当 Ca^{2+}、Mg^{2+} 的质量浓度超过 $10mg/L$ 时，树脂除钙、镁离子的能力随钙离子、镁离子浓度增加而降低，这是因为螯合树脂的交换量是一定的，盐水中钙离子、镁离子来不及进行交换，带入二次盐水中，使二次盐水中钙、镁含量增加。

5. 盐水中的游离氯

游离氯的氧化性极强，极易破坏螯合树脂的结构，造成树脂不可恢复的中毒，树脂性能急剧下降，起不到螯合钙离子、镁离子的作用，故要求盐水中不能含有游离氯。

六、树脂塔岗位操作

1. 树脂塔的开车方案

① 将螯合树脂塔进行再生（新树脂采用倍量再生）；

② 确保过滤盐水槽液位在规定范围内，且盐水质量合格；

③ 启动过滤盐水泵，经过滤盐水加热器加热到 60℃±5℃后，送入树脂塔；

④ 逐步打开盐水管线上的阀门，将盐水按下列路线循环：过滤盐水槽→过滤盐水泵→过滤盐水加热器→树脂塔→树脂捕集器→超纯盐水泵→过滤盐水槽；

⑤ 根据生产需要，通过调节进入树脂塔的阀门最终确定一次盐水到树脂塔的流量；

⑥ 分析树脂塔出口处盐水是否合格；

⑦ 在确定合格后，打开到树脂捕集器精盐水进料阀，关闭盐水到过滤盐水槽循环阀；

⑧ 来自树脂再生的再生废水进入废水池，通过废水泵送至一次盐水。

2. 树脂塔短期停车后开车方案

① 由于盐水系统小事故、断电等造成短期停车后开车，如果一次盐水工序运行正常，首先将最终一次盐水尽快升温到 60℃；

② 如果停车后，塔内树脂层没有受到破坏，则可以直接启动投入自动运行；

③ 如果停车后，塔内树脂层受到破坏，则在启动时，所有塔都需进行再生；

④ 当树脂塔可以进行一次盐水吸附时，盐水继续循环，为电解装置开车作准备。

3. 树脂塔正常停车方案

① 螯合树脂吸附装置的停车可以分长期停车和短期停车，长期停车是指停车 24h 或更长；

② 长期停止螯合树脂吸附装置运行，应该将螯合树脂塔中 NaCl 溶液稀释到 10% 以下，以防止冻结树脂和盐结晶；

③ 短期停车是指停车时间在 8h 以内的停车，如果短期停车连续出现，则应改为长期停车。

4. 树脂塔长期停车操作方案

停止送盐水。当电解准备好停车，盐水就可以停送了。其中一塔在停车以前必须将树脂再生好。然后树脂塔单元应该：

① 一塔按动再生开始键，再生开始过程中，其余两塔继续工作；

② 当一塔再生进入"沉降"，将运行方式开关切换到手动；

③ 停止向电解送精制盐水，将运行方式开关打到停止；

④ 停止向树脂塔送一次盐水，将外送盐水关闭。

各塔中盐水必须用纯水稀释防止结晶，具体操作如表 1-22 所示。

表 1-22 长期停车树脂塔操作步骤

	步骤	时间/min	流量/(m³/h)		步骤	时间/min	流量/(m³/h)
1	水洗(一塔)	30	36.7	4	水洗(二塔、三塔)	30	36.7
2	反洗(一塔)	5	80.1	5	反洗(二塔、三塔)	5	80.1
3	排净(二塔、三塔)						

5. 树脂塔短期停车方案

一次盐水精制和螯合树脂吸附单元都运转正常，但是电解因维护需要停车时，盐水精制岗位按照以下方法进行操作：

（1）二次精制盐水泵停止送电解

当一次盐水精制和螯合树脂吸附岗位因为如公用工程问题或者电子故障而无法正常运转时，螯合树脂吸附单元参照长期停车程序停车。

（2）紧急停车

在必须停车时，确认相关岗位安全后停止运转；停止向电解送精制盐水，若换热器正在使用，停蒸汽，关压力报警，停精制盐水泵；停一次精制盐水泵；将运行方式打到停止。

七、二次盐水精制中常见故障的判断与处理

二次盐水精制中常见故障的判断与处理如表 1-23 所示。

表 1-23　二次盐水精制中常见故障的判断与处理

异常现象	原因	处理方法
树脂塔精制效果差，钙离子、镁离子等杂质含量高	①进树脂塔的过滤盐水中钙离子、镁离子等杂质含量超标，ClO^-带入使树脂被氧化破坏，从而导致交换能力下降。②树脂可能破损、氧化、泥球化。③树脂再生不良（重金属附着在树脂上）。④进树脂塔的过滤盐水过碱或过酸性，温度偏低	①严格控制过滤盐水的质量，不合格的盐水不能进入树脂塔，必要时可停车处理。②检查树脂层外观，如果出现异常，更换或增加树脂（由于树脂使用温度一般在 60℃左右，树脂强度低再加上"H^+""Na^+""Ca^{2+}"型转换过程中的内力作用，使树脂破碎流失，这是正常的。为此需要及时地补充树脂，使树脂层高度符合设计要求）。③检查确认再生剂量、浓度（需采用 2～3 倍的盐酸量，2 倍的 NaOH 进行再生，往往能使 Ca^{2+}、Mg^{2+} 达标）。④pH 值控制为 8.5～9.5，过高，堵塞树脂，造成树脂塔压力上涨；过低，树脂转变成 H 型，丧失吸附能力。校验 pH 计。对各自动调节阀进行检查，严格控制好 pH 值；当温度偏低时，可缩短树脂塔的运行时间，将设定值调整，可提前再生
脱氯后的淡盐水中含游离氯	（1）浮上澄清盐水中的 ClO^- 含量大于 10mg/L，小于 20mg/L（通过加大 Na_2SO_3 的流量后，就能解决）。（2）澄清盐水中 ClO^- 的含量超过 20mg/L（受泵的能力限制，不能通过加大 Na_2SO_3 流量的方法解决）	（1）①分析澄清盐水罐的盐水含 ClO^- 量，可往罐中加少许固体 Na_2SO_3。②分析过滤后盐水，如含 ClO^-，可往过滤盐水罐中加少许固体 Na_2SO_3。③加大盐水中 ClO^- 的分析频率。④检查脱氯工序的操作情况。（2）①分析澄清盐水罐的盐水含 ClO^- 量，酌情加适量固体 Na_2SO_3。②关闭澄清盐水入口阀。③由过滤通液改为原液循环。④检查过滤盐水罐是否含 ClO^-，如含有 ClO^-，则立即停止向树脂塔通液。⑤将电解装置和去整合树脂塔的盐水供应停止
过滤器的压差快速上升	①盐水有质量问题。②供应量不足。③进行反洗的效果不好	①将一次盐水精制部分的分离 SS 的条件改善。②将供给流量调整到规定量。③仔细测定反洗的效果
过滤后的盐水中 SS 的含量高	①再生效果不好。②盐水的通过时间短	①仔细检查再生剂量和浓度。②对过滤元件进行检查或直接切换到另一个过滤器
树脂破碎	①再生用酸、碱浓度过高。②再生用酸含有游离氯	①将酸、碱浓度调节到正常值。②使用高纯盐酸
树脂塔通液量变小	①反洗不良，树脂层不展开或展开不良。②再生不良。③树脂性能劣化。④树脂量不足。⑤过滤盐水条件变化。⑥混入未处理饱和食盐水	①用反洗状态观察树脂的展开状态，调整反洗流量。②检查确认再生剂量、浓度及添加浓度。③检查树脂层外观，如有异常，更换树脂。④检查树脂量，若不够，添加树脂。⑤检查前工序情况，保证过滤盐水质量。⑥检查确认处理液中有无混入未经处理的饱和食盐水
通液初期 pH 值高/低	①烧碱用量多/少。②盐酸排出量不足	①分析烧碱浓度，及时调整。②用流量计确认盐酸流量
再生流量小	①流量计故障。②管道或树脂过滤器阻力大	①通知仪表检修。②停止再生，清洗过滤器

异常现象	原因	处理方法
树脂塔再生后出口含有钙	再生不好	①对树脂塔重新进行再生并密切观察。 ②树脂高度是否适当。 ③树脂位差是否合适。 ④再生过程是否符合流程。 ⑤通入的化学品流量和浓度是否正确。 定性分析连续再生后的树脂塔出口有没有钙

八、安全与环保

① 严格遵守本岗位安全制度。

② 岗位操作人员必须穿戴好按规定发放的劳动护具及用品。

③ 岗位室外工作，爬罐、上下楼梯，特别是雨、雪天气，早晚班要特别注意安全。

④ 电器设备有问题，应联系电工修理，转动设备必须有防护罩。清扫卫生时，严禁把水冲到电机上。

⑤ 谨防苛化液、蒸汽烫伤，谨防盐酸、盐水烧伤眼睛。

⑥ 行灯必须使用安全电压。

任务实施

一、教学准备/工具/仪器

图片、视频展示

详细的二次盐水精制 PID 图

彩色的涂色笔

化工图样中的设备、仪表、阀门中字母所代表的含义

二、操作要点

（一）流程识读

根据附图 4 来完成，首先找出二次盐水精制中饱和食盐水在本工序中的主流程。

另外，饱和食盐水用蓝色的线描出，冷却水保持黑色，不用描色。流程如下：

来自一次盐水储槽的饱和食盐水经过盐酸调节 pH 后进入过滤盐水储槽，使用过滤盐水泵打到过滤盐水加热器，用蒸汽加热，温度达到规定要求后进入树脂塔将钙离子、镁离子吸附除去。合格的精制盐水通过树脂捕集器除去树脂进入超纯盐水储槽备用，等电解需要时通过超纯盐水泵达到超纯盐水高位槽为电解工序提供所需阳极液。

（二）根据工艺流程图，找出巡检工需要检查的各台设备

巡检工带好巡检使用的点检仪、测温枪和测震仪等设备，根据要求按照以下路线进行巡检：过滤盐水储槽→过滤盐水泵→过滤盐水加热器→树脂塔→树脂捕集器→超纯盐水储槽→超纯盐水泵→超纯盐水高位槽。

二次盐水精制工序巡检工任务指标参考如表 1-24 所示。

在过滤盐水储槽前的取样器中去过滤盐水测定 pH 值在 8.5～9.5 之间。

表 1-24　二次盐水精制工序巡检工任务指标参考

盐水浓度:300～315g/L	纯水槽液位:50%～90%	Ni≤10μg/L
过滤盐水温度:60℃±5℃	$Ca^{2+}+Mg^{2+}$:≤20μg/L	Mn≤10μg/L
过滤盐水槽液位:50%～90%	硫酸根≤5g/L	Sr≤50μg/L
树脂捕集器液位:50%～90%	悬浮物—	Ba≤500μg/L
31%HCl 储槽液位:30%～75%	Fe≤100μg/L	Si≤5000μg/L

（三）化工单元中一般工作都是由内操和外操配合完成，内操根据 DCS 的控制界面了解各控制指标的情况，如发现异常，及时通过对讲机与值班的外操人员沟通，外操人员根据异常情况分析可能存在的原因，检查现场相关设备、仪表等的情况，排除异常

将自己作为二次盐水精制工序的外操人员，根据题目涉及的异常情况，分析相关原因，给出处理方案。

① 树脂塔精制效果差，钙离子、镁离子等杂质含量高。

② 脱氯后的淡盐水中含游离氯。

③ 过滤器的压差快速上升。

④ 过滤后的盐水中 SS 的含量高。

⑤ 树脂破碎。

⑥ 树脂塔通液量变小。

⑦ 通液初期 pH 值高/低。

⑧ 再生流量小。

⑨ 树脂塔再生后出口含有钙。

任务六　认识离子膜电解工艺

任务目标　　目前，氯碱工业基本上都在使用离子膜电解的工艺，本任务目标是掌握离子膜电解的制碱原理，了解离子膜电解槽的各种分类，熟悉离子膜电解槽的组成部分及性能和分类。

任务描述

本任务知识点比较多，大部分是需要记忆的内容，在学习本任务内容时，要重点掌握离子膜电解法制碱原理，并且在理解电解原理和电解槽结构和功能的基础上了解离子膜电解槽单极和复极的异同以及相关的代表电解槽类型。

一、离子膜法制碱原理

1. 离子交换膜实现离子交换的过程

用于氯碱工业的离子交换膜，是一种能够耐氯碱腐蚀的阳离子交换膜。在膜的内部有非常复杂的化学结构，膜内存在固定离子和可交换的对离子两部分。在电解 NaCl 水溶液时所使用的阳离子交换膜的膜体中，活性基团是由带负电荷的固定离子和一个带正电荷的对离子组成，它们之间以离子键结合在一起。磺酸型阳离子膜的化学结构简式如图 1-24 所示。

由于磺酸基团具有亲水性能，因此膜在溶液中能溶胀，膜体结构变松，形成许多微细的通道（图 1-25），这样一来，活性基团中的对离子，就可以和水溶液中同电荷的 Na^+ 进行交换并透过膜。而活性基团中的固定离子，因具有排斥 Cl^- 和 OH^- 的能力，使它们不能透过膜，从而获得高纯度的 NaOH 溶液。

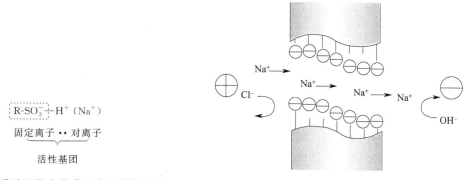

图 1-24 磺酸型阳离子膜的化学结构简式　　　　　图 1-25 离子交换膜示意图

2. 离子膜电解制碱原理

电解槽的阴极室和阳极室用阳离子交换膜隔开如图 1-26 所示，精制盐水进入阳极室，纯水加入阴极室。当电解槽通以直流电时，H_2O 在阴极室生成 H_2 和 OH^-，Na^+ 通过离子膜由阳极室迁移至阴极室与 OH^- 结合成 NaOH 产品；而二次精制盐水进入电解槽阳极室，其中的 Cl^- 就在阳极室的阳极表面放电生成 Cl_2。经电解后的淡盐水随氯气一起离开阳极室。氢氧化钠溶液的浓度可利用进电解槽的纯水量来调节。具体的化学反应方程式如下：

阳极：　　　　　　　　　$2Cl^- \longrightarrow Cl_2 \uparrow + 2e^-$

阴极：　　　　　　　　$2H_2O + 2e^- \longrightarrow 2OH^- + H_2 \uparrow$

总方程式：　　　　$2NaCl + 2H_2O \longrightarrow 2NaOH + Cl_2 \uparrow + H_2 \uparrow$

二、离子交换膜的性能和种类

1. 离子交换膜的性能

离子交换膜是离子膜制碱的核心要素，它必须具备以下几个条件。

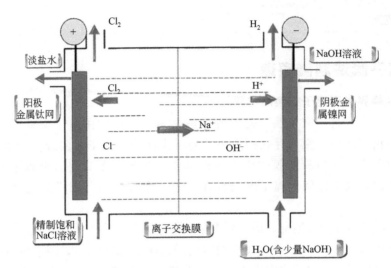

图 1-26 离子交换膜制备氢氧化钠和氯气的原理图

（1）高化学稳定性

在电解槽中离子膜的阴极侧接触的是高温浓碱，而阳极侧接触的是高温、高浓度的酸性盐水和湿氯气。因此，它必须具备良好的耐酸耐碱和耐氧化的性能。

（2）优良的电化学性能

在电解过程中，为了降低槽电压以降低电能的消耗，离子膜必须具有较低的膜电阻和较大的交换容量。同时还须具有较好的反渗透能力，以阻止 OH^- 的渗透。

（3）稳定的操作性能

为了适应生产的变化，离子膜必须能在较大的电流波动范围内正常工作，并且在操作条件（如温度、盐水及纯水供给等）发生变化时，能很快恢复其电性能。

（4）较高的机械强度

离子膜必须具有较好的物理性能：薄而不破，均一的强度和柔韧性。同时由于膜长时间浸没在盐水中工作，它还须具有较小的膨胀率。

（5）使用方便

膜的安装和拆卸应较方便。

2. 离子交换膜的种类

（1）全氟羧酸膜（Rf-COOH）

全氟羧酸膜（图 1-27）是一种具有弱酸性和亲水性小的离子交换膜。膜内固定离子的浓度较大，能阻止 OH^- 的反渗透，因此阴极室的 NaOH 浓度可达 35% 左右。而且电流效率也较高，可达 95% 以上。它能置于 pH>3 的酸性溶液中，在电解时化学稳定性好。缺点是膜电阻较大，在阳极室不能加酸，因此氯中氧浓度较高。

目前采用的羧酸膜是具有高/低交换容量羧酸层的复合膜。电解时，面向阴极侧的是低交换容量的羧酸层，面向阳极侧的是高交换容量的羧酸层。这样既能得到较高的电流效率又能降低膜电阻，且有较好的机械强度。

（2）全氟磺酸膜（Rf-SO$_3$H）

全氟磺酸膜（图 1-27）是一种强酸型离子交换膜。这类膜的亲水性好，因此膜电阻小，但由于膜的固定离子浓度低，对 OH^- 的排斥力小。因此，电槽的电流效率较低，一般小于

80%。且产品的 NaOH 浓度也较低，一般小于 20%。但它能置于 pH＝1 的酸性溶液中。

因此可在电解槽阳极室内加盐酸，以中和反渗的 OH¯。这样所得的氯气纯度就高，一般含氧少于 0.5%。

（3）全氟磺酸/羧酸复合膜（图 1-28）（Rf-SO₃H/Rf-COOH）

这是一种电化学性能优良的离子交换膜。在膜的中间是增强网布，内侧具有两种离子交换基团，电解时较薄的羧酸层面向阴极，较厚的磺酸层面向阳极。因此兼有羧酸膜和磺酸膜的优点，它可阻挡 OH¯ 的反渗透，从而可以在较高电流效率下制得高浓度的 NaOH 溶液。同时由于膜电阻较小，可以在较大电流密度下工作。且可用盐酸中和阳极液，得到纯度高的氯气。

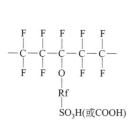

图 1-27 全氟磺酸膜（全氟羧酸膜）化学结构图

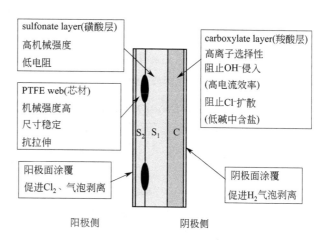

图 1-28 全氟磺酸/羧酸复合膜结构示意图

3. 离子交换膜生产状况

目前世界上只有科慕（原来的美国杜邦）、日本旭硝子和旭化成公司和我国山东东岳公司生产和研发离子交换膜。它们的离子交换膜产品均为四氟纤维增强的全氟磺酸树脂、全氟羧酸树脂复合膜，只是在膜结构设计上略有差异。离子交换膜生产成本是市场售价的 1/3～1/2。因此，在商业运作上，旭化成公司具有相对的优势。在谈判过程中，可以要求旭化成公司赠送一些交换膜。在运行中，可以要求旭化成公司赔偿一部分交换膜，这也是旭化成公司产品中国市场占有率比较高的原因之一。以下重点介绍四种离子交换膜的型号和发展趋势。

（1）美国杜邦公司全氟离子交换膜

美国 1966 年开发出具有良好化学稳定性、用于燃料电池的全氟磺酸离子交换膜——Nafion 膜。1981 年，杜邦公司与日本旭硝子公司交换全氟离子交换膜专利许可证，即美国杜邦公司用全氟磺酸离子交换技术换取了日本旭硝子公司的全氟羧酸离子交换膜技术，从而相得益彰，使杜邦公司的全氟离子交换膜真正进入氯碱工业大规模应用的时代。杜邦在 2015 年 7 月拆分出的钛白（TiO₂）科技和氟产品业务在内的高性能化学品业务平台已成为独立运营的上市公司科慕。

Nafion® 全氟膜是一种阳离子交换膜。树脂是磺酸基或羧酸基通过醚支链固定在四氟乙烯的主链上然后聚合而成。离子膜的厚度在 300μm 左右，每平方米重 400g 左右。中间 PT-

FE增强网是用PTFE纤维编制而成，作用是增强离子膜的强度。离子膜化学稳定性较好，无毒无味，在150℃以内不会发生降解反应。

Nafion 900系列全氟磺酸与全氟羧酸高性能复合膜是第一个完全工业化的系列，具有电流效率高、膜电阻较低、膜的耐久性良好等优点，适于较高浓度碱的生产。Nafion 900系列之后杜邦公司又推出了Nafion 2000系列，本系列目前正在出售的Nafion离子交换膜是N2030、NE2050和N2050TX，这些膜在高电密、低电流、低电压使用和具有较长的使用寿命方面都表现突出。Nafion 900系列和Nafion 2000系列的电压和强度比较如表1-25所示。

2016年11月科慕公司向百余家中国氯碱行业的龙头企业推出全新一代Nafion NE2050高性能离子膜。Nafion NE2050是科慕公司最新开发的高性能离子膜，适用于窄极距和零极距电解槽，用以生产氯气和30%～35%的氢氧化钠溶液。除了具备前一代产品Nafion N2030的技术优势之外，Nafion NE2050在同等电流效率和机械强度下，所需的电压更低，因此能够减少电力消耗，延长离子膜的使用寿命，从而帮助客户提高生产效率，降低生产成本，还能显著降低电压，保障安全和持续生产。

表1-25 Nafion 900系列和Nafion 2000系列的电压和强度比较

（2）旭硝子公司的全氟离子交换膜

旭硝子公司作为日本主要两家生产有机氟化物的公司之一，在已实现了各种氟化学品研究开发及生产的基础上，1974年开始深入地进行了生产氯碱用的全氟离子交换膜的开发工作。1975年，由羧酸型全氟聚合物制备的高性能离子交换膜开发成功，同年制备该种离子膜的中试工厂投产。1978年开始了名为Flemion离子膜电解槽的开发。1978年工业Flemion氯碱电解装置也投产运行。1978～1979年，旭硝子公司先后试制生产了Flemion-230、Flemion-250、Flemion-330、Flemion-430膜。1981年9月与杜邦公司交换离子膜技术，同年11月高性能Flemion DX膜实现了工业生产，并用Flemion DX膜装备了AZEC新型电解系统（窄极距电槽），这标志旭硝子公司全氟离子交换膜取得了极大的成功。1982年以来相继开发成功Flemion-700系列和800系列膜，又经改型制成Flemion-723、Flemion-725、Flemion-733、Flemion-753等多种牌号膜。

Flemion离子膜分为羧酸聚合物类和磺酸聚合物类，前者以F-795和F-865为代表，后者以F-890系列和F-8000系列为代表，其中F-8000系列离子膜提高了抗盐水杂质污染的能力，提高了抗起泡能力，可在高电流密度下广泛的碱液浓度范围内运转并有较好的机械强度。以F-8020SP与F-8020为例，F-8020SP扩大了碱液浓度的运行范围；在$6kA/m^2$电流密度下，电压降低20～30mV；进一步提高了电压稳定性；进一步增强了抗碘和锶等重金属污染的能力；进一步增强了抗老化（氯气滞留膜表面引发的老化）的能力；进一步强化了以适应高电流密度运行为目的的性能特性；进一步提高了机械强度。

旭硝子公司当前最新产品是 F 9010，还有其他一些企业使用比较多的膜如 F-8080A、F-8080、F-8081、F-8080HD 和 F-8081HD，它们的特点如表 1-26 所示。

表 1-26　旭硝子公司目前生产的主要膜特点

产品名	特点	产品名	特点	产品名	特点
F-9010	Flemion^{TM} 最新膜 最低电压(最小电力消耗) 最高电流密度运行 杂质高耐受性 零极距电解槽最佳膜	F-8080	低电力消耗 高电流密度运行 杂质高耐受性	F-8081HD	低电流密度运行 耐碱腐蚀性强 耐高温 高机械强度
F-8080A	低电力消耗 高电流密度运行 杂质高耐受性 零极距电解槽最佳膜	F-8081	低电力消耗 高电流密度运行 杂质高耐受性 高机械强度	F-8080HD	低电流密度运行 耐碱腐蚀性强 耐高温

（3）旭化成公司离子交换膜

旭化成公司对氯碱生产用离子膜的研究始于 1966 年，1975 年建成了世界第一家离子膜烧碱工厂，规模为 4 万吨/a，使用自行开发的复极槽，采用杜邦公司的全氟磺酸膜 Nafion-315，1976 年旭化成公司开发了羧酸/磺酸复合膜，获多项专利，并从 1976 年起向国外输出离子膜法电解技术。

20 世纪 70 年代后期，旭化成公司开发了从树脂合成到制膜的全氟羧酸型离子膜生产技术，与杜邦公司合作，开发成功 Aciplex-F 系列新型离子膜。

80 年代研制成 F4000 系列膜（这种膜由全氟羧酸和全氟磺酸经过层压而成）。在膜开发上，旭化成公司的诱导思想是维持初期电流效率在 95% 以上的同时，如何降低槽电压。他们在新的品种中，通过聚合物的改良及制膜技术、膜及电解质界面的改良，使槽电压降低了 100mV。再通过补强材料和聚合物改良使膜电压损失再降低 20%。同时，旭化成公司也在研究开发能抗二次盐水杂质污染的膜以及氯中含氧低及稳定性强等的膜。

目前，旭化成公司正在销售的是 F6800 系列膜，它是在 F44 系列的技术基础上，在芯材、表面涂层、膜的结构和聚合物方面进行了最新的改良。该系列膜在高电流密度运行条件下可以长时间并稳定地保持较好的电解性能。旭化成公司并对 F6800 系列膜在对 SiO_2/Al 的耐久性方面（电流效率和电压）和对碘的耐久性方面（电流效率）的加速实验进行了介绍，该膜体现出较好的性能。国内氯碱工厂正在使用的旭化成膜主要有 F6801、F6802、F6803、F6804、F6805、F6808 等。旭化成离子交换膜各系列的特点如表 1-27 所示。

表 1-27　旭化成离子交换膜各系列的特点

电压	无牺牲芯材(没有水通道)			有牺牲芯材(有水通道)	
高	无涂层	有涂层		有涂层	
		标准	高强度	高电密、低电压	
	F4100系列 F4112	F4200系列 F4202 F4203	F4600系列 F4603 F4602 F4601	F4400系列 F4404 F4401C F4403D F4402	F6800系列
					最新的Aciplex-F^{TM} 离子膜
					F6801 F6802 F6805 F6808
低				F4401	

杜邦公司的 N2030 膜与旭化成公司的 F6801 膜比较：

① 价格上杜邦膜高于旭化成的膜；

② 膜本身杜邦膜较旭化成的膜厚；

③ 杜邦膜前期电压高于旭化成的膜，所以电耗上杜邦膜前期电耗高于旭化成的膜，中期相同，后期小于旭化成的膜；

④ 电流效率上杜邦膜前期电流效率在 95% 左右，旭化成的膜能达到 96%，但是旭化成的膜电流效率下降要快于杜邦膜。

（4）国产离子交换膜

含氟功能膜材料国家重点实验室和山东东岳高分子材料有限公司在十几年前共同研发国产氯碱离子膜。2009 年 9 月 22 日，他们自主研发的氯碱离子膜在东岳集团成功下线。2010 年 5 月 14 日，东岳首批 2 张氯碱离子膜在蓝星（北京）化工机械有限公司在河北黄骅的"离子膜电解技术产业化试验基地"上线运行。从最初一代国产 DF988 高机械强度氯碱膜到带有牺牲芯材的用于膜极距电解槽的国产 DF2800 系列氯碱膜成功推向市场，氯碱离子膜研发团队付出了巨大的努力。

国产膜的成功应用填补了中国氯碱工业没有国产全氟氯碱离子膜的空白，同时为中国基础产业氯碱工业的安全运行和健康发展铺平了道路。东岳氯碱离子膜目前主要包括 2 种类型，一种为适合强制循环槽的高机械强度的 DF988 膜，另一种为适合高电流密度电解槽的 DF2800 系列离子膜。

① DF988 氯碱工业用离子膜。DF988 氯碱工业用离子膜是一款不带牺牲芯材的离子膜，采用全氟磺酸膜/PTFE 网布/全氟羧酸膜复合而成，通过层间结构的优化设计和树脂匹配，赋予国产 DF988 氯碱离子膜突出的盐水杂质耐受性。其特点是强度高、使用安全性好、适应性强。

② DF2800 系列离子膜。DF2800 系列离子膜主要包含 DF2801、DF2806 及 DF2807 三种膜。

a. DF2801 氯碱离子膜是一种具有牺牲芯材的离子膜。由于采用具有自主知识产权的专利技术，全氟磺酸层和全氟羧酸层之间形成无界面融合状态，大大提高了两层之间的结合牢固度，具有不易脱层、不易起泡的独特性能，适用于高电流密度膜极距的电解槽。

b. DF2806 氯碱离子膜是在 DF2801 基础上优化树脂和加工工艺，具有最新的离子膜制造技术并且具有亲水涂层的一种膜，是一种低电压、高电流密度离子膜，对盐水杂质具有更高的耐受性。

c. DF2807 氯碱离子膜的研发成功，是在改变树脂分子结构和层间结构的技术突破上，对膜本身的构造不断改进，改进后的膜阴极侧表面附近没有不导电的阴影存在，膜面上的电流密度分布更均匀，性能更加完善。使新一代氯碱离子膜更加适应高电流密度、低电压，寿命更长，在测试使用中发现膜抵抗离子杂质的能力也大大提高。

三、电解槽电极材料

1. 阳极材料

由于阳极是直接与化学性质活泼的湿氯气、新生态氧、盐酸及次氯酸等接触，对阳极材料的要求主要是具有较强的耐化学腐蚀性；对氯的过电位要低、导电性能良好；机械强度高而又易于加工。此外，还应考虑电极价格便宜而又易于取得。

金属阳极就是以金属钛为基体，在钛的表面涂上一层其他金属氧化物活化层所构成的阳极。

2. 阴极材料

阴极材料要具有耐氢氧化钠、氯化钠的腐蚀，导电性能良好，氢在电极上的过电位要低等特点。钢和镍材是能符合上述各种条件的较理想的阴极材料。

近几年来，国内外已采用活性阴极。所谓活性阴极，就是在镍材阴极表面涂上一层具有能降低氢的过电位的含镍合金（如镍铅、镍钴钨磷等活性涂层），从而达到进一步降低电能消耗的目的。

四、离子膜电解槽的分类

离子膜电解槽的种类很多，按电极的结构或供电方式分为单极槽、复极槽，按流体循环的方式分为自然循环槽和强制循环槽，各有其优缺点，并且各种槽型对离子膜的要求也各不相同，因此必须在掌握各种槽型的基础上，才能更好地操作控制，充分发挥电槽的性能。

1. 按照供电方式分类

按照供电方式分，离子膜电解槽有单极式和复极式两种型式。不管哪种槽型，每台电解槽都是由若干个电解单元组成。每个电解单元都有阳极、阴极和离子交换膜。阳极由钛材制成，并涂有多种活性涂层，阴极有用软钢制成的，也有用镍材或不锈钢制成的。阴极上有的有活性涂层，有的无涂层。

单极槽和复极槽之间的主要区别（表 1-28）在于电槽的电路接线方法不同。单极槽内部的各个单元槽是并联的，而各个电解槽之间的电路是串联的。复极槽则相反，在槽内各个单元槽之间是串联，而电解槽之间为并联。因此，在单极槽内通过各个单元槽的电流之和即为通过一台单极槽的总电流。而各个单元槽的电压则是和单极槽的电压相等。即

$$I = I_1 + I_2 + \cdots + I_n$$
$$V = V_1 = V_2 = \cdots = V_n$$

所以每台单极槽运转的特点是低电压、大电流。

对于复极槽，通过各个单元槽的电流是相等的，其总电压则是各个单元槽的电压之和。即

$$I = I_1 = I_2 = \cdots = I_n$$
$$V = V_1 + V_2 + \cdots + V_n$$

所以每台复极槽运转的特点是低电流、高电压。

表 1-28　单极槽和复极槽的主要区别

单极槽	复极槽
单元槽并联，因此供电是高电流、低电压	单元槽串联，因此供电是低电流、高电压，交流频率较高
电槽与电槽之间要有连接铜排，耗用铜量多，电压损失 30～50mV	电槽与电槽之间不用连接铜排，一般用复合板或其他方式连接，电压损失 3～20mV
一台电解槽发生故障，可以单独停下检修，其余电解槽仍可继续运转	一台电解槽发生故障需停下全部电解槽才能检修，影响生产
电解槽检修拆装工作比较烦琐，但每台电解槽可以轮流检修	电解槽检修拆装工作比较容易

单极槽	复极槽
电解槽厂房面积较大	电解槽厂房面积较小
电解槽的配件管件数量较多	电解槽的配件管件数量较少,但一般复集槽需要油压机构装置
设计电解槽时,可以根据电流的大小来增减电解槽的数量	电解槽数不能随意变动

2. 按流体循环方式分类

阴阳极液循环是每种电槽在结构上必须考虑的问题,是电解槽良好运行的需要。电解液在阴阳极室的流动,可以起到保证溶液浓度均匀、带出气体、平衡热量、控制电槽温度等作用,因此阴阳极液循环是电解槽工作的必备条件。如何进行阴极液和阳极液的循环,每个电解槽都有不同的设计和方法,可以分为槽内循环和槽外循环两类。槽外循环又可分为自然循环和强制循环两种方式。槽内循环都属于自然循环方式。

(1) 强制循环

阳极液循环是每种电槽在结构上必须考虑的问题,是电解槽良好运行的需要。离子膜电解槽运行电流密度偏高,如果不循环将导致阳极表面氯化钠的浓度变大,阳极充气度高,不利于电解槽内主反应的进行,电压增高,离子膜易受损。由于初期单极槽阳极室通道小,采用将阳极室出口的淡盐水回流到阳极室进液泵的进口,通过泵再返回单元槽的方法,实现了淡盐水的强制循环。这样一来,阳极液流量增加了好多倍,减少了氯化钠浓度梯度和阳极液内充气度,均衡了阳极液温度,使离子膜电解槽得以正常运行。

强制循环的负面效应:

外循环流量大,导致流体产压降大,阴、阳极室压力高、压差大。初期外循环阳极流量是进槽盐水的 700%~800%,使阳极室压力高达 0.1~0.15MPa,而阴极室压力比阳极室压力高 1.5kPa,离子膜才能紧贴阳极。由于压力高、压差大,膜寿命下降,碱向阳极室渗透量大,电流效率低,垫片接管易泄漏。

回流的淡盐水中由于溶解氯气能与有机物反应生成有机氯化物,堵塞阳极液进槽管,导致单元槽运行不正常。

(2) 自然循环

自然循环优点主要是:同样能够满足液体分布均匀的需要;而且节省了大量的设备和动力消耗;在氯气和氢气压差的控制上,比强制循环小,进一步减少了膜的振动,延长了离子膜的使用寿命。

单极槽由于槽数多、循环量大,阴阳极液一般采用单槽独立的槽外自然循环方式,具有动力消耗少、循环量容易调节控制、浓度均匀等优点。缺点是连接管件较多、不利于维修。阳极液采用槽内自然循环和槽外强制循环两种。槽内自然循环缺点是阳极室厚度大,电压损失较大,电槽成本高。

循环的目的是为了改善电解槽内电化学反应的条件,优化反应,强制循环解决了这样的问题。但由于强制循环量大,造成流体阻力大,使电解槽的运转不是最佳。

减少流体阻力是解决问题的关键,一般有两种途径:一是减少流体在电解槽内的运动阻力;二是减少循环流体的量。前者是在电解槽结构上加以改善,后者是改变循环的推动力,以内力逐步替代外力。充有一定氯气的阳极液与未充气的阳极液产生重度差,离子膜厂家将采用内力循环推出小流量的外部循环或者没有外循环的电解槽都统称为自然循环电解槽。

五、离子膜电解槽发展历史及现状

1. 离子膜电解槽发展史及特点

离子膜电解制碱技术出现时间是 20 世纪 70 年代中期，70 年代以前使用隔膜法和水银电解制碱，但隔膜法所生产的 50% 碱含盐高（1%），不适用于化学纤维等工业，故长期以来高纯氢氧化钠完全由水银法获得，但水银法汞污染严重。因此离子膜电解制碱技术在当时应运而生，并在国内外迅速发展。

1966 年美国杜邦公司开发了化学性能稳定性好，优于宇宙燃料电池的全氟羧酸阳离子交换膜，并于 1972 年以后大量生产转为民用。这种膜耐食盐水溶液电解的苛刻条件，为离子膜法制碱奠定了基础。

日本旭化成公司于 1975 年在延岗建立了 4 万吨/a 的电解工厂，当时使用的是杜邦公司的离子交换膜，1976 年，旭化成公司开发了自己的全氟磺酸膜，全氟羧酸膜开始取代杜邦膜。

从 60 年代末开发全氟离子膜到 1975 年旭化成公司首先使用离子膜制碱使电解制碱实现了现代工业化，此后 20 年间，日本的旭硝子公司，旭化成公司，德山曹达公司、氯工程公司、美国技术系统公司、奥林公司、英国 ICI 公司、德国伍德公司和意大利的迪诺拉公司等 15 个公司拥有这项技术，但供应离子膜的只有美国杜邦公司、日本旭化成公司、旭硝子公司和德山曹达公司。我国盐锅峡化工公司 1986 年引进首套日本旭化成公司离子膜烧碱技术装置，目前我国生产离子膜的企业有 160 多家。

2. 氯碱生产工艺国内外现状

氯碱的生产主要由五个环节组成，分别是生产技术的掌握情况、离子膜、电解槽、阴极和阳极的生产能力，目前国内外关于这几个环节的情况见表 1-29。

表 1-29　国内外氯碱生产五环节各公司情况统计表

公司名称	离子膜生产能力	电解槽生产能力	阳极生产能力	阴极生产能力	生产技术掌握情况
Asahi KASEI 旭化成公司	有	有	有	有	是
TKUCE 帝森克虏伯（ex-CEC 氯工程＋ex-Uhdenora 伍德迪诺拉）公司		有	有	有	
INEOS（ex-英国 ICI）公司		有	有		是
BCMC 蓝星北化机公司		有	有		
Chemours 科慕（ex-Du Pont 杜邦）公司	有				
Asahi Grass 旭硝子公司	有				是
山东东岳公司	有				

3. 电解槽生产公司及型号

目前为止，在国内外范围内，离子膜电解槽的生产厂家主要有 TKUCE 帝森克虏伯公司、旭化成公司和蓝星北化机公司，还有 INEOS（ex-英国 ICI）公司。2017 年旭化成公司通过调研对于离子膜电解槽在中国和中国外其他国家所占比重做过统计，结果见表 1-30。

表 1-30 2017 年旭化成公司统计的关于中国和中国外其他国家的电解槽占市场份额

企业		中国	中国外其他国家	企业	中国	中国外其他国家
TKUCE 帝	氯工程	26%	22%	旭化成	32%	36%
森克虏伯	伍德迪诺拉	8%	22%	蓝星北化机	33%	16%

目前，旭化成公司是世界上唯一一家氯碱生产五环节都齐全的公司，电解槽的市场占据份额中也具有很大优势，关于电解槽主要介绍现阶段正在使用的较先进的几家公司的电解槽情况。

离子膜电解槽主要由阳极、阴极、离子膜、电解槽框等组成，不同类型的电解槽，其结构也不一样，下面简单介绍几种常见的离子膜电解槽结构。

(1) 旭化成复极式离子膜电解槽

① 外形结构与组装方式。旭化成复极式离子膜电解槽的外形结构、组装、紧固方式见图 1-29。该电槽由单元槽、总管、挤压机、油压装置四大部分组成。单元槽两边的托架架在挤压机的侧杆上，依靠油压装置供给油压力推动挤压机的活动端头，将全部单元槽进行紧固密封，两侧上下的四根总管与单元槽用 PFA 软管连接。这种电解槽结构紧凑，占地面积小，操作灵活方便，维修费用低，膜利用率高，电流效率高，槽间电压降小。

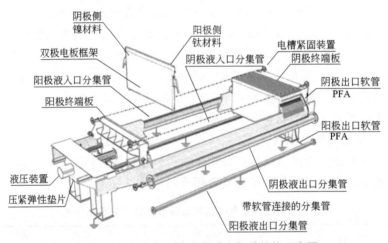

图 1-29 旭化成复极式离子膜电解槽结构示意图

② 型号和特点。旭化成公司的电解槽主要是有 ML32NC 系列，从原来的强制循环电解槽到自然循环电解槽，从原来的有限极距电解槽到目前的零极距电解槽，无论是从安全还是能耗方面都有了许多进步。ML32NC 系列标准规格如表 1-31 所示。

表 1-31 ML32NC 系列标准规格

类型	ML32NCH	ML32NCZ	ML32NCZ-Σ
极距	有限极距	零极距	
阳极	整张平坦		
阳极接触	焊接		
阴极	扩张网眼	丝网	
阴极接触	焊接	镍带	折边
有效面积/m²	2.7		
电压(膜)	2.92V/cell@4.0kA/m²(F6801)	2.82V/cell@4.0kA/m2(F6801)	
电流密度/(kA/m²)	<6	<8	

续表

类型	ML32NCH	ML32NCZ	ML32NCZ-Σ
电解液软管	普通		长
极化整流	不需要		
操作压力/mmH$_2$O （1mmH$_2$O=9.86065Pa）	0～6000	0～4000	

对于 ML32NCH 和 ML32NCZ（图 1-30）的单元槽结构，主要区别是前者使用的是焊接的方式，集电板和阴极之间直接焊接连接；后者是使用带镍毡的镍栅网（图中的弹性毡垫）来连接的。ML32NCZ 是零极距复极电解槽，阴极涂层是 $RuO_2＋CeO_2$ 涂层。从 2015 年开始就在研究 ML32NCZ-Σ 电解槽，将使用新的阴极组件，极化整流或中央断路器都无需在工艺中安装，并且这也是更加安全、更加方便的方案。

③ 旭化成离子膜装置优点。

a. 槽框结构稳定，密封性好，不泄漏；

b. 结构电压低，槽内液体和电流分布均匀使离子膜使用寿命延长；

c. 阴阳极电位低，稳定性良好；

d. 单元槽保证寿命为 10 年；

e. 优异的阳极涂层及活性阴极；

f. 单元槽托架采用优质 ABS 工程塑料制造，绝缘性好；

g. 阳极密封面采用钛钯合金；

h. 由过去的强制循环改为现在的自然循环，很好地保护了离子膜在突然停车时造成的液体压差波动冲击。

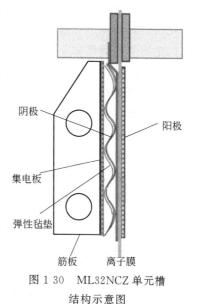

阴极　阳极

集电板

弹性毡垫

筋板　离子膜

图 1-30　ML32NCZ 单元槽
结构示意图

④ 旭化成离子膜装置缺点。旭化成离子膜中所谓"单元槽"是不确切的存在，因为所说的"单元"应该为独立存在，在旭化成离子膜装置中没有独立存在的"单元槽"，无论是双头挤压，还是单端头挤压，无论哪一种结构形式，一旦一个"单元槽"出现问题，采取的措施只有全部停车来进行处理，维修费用高，影响生产，同时又破坏了其他离子膜"单元槽"的正常运行。

（2）蓝星北化机复极式电解槽

从 1984 年开始，北京化工机械厂在国家计委批准下，先后引进了日本旭化成和旭硝子公司的离子膜电解槽制造技术，采用国外进口材料配套制造离子膜电解槽，目前已发展到离子膜电解槽可全部进行国产化设计制造阶段。该厂氯碱装备设计研究所自行开发、设计的第一套 MBC-2.7 型复极式离子膜电解槽，于 1993 年 7 月在沧州投入运行，经过多年来不断地改进和完善，技术水平得以提高，特别是近几年通过引进日本旭化成公司的高电流密度自然循环复极式电解槽制造技术，生产出的电解槽结构、外形完全仿制旭化成公司，极网涂层技术也是旭化成公司的技术，目前制造水平已达到国际先进水平，最高运行电流密度为 $6kA/m^2$。

该电槽作为唯一的国产化电槽，价格低，维修方便。从早期的低电密强制循环槽，到现在的高电密自然循环槽（国内第一套高电密自然循环槽在江苏新东化工发展有限公司开车运行），可以说经过 30 多年的发展，该电槽已经发展到了一个相对成熟的阶段，现在北化机电槽已经开发了很多国外市场，可以说为中国离子膜电解槽技术的发展做出了杰出的贡献。

这条离子膜电解槽发展的道路是曲折的，因为它早期的低电密强制循环槽相对而言技术含量偏低，而且产品质量不稳定。国内多家企业曾经发生新槽开车就泄漏的现象。这可能跟北化机公司的生产设备、生产工艺及原材料控制等方面的因素有关。为了控制生产成本，北化机电槽的部分钛材及镍材采用国内材料，但国内的材料在质量方面并不是很稳定，从而导致了某些产品质量出现严重的问题。经过多次改良和技术引进，目前，正在使用的 NBZ-2.7 系列的各项运行性能指标已经处于世界先进水平，销售也从开始的只在国内逐步走向欧美和一些东南亚国家，现在在世界打开了市场，并有不错的市场占有率。

① NBZ-2.7 Ⅱ型膜极距电解槽技术和成套装置。NBZ-2.7 Ⅱ型高电流密度自然循环复极式膜极距电解槽（图 1-31），单元槽有效面积为 $2.7m^2$，最高运行电流密度为 $6kA/m^2$，平均吨碱电耗为 $2035kW·h$，运行性能指标处于世界先进水平。目前正在全球运行的成套电解槽装置约 880 套。

图 1-31　NBZ-2.7 Ⅱ型膜极距电解槽实物图

② NBZ-2.7 Ⅱ型膜极距电解槽优势：

a. 高电流密度、长周期、安全稳定的运行；

b. 具有超长寿命的内部自然循环结构；

c. 改善离子膜的运行环境，提高离子膜寿命；

d. 增加产能，节能降耗，降低成本，年产万吨烧碱比 NBZ-2.7 Ⅰ型膜极距电解槽节约 $2×10^5 kW·h$ 电；

e. 开停车操作简单，复车时间短。

③ 升级改造技术。新一代膜极距技术适用于不同的电解装置工艺的改造。截至目前，蓝星北化机公司为中国、欧美及东南亚国家用户升级、改造超过了年产 800 万吨烧碱能力的膜极距电解槽，使老旧装置达到先进性能水平。

（3）BiChlor^{TM} 复极式电解槽

① INOVYN 公司氯碱生产历史。早在 1851 年就注册了电解生产氯气专利，1897 年

CastnerKellner 公司第一个氯碱装置投入运行，1960 年完成 2 个世界规模的水银电解厂房投入运行（ICI 电解槽），1976 年时第 3 个水银电解厂房投入运行（ICI 电槽，自动可调整金属阳极），1978 年推出 FM21 离子膜电解槽（Lostock 厂房），1999 年推出 ICI 复极电解槽（Lostock BiChlor^{TM} 装置投入运行），2003 年 Ineos Runcorn 工厂 50 万吨离子膜工程采用 BiChlor^{TM} 技术，2006 年 RUNCORN 工厂 BiChlor^{TM} 电解装置投入生产（50 万吨/a）。该系列电解槽目前还在使用。

② BiChlor^{TM} 电解槽结构。BiChlor^{TM} 电解槽主要优点有：低能耗（～2005kW·h/teNaOH@6kA/m^2）；单台电解槽产能达 40000MPTA；最大的有效面积单元为 3.4m^2；零极距技术和最大的操作压力范围（常压到 4×10^{4}Pa）的优点。

BiChlor^{TM} 电解槽是自然循环高电流密度复极槽，每个槽架共有 90 个单元槽，每台电解槽有 180 个单元槽，属于双框电解槽，电流密度为 6kA/m^2 时，烧碱产量为 3.6 万吨/a。BiChlor^{TM} 电解槽的结构示意图如图 1-32 所示，实物图如图 1-33 所示。

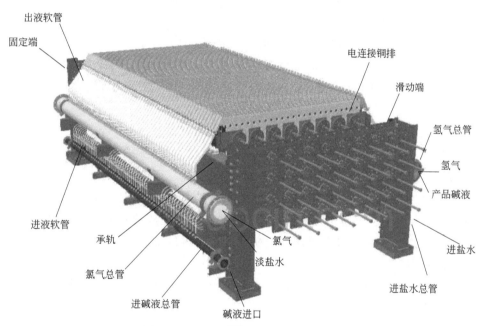

图 1-32　BiChlor^{TM} 电解槽结构示意图

图 1-33　BiChlor^{TM} 电解槽实物图

③ BiChlor^{TM} 电解槽的性能。BiChlor MK4 电解槽是英力士公司目前销售比较好的产品，它的性能指标如表 1-32 所示。

表 1-32 BiChlor MK4 电解槽主要性能

项目	指标	项目	指标
有效面积/m²	3.4	最高电流密度/(kA/m²)	7
运行压力范围/×10²Pa	0～400	预计单元槽寿命/a	30＋
低氯酸盐涂层	Yes	带电极盘重涂	Yes
阴极涂层寿命/a	16	共享电极使用	Yes
阳极涂层寿命/a	8～12	电极盘厚度/mm	1.0
开车时 6kA/m² 电耗/[kW·h/t(NaOH)]	2005		

④ BICHLOR^{TM} 电解槽的主要特点和优势。

a. 设计为未来扩建考虑；为未来单元槽预留空间。

b. 独立单元式的设计；易于检修，安全性好，单元槽可以提前安装好，减少停车时间，可以在未使用前进行测压。

c. 完全浸泡的离子膜；避免 Cl_2/H_2 爆炸性混合气体产生。

d. 酒窝的电机盘设计；离子膜完全被支撑住，不会摆动；空旷而众多的接触点确保均匀的电流分布，没有"热点"，没有局部高浓度的液体；避免对离子膜产生箍缩效应，造成损坏。

e. 最佳电流分布设计；均衡的电流分布，每个电极板有 260 个导电腿，阴阳极板的每个导电腿带有"十字导电爪"，形成 1040 个电流分布点，导电腿附带的绝缘罩把电流引导到"十字导电爪"上重新分配。

f. 敞形阴极网结构；敞开式极网允许电解液通过离子膜来回流动，以及让电解产生的气体轻易脱离，从而减少局部的热量，及局部液体浓度高造成的离子膜损坏。

g. "酒窝"式的电极结构增加强度；在带盘重涂时抗变形，抗压力产生的变形，辅助导电载流体的对准。

h. 先进的密封；允许高度的紧固，更少的动力，不损坏垫片，减少泄漏、产品损失和过早失效的风险。

i. 专有的电极涂层，阳极图层特点：氯过电位低，抗碱性磨损，低氯酸盐的产生；阴极图层特点：氢过电位低，停车时抗反向电流能力强，杂质中毒抵抗力强，涂层寿命长。

（4）氯工程复极式电解槽

氯工程复极式电解槽主要是 BiTAC 系列自然循环高电密电解槽，目前正在使用的产品主要有 BiTAC、n-BiTAC 及最新电解槽 nx-BiTAC。n-BiTAC 及新一代电解槽采用了高级的阴极极网制作技术、高级阴极弹簧和精巧细密的阴极网技术，提高了弹簧的弹性，实现了极网上压力的均一性；提高了极网和弹簧之间接触点数量，从而实现了电流分布均一性，极网和弹簧之间接触点数量提高了 17 倍；优良抗逆向压力的耐用性，弹簧经过上千万次的振荡实验；优良抗阳极端逆向压力的强度。BiTAC 阴极拉伸网向 n-BiTAC 的精巧细密的阴极网技术发展，有助于提高电解的有效面积，使得电流分布均一，并可改进系统零极距的效果。在约 6kA/m² 电流密度下，n-BiTAC 电解槽相比 BiTAC 电解槽可节电约 100kW·h。

氯工程电槽现在在国内的量越来越大，主要是由于该电槽性能稳定，特别是在高电流密度下（60A/dm²），其优越性更明显。因其阴极特殊的弹簧片式结构，可使槽电压明显下降，而且其内部的阴阳极底盘构造特殊，使电解液在内部循环充分，并不会出现明显的死区而导致底盘被腐蚀或击穿。n-BiTAC 电槽的极距更小，效果更好，而且可以跟原来的 Bi-TAC 电槽共用，并不需要再投入其他配套设施。

① n-BiTAC 复极式电解槽的结构。n-BiTAC 复极式电解槽有 89 个复极单元和一个终端阴极，以及一套拉杆（16 根）。贴有专用垫片的阳极室和阴极室之间配有 90 张膜。n-BiTAC 复极式电解槽的基本结构示意图如图 1-34 所示，实物图如图 1-35 所示。

单元槽的空重和内部体积：复极单元槽空重为 126kg，阳极侧内部体积为 $84 \times 10^{-3} m^3$，阴极侧内部体积为 $61 \times 10^{-3} m^3$；端阴极单元空重为 618kg，内部体积为 $611 \times 10^{-3} m^3$。所以一台槽的容积为 $5.5 m^3$。端阳极单元空重为 623kg，内部体积为 $84 \times 10^{-3} m^3$，一台槽阳极的容积为 $7.5 m^3$。

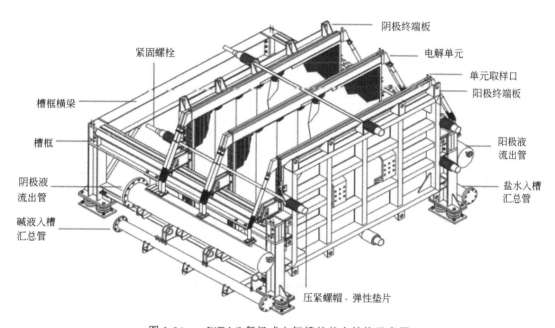

图 1-34　n-BiTAC 复极式电解槽的基本结构示意图

图 1-35　n-BiTAC 复极式电解槽实物图

② 氯工程公司电槽的优点。阳极形状为网状，填料材质为钛（Ti）；阴极形状为网状，填料材质为镍（Ni）；离子膜膜利用率大；低电耗，BiTAC 是通过镍板来导电的，由

于镍的导电率是钛的 6 倍，因而电槽结构电阻低；高电流密度，BiTAC 槽率先实现高电流密度运行；阴阳极采用耐腐蚀材料（Ni/Ti），经久耐用；可变极距，阴极与膜之间的间隙可在微小与极小之间调节，以满足不同种类离子膜的不同要求；电解液和气体靠溢流方式离开单元槽，几乎不产生压力变动。采用溢流方式消除了对膜有极坏影响的膜振动，从而延长膜寿命。BiTAC 槽的每个单元槽的出口处安装有透明的聚四氟乙烯管，可通过检查气液的流动和颜色来了解膜是否出现了损伤及其他异常情况；组装简单，维修方便，可一组一组进行。

③ 氯工程公司电槽的缺点。密封效果差，因为漏点多，这样制约电槽的稳定运行。

任务实施

一、教学准备/工具/仪器

图片、视频展示

二、操作要点

1. 离子膜中能得到高纯氢氧化钠的原因是它是选择透过性膜，离子膜中的哪个结构能达到选择透过的作用，原理又是什么？

2. 离子膜电解中有阴极室、阳极室两个电极室，在阳极室中进入的两个物料是什么？出的两个物料是什么？在阳极循环的物料是什么？循环作用又是什么？在阴极室中两个进入的物料是什么？出的两个物料是什么？在阴极循环的物料是什么？循环作用又是什么？在离子膜电解中发生的总反应和阴极、阳极发生的反应分别是什么？

3. 离子膜由哪些部分组成？

4. 你能说出哪些单极电解槽和复极电解槽呢？并简单说明它们的特点。

任务七　离子膜电解生产过程

任务目标　　掌握实际生产中离子膜电解工序的控制指标，了解离子膜电解槽的发展史，熟悉离子膜电解的工艺流程和开停车操作，根据本工艺的 PID 图能叙述工艺流程，判断各类异常情况出现的原因，并根据处理方法将故障排除。

任务描述

离子膜电解的岗位任务是将合格的二次精制盐水送到电解槽进行电解，阳极生产出符合要求的氯气，阴极生产出合格的液碱和氢气，湿氯气和氢气送氯处理岗位和氢处理岗位，阳极淡盐水送淡盐水脱氯岗位，阴极产生的 31%～32% 的碱液送蒸发岗位或液体罐区。保证离子膜电解正常工况遵循表 1-33。

表 1-33　离子膜电解工序控制指标

控制项目	控制指标	控制项目	控制指标
电解槽槽温/℃	75～90	氯中含氢	$H_2/Cl_2 \leqslant 0.15\%$（体积比）
氢气和氯气压差/kPa	5～6.5	氢气纯度	$H_2 \geqslant 99.5\%$（体积分数）
阳极液出口淡盐水 NaCl 浓度/(g/L)	190～220	成品碱冷却器出口碱温度/℃	≤50
淡盐水 pH 值	0～5	阳极液槽液位/%	40～50
电解槽阴极出液 NaOH 浓度	31%～32%	阴极液槽液位/%	45～55
电解氯气纯度	$Cl_2 \geqslant 98\%$（体积分数）		

 知识链接

一、离子膜电解工序工艺流程

离子膜电解工序工艺流程示意图如图 1-36 所示。从盐水高位槽自流过来的二次精盐水进入阳极室，通过盐水管上的盐水流量控制阀控制精盐水流量达到要求，溢流出的淡盐水和湿氯气进入电解槽阳极气液分离器，并在此分离，湿氯气送往氯处理工序，淡盐水经总管自流到淡盐水循环槽。一部分淡盐水用阳极液循环泵送至脱氯塔进行脱氯。在进淡盐水循环槽前的淡盐水总管中加高纯盐酸调节 pH 值至 1～2.5 以除去淡盐水中的游离氯，分离释放出的氯气由氯气总管回收。淡盐水循环槽中的另一部分淡盐水则与高位槽下来的超纯盐水经混合后进入电解槽进行循环。

阴极侧出来的碱液和氢气两相进入阴极气液分离器，并在此分离，氢气由氢总管去氢处理工序，碱液经总管自流到碱液循环槽，经碱液循环泵一部分 32% 的成品碱送蒸发及后用碱工序；另一部分经碱换热器用蒸汽换热后上阴极液高位槽溢流后加入一定量的纯水（将原有的蒸发二次蒸汽冷凝液去一次盐水化盐管道改到电解冷凝液储槽后送电解槽，根据冷凝液储槽的液位调节纯水储槽进泵进口的阀门开度，并每天从泵出口取样进行 ICP 分析及测电导）送电解槽，控制电解槽温度在 75～90℃，电解槽出口碱液浓度在 31%～32%。

将电槽所有机封水原排地沟的管线重新配一总管，并增加机封水机组一套，将机封回水回收至机封水槽，经过换热器与循环换热，用机封水泵打至机封水总管，进行循环利用，每班取样分析含盐浓度和 pH 值，巡检工注意机封水槽液位及泵的运行状态。

二、电解槽初次开车方案（以 n-BiTAC890 电解槽为例）

（一）开车前准备

1. 系统准备

① 电解槽安装：

a. 按照电解槽装配手册进行电解槽的装配。

b. 安装电解槽周围支管。

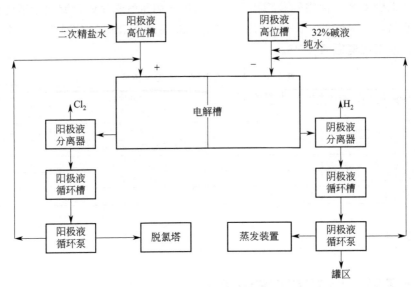

图 1-36 离子膜电解工序工艺流程示意图

c. 检查电解槽和所有母排不与地面接触。

d. 用欧姆计检查所有母排和电解槽与地面绝缘。

② 管道及各储槽试压试漏合格，清洗完毕；二次盐水质量分析合格且稳定，开车碱液、纯水、高纯盐酸库存充足、质量合格。

③ 气体系统：充压保压正常并维持氯氢压差约 500mm H_2O，保证气体系统可以正常运行。

④ 公用工程（氮气、仪表气、装置气、蒸汽等）条件具备。

⑤ 电器仪表完好，DCS 系统调试完毕，联锁测试正常。

⑥ 以上条件具备后按要求安装离子膜。

2. 充液

① 慢慢打开阴极侧充氮气阀门引入湿氮气。

② 确保阴极侧压力在 500mm H_2O，阳极侧通大气。

③ 逐渐打开阴极进料总阀向阴极液室充入流量为 22m^3/h 碱液：NaOH 28%～32%；Fe<0.3mg/L；每 2 台 n-BiTAC890 电解槽体积为 10m^3；温度为 20～40℃。

④ 3min 后，打开阳极进料总阀向阳极液室充入流量为 30m^3/h 如下盐水：NaCl 浓度约 200g/L（可用精盐水与纯水按 2∶1 的比例配制）；pH＞2；杂质达到精制盐水控制标准；每 2 台 n-BiTAC890 电解槽体积为 15.1m^3；温度约为 60℃。

⑤ 进料时须检查进料管气泡情况，如有气泡可能会导致溢流有所延迟，充液完成大概需要 30min 时间。

⑥ 铜排电缆连接。电解槽充液完成后，连接铜排电缆和极化电流电缆。

3. 极化

① 确定阴极氮气吹扫至氢气管线，阳极抽负至氯气管线，保证压差为 500mm H_2O，阴阳极均有溢流，槽温为 45℃，阳极与大气相通。

② 向电解槽投入 306V 极化电流，确保单个槽电压在 6～8V。

③ 测量所有单槽槽电压，确定各回路接线及信号传输正常。

④ 循环液升温：利用循环碱换热器将循环碱液升温至 70℃，加热电解槽为开车做准备。

⑤ 拉杆再紧固。在电解槽升温至 70℃后检查分配器和分配器之间的固定螺栓是否松动，并按照顺序再次紧固所有拉杆到标准尺寸（具体尺寸查阅电解槽装槽手册）。

4. 充压操作

① 关闭各电解槽阳极侧吸大气阀及所有顶部取样阀。

② 阴极侧由氢气放空阀切换至氢气至氢气总管压力调节阀门，保证压差为 500mm H_2O。

③ 阳极侧逐渐由氯气至废气处理压力调节阀门切换至氯气至氯气总管压力调节阀门。

④ 确定压差设定正确，四阀均处于自动状态，开阴极侧充氮气压力调节阀门和阳极侧充氮气压力调节阀门，对电解槽进行升压。

⑤ 逐步提高氯气至氯气总管压力调节阀门的设定值，并调整两侧充氮流量，在升电流初确保两侧压力在保证压差的条件下逐步提高。最终调整氯气总管压力为 2000mm H_2O，氢气总管压力为 2500mm H_2O。

5. 电解槽升电流操作

（1）升电流准备

① 确认淡盐水脱氯工序处于运行状态，通知氯氢处理和废 Cl_2 工序做好准备。

② 检查电解槽两侧压力计的气体压力在工艺指标范围以内。

③ 检查每台电槽的阀门是否处于正确开关状态；确认各电解槽进料溢流正常。

④ 检查电解工序的调节阀是否处于合适状态。

⑤ 检查联锁是否投入（因升电流之前工艺条件不满足的联锁等条件具备了再投用）。

⑥ 调整阳极液流量为 18.08m^3/h，停止精盐水中加纯水；阴极液流量为 54m^3/h。

⑦ 后工段准备工作完成，具备升电流条件。

（2）升电流至 3kA

① 通知后工段各岗位及调度，联系整流以 0.5kA/min 速度升一个回路直流电流到 3kA；溢流检查，通过特氟龙透明管目测阳极液和阴极液带生成气体从每一个单元槽流出。阳极中由于氯气溶解在水中使出槽淡盐水变色，不变色说明电解槽异常，必须进行检查。

② 用万用表检测所有单元槽电压是否在 2.3～3.0V；如果膜有针孔或电流效率低，特别是阳极溢流液为无色或者灰色，应该对电解槽进行检查。

③ 关闭阴极侧充氮气压力调节阀门和阳极侧充氮气压力调节阀门，停止向阴极液槽、电解槽和总管充氮。

④ 开始向淡盐水中加盐酸并控制淡盐水 pH 值为 2.0 左右。

⑤ 当碱浓度达到 31％时，以相对应电流负荷的流量标准开始加入纯水。

⑥ 断开极化整流器。

⑦ 联系氯氢处理氢压机和氯压机正常运行，化验员做单列氯气纯度及氯中含氧含氢检测。

（3）升电流至 7kA

① 参照流量标准表，调节纯水和精盐水流量标准与 7kA 保持一致，升电流至 7kA。

② 当电流达到7kA时，启动循环盐水系统，进行双路循环。方法是打开淡盐水循环阀，逐步调节循环淡盐水流量调节阀的流量。

（4）依次升电流到9kA、11kA、13kA、15kA

① 当在升电流前，把纯水和精盐水的流量调到与电流负荷相对应。

② 随电流提升及时分析 H_2/Cl_2 纯度，监测各单元槽槽电压及溢流情况。

（二）电解槽正常开车方案

① 检查现场机泵运行情况，各储槽液位、各阀门开关状况。

② 检查电解槽各阀门开关状态及阴阳极压差情况。阴极充氮气保500mm H_2O 压力，阳极通大气抽负。

③ 建立碱液循环，调节电解进碱流量自调阀加大碱液流量至54 m^3/h ，调节时注意碱液循环泵压力情况，及时调节泵回流。

④ 建立盐水循环，调节进槽精盐水流量调节阀加大精盐水流量至18.08 m^3/h ，并每列加纯水（10 m^3/h ），注意超纯盐水泵压力及电流情况，防止泵跳。并控制好淡盐水循环槽槽液位及淡盐水循环泵压力；调节脱氯系统运行正常。

⑤ 检查电解槽进料、溢流是否正常，投入306V极化电压。

⑥ 电解槽升温至70℃。

⑦ 关闭阳极通大气所有阀门，升压。

⑧ 关闭精盐水中加纯水，最终检查联锁及电解槽现场相关情况，准备升电流。

⑨ 通知调度、后工段，联系整流按0.5kA/min升电流至3kA，逐步关闭总管及电解槽充氮，专人观察电解槽溢流及着色情况；开始向淡盐水中加盐酸并控制淡盐水pH值为0左右；当碱浓度达到31％时，以相对应电流负荷的流量标准开始加入纯水；断开极化整流器，测槽电压；联系氯氢处理启氢泵和氯压机。

⑩ 以上无异常，升电流至7kA，盐水改为双路循环。

⑪ 根据负荷调整盐水流量，并逐步升电流至9kA、11kA、13kA、15kA并升满。随负荷调整及时监控槽电压，氯气、氢气纯度。

（三）电解槽的正常停车方案

① 通知调度、装置领导及氯氢处理工序、一次盐水工序、蒸发工序、整流工序做好电解停车准备。确认各工序条件具备，本岗位人员分工明确，联系通畅。

② 检查电解槽相关联锁，提前解除精盐水流量联锁（可能因原本负荷不够联锁未投）。

③ 通知整流降电流，保证氯氢压力及压差，注意控制液位、pH、槽温等工艺指标，专人监控电解槽溢流，防止电解槽溢流中断。

④ 单列电流降至3kA，开对应列电解槽阴极充氮，并根据氯氢压力及四阀（即氢气放空阀、氯气走废气阀、氯气走主管阀、氢气走主管阀）的开度开总管充氮。

⑤ 各列电流降至0kA，停盐水双路循环（阀门缓慢关闭，避免电解槽断流），调节阳极液循环量为45 m^3/h 。

⑥ 切换阴阳极气相至废气系统，保持氢气放空阀压差设定值为500mm H_2O ，通过降低氯气至废气处理压力调节阀压力设定值，同比降低阴阳极压力，此过程需注意氮气加入量，放空阀门开度过大，可适当减少氮气加入量。最后保持阳极压力为−50mm H_2O ，阴

极压力为 500mm H_2O。

⑦ 电解槽巡检人员打开八列阳极大气吸入阀及顶部单槽取样阀。

⑧ 通知整流人员手动投入极化 306V，保持单槽电压为 6～8V（注意电槽温度及流量变化导致极化电压的波动，需关注并随时调整）。

⑨ 测各列槽电压并保证单槽电压不小于 6V，并巡检电槽阴阳极压力。

⑩ 阳极加大精制盐水流量至 45m³ 以上（注意超纯盐水泵压力、电流及超纯盐水高位槽液位），置换电槽至无游离氯；阴极保持 54m³ 碱循环量。

⑪ 如 8h 内开车且能保证物料持续供给，调整阳极液浓度为 280～300g/L（精盐水 16.6m³＋纯水 2m³），进料碱液浓度大于 25%，维持槽温不变，等待开车。

⑫ 如短时间内不能开车或不能保证物料连续供给，需保槽处理，将碱液换热器蒸汽倒为循环水，对电解槽循环降温。阳极液浓度控制在 200g/L，置换至少 5h，流量配比为 2（精盐水）∶1（纯水）。

⑬ 电槽冷却至 45℃ 以下后确认出槽盐水不含游离氯后，断极化电流。

⑭ 根据实际情况封槽储存或保持循环。

(四) 电解的紧急停车方案

如果下列情况发生，应按下紧急人工停车按钮紧停电解；如果下列几种异常情况时发现联锁装置未自动联锁，关闭整流器，应进行人工紧急停车。

1. 电解槽

阳极室中 NaCl 浓度＜180g/L；H_2/Cl_2＞0.2%（体积比）；精盐水供给中断；单元槽进槽盐水中断；盐水质量不合格；单元槽进碱中断；因 Cl_2 中混入 H_2 爆炸。

2. 总管中的气体

Cl_2 压力高于 2400mmH_2O；H_2 和 Cl_2 压差高于 900mmH_2O 或低于 100mmH_2O；O_2/Cl_2 达到 3%（体积比）。

3. 系统原因

阳极液循环泵两台同时停止无法启动；阴极液循环泵两台同时停止无法启动；超纯盐水泵三台同时停止无法启动；相关工序紧急停车，如氯处理工序、盐水精制工序长时间停车。

4. 电源故障

如果电源中断使整流器和所有泵停止时，要防止电解槽液位下降，膜暴露于空气中被破坏，如果事故电源 2s 以后自动接通，立即启动精制盐水泵、淡盐水循环泵、碱液循环泵加液至溢流。所有电解槽阳极液溢流后，采取下列步骤。

① 停止盐水双路循环，进行盐水单路循环。

② 进行电解槽降压操作。

③ 通极化电流。

④ 将阴极液进料切换至阴极液槽（单槽），进行降温操作。

⑤ 待温度降至 45℃ 以下时，进行封槽操作，退出极化电压。

⑥ 当脱氯塔达到脱氯塔液位调节阀的高位报警设定点时，启动脱氯淡盐水泵，将盐水送至一次盐水，并阐明含有游离氯。

5. 直流电故障停车

当直流电故障停车时，极化整流器会自动断开，淡盐水加酸流量调节阀、阴极侧加纯水流量调节阀、循环碱液温度调节阀和氢气至氢气总管压力调节阀、氯气至氯气总管压力调节阀、循环淡盐水调节阀会随着整流器断开而自动关闭，阴极侧充氮气压力调节阀、阳极侧充氮气压力调节阀、氯气去废气处理压力调节阀、氢气放空阀会自动打开。

紧急停车后，应立即：

① 与相关工序联系；

② 检测电槽是否按要求投入极化电流；

③ 单列电槽阴极侧充氮；

④ 关闭盐水双路循环；

⑤ 关闭阴极液储槽液位调节阀，控制阴极液槽液位及控制循环碱温度；

⑥ 打开大气吸入阀（按照停车时间长短可决定打开所有阳极单元上的取样阀），进行空气置换。

6. 极化电流的通入

① 在所有的单元槽溢流后，立即应用极化电流，停车期间每个单元槽压保持在 $6\sim8V$。

② 单元槽电压能随单元槽温度变化，调节极化电流如下：单元槽温度 $<40℃$，极化电流为 $60A$；$40℃<$ 单元槽温度 $<70℃$（保持），控制电压为 $340V$；单元槽温度 $>70℃$，极化电流为 $90A$。

③ 电解液充满后，通过万用表测量并记录所有单元槽电压。

注意：

① 如果对电解槽通入极化电流后，在阳极一端生成 O_2 和 Cl_2，在阴极一端生成 H_2，由于 H_2 渗过离子膜或孔隙进入阳极导致 H_2/O_2 和 H_2/Cl_2 发生爆炸，所以一端不断补充 N_2，保持 N_2 放空。

② 在电解液未从所有单元槽溢流出来时，不要对电解槽通入极化电流；如果通入极化电流，不要完全密闭阳极室和阴极室，因为通入极化电流后生成 O_2、Cl_2 和 H_2，如果密闭会产生较高压力从而破坏离子膜。

③ 极化整流器须有备用电源，以确保极化电源不中断。

④ 如果单元槽电压低于相邻的单元槽 $30mV$，膜可能有针孔泄漏，电解槽周围禁火，极化可能导致 H_2 泄漏。

7. 阳极液循环

电解液进满后阳极进行循环，阳极液循环必须保证以下指标：

① 阳极液中无游离氯；

② 盐水浓度为 $250\sim280g/L$；

③ 盐水 pH <12。

按下列程序把阳极液保持在正确状态：

① 如果精盐水可以持续供应，每列电槽保持 $45m^3/h$ 流量以置换阳极液的游离氯；置换结束后，按每台槽 $18m^3/h$ 的流量标准调节精盐水量，以防止膜暴露于空气中，防止盐水因过饱和而结晶和阳极涂层被碱腐蚀；

② 如果精盐水不能持续供应，以每台槽 $30m^3/h$ 的流量标准供应精盐水，每个电槽以 $15m^3/h$ 供给纯水至少 $2h$，以置换游离氯；

③ 用 250～280g/L 稀释盐水替换盐水,每两天一次,一次至少 2h。

注:以上精盐水中 NaCl 含量不低于 300g/L。

8. 阴极液循环

由于阴极液会因为从阳极液中穿过离子膜的渗透水渐渐被稀释,所以把碱浓度保持在 28%～32%范围内。

① 每列电解槽以 54m³/h 的流量持续循环;

② 如果连续碱循环不能实现,进满后关闭碱循环,同时关闭阳极进行封槽,单元槽温度保持在 30～40℃;

③ 保持一天一次的碱液循环,同时抽取碱样以供分析,保持碱液浓度在规定的范围内。

三、离子膜电解中常见故障的判断及处理

离子膜电解中常见故障的判断及处理如表 1-34 所示。

表 1-34 离子膜电解中常见故障的判断及处理

异常情况	原因	处理方法
pH 值低于 2	盐酸流量大	减少盐酸流量
pH 值高于 4	①盐酸流量小。 ②膜漏	①增加盐酸流量。 ②做膜试漏,更换泄漏膜,检查阴极、阳极是否损坏
电解槽压差波动	①气体压力波动。 ②电解液压差波动。 ③电解液流量波动	①检查仪表;设置点是否正确;设置点和指示器的偏差;是否显示波动。 ②检查压差,检查流量计是否堵塞。 ③检查盐水精制反应器絮凝剂的流量;检查电解液在软管的流量;检查流量计本身;检查供应盐水泵或阴极循环的汽蚀
电解槽膜压差读数波动	①电流短路。 ②通过膜的压差不足。 ③连线不好或压差计的保险丝烧断。 ④在一个或多个单元槽中的异常高压	①消除短路。 ②增加阴极液流量或调节气体压力控制器。 ③电解槽停止工作,换保险丝。 ④检查直流 DC 安培计的波动;检查软管出口气体和液体的流量情况(软管堵塞、膜泄漏、阳极损坏、阴极损坏)
单元槽电压高于平均值	①排气管堵塞。 ②膜损坏。 ③电极损坏	①清洗单元槽和总管的出入口管。 ②换膜。 ③用备用槽替换电极
电解槽电压过低	①膜漏。 ②螺栓生锈	①做膜漏实验更换漏膜,检查单元槽阴阳极,若有损坏,更换单元槽。 ②检查螺栓表面
槽压急剧上升	①电解液温度低。 ②阴极液浓度增加。 ③阳极液浓度增加。 ④膜被金属沉淀物污染。 ⑤由于整流器的故障引起过电流偏大	①调节电解液温度在 75～90℃。 ②分析碱液浓度,使 NaOH 浓度在 31%～35%。 ③检查阳极出口淡盐水浓度是否在 190～220g/L 范围内。 ④分析阳极液中钙离子、镁离子含量。 ⑤检查直流安培计
软管泄漏	①软管螺母拉紧变松。 ②垫圈的老化。 ③软管开裂或出现针孔	①电解槽停车,排放电解液。 ②洗电解槽,更换损坏部分。 ③正确安装进出口软管
电槽垫片泄漏	①液体压力不足。 ②垫片粘贴不好	①检查电解液压力。 ②停电解槽,排电解液,调换垫片

四、离子膜电解中的安全防范

1. 离子膜电解的安全操作要点

（1）保持氢气系统微正压操作

为了防止氢气系统负压、吸入空气后爆炸，要求电解槽运行中始终保持微正压，一般电解槽的氢气压力在 $0\sim100mm~H_2O$。

（2）严格控制电解槽的盐水液位

为防止阴极产生的氢气渗透到阳极遇氯气发生爆炸事故，应保持电解槽的盐水液位不低于阳极箱上的法兰口。

（3）安全布置氯气管道

在电解过程中应设事故氯处理吸收装置，在氯气输送中要安装止逆装置，防止备用电源漏电事故的发生。

（4）安全布置氢气管道

为防止氢气和空气混合后发生爆炸，必须对设备和管道进行严格密封。电解系统的氢气总管应安装自动泄压装置，同时氢气的放空管道中应安装阻火器，电解及氢气系统必须采用避雷针。

（5）检修中的安全要求

在氢气系统停车检修前，先用盲板切断气源，在氢气管安装滴水表，并保证畅通，防止氢气管道及设备有积液。通入氮气进行彻底置换，等取样分析合格后方可办理动火手续。

2. 离子膜电解岗位安全生产注意事项

（1）防火防爆注意事项

① 氢与空气混合，氢气含量达到 $4\%\sim74\%$ 时为爆炸性气体，因此管路与设备应保持密闭良好，并保持氢气纯度在 98% 以上，管路与设备附近禁止明火操作，电气及设备应取防爆装置，停车检修时应用氮气置换管路与设备至含氢合格，动火前应测定设备、管路及环境的含氢量。动火的设备、管段应与系统隔断，并办理动火手续，批准后准予检修。

② 当遇氯气起火时，不准降低运行电流或停直流电，应用绝缘灭火器或石棉布隔绝空气予以扑灭，以防止氢气系统形成负压将助燃之氧引入而发生爆炸。

③ 盐酸系统动火检修前，须将物料处理干净，切断物料来源，同时分析含氢量低于 0.5% 方可动火。

④ 禁火区内，严禁吸烟与动火，如必要动火时须采取必要的措施。

（2）防毒注意事项

① 氯气为有毒气体，吸入肺中会引起中毒，轻者咳嗽、支气管发炎，重者有窒息感、剧咳、呕吐，严重者引起肺水肿或迅速窒息死亡，因此应防止氯气外溢。

② 如遇氯气大量外溢时应立即站在上风向处，戴好防毒面具进行处理，防毒面具应按期进行检修，保证其效能。如遇氯气中毒时，应先移至空气通畅处，轻者服用甘草合剂，重者注射葡萄糖酸钙，严重者立即送医院。

（3）防化学灼伤注意事项

① 氢氧化钠对人体皮肤、眼睛、毛发有剧烈的侵蚀性，操作中要集中精力，并戴好防护眼镜、胶皮手套，必要时要穿防护衣、戴面罩等。若碱流溅入眼内，需立即用大量清水冲

洗，然后到医务室用硼酸水冲洗，严重时要到医院治疗。

②　盐酸和氯化氢气体对人体有强烈的刺激与侵蚀作用，操作人员在操作时应戴上眼镜、口罩、橡胶手套以及穿工作服和胶鞋。

③　酸、碱容器管道附近的检修应在切断物料来源、泄压、排空物料、清洗干净后进行。

（4）防触电事项

①　严格执行电气安装检修规定，非电气人员不得维修电气设备。

②　电气设备的开关下要铺设绝缘板或干燥木板，开关应始终处于干燥状态，操作时手及手套不能潮湿。

③　电解操作人员必须穿绝缘良好、干燥的绝缘鞋，严禁双手同时接触阴、阳极或双手同时接触槽体和接地物体。

④　罐内临时操作或维修照明用灯不可超过 36V。

（5）其他注意事项

①　进罐或进入容器检修和操作，见《安全技术管理制度》有关部分。

②　起重、吊拉、高空作业见《安全技术管理制度》有关部分。

③　设备检修见《安全技术管理制度》有关部分。

④　转动设备必须加安全罩。

⑤　吊车吊件时严禁吊件下行人。

3. 事故氯处理

事故氯处理就是氯气处理过程中的应急处理，是确保整个氯气处理工序、电解槽生产系统以及整个氯气管网系统安全运行的有效措施。随着环保法规的日益健全，控制环境污染的手段日益严格。国内外氯碱厂都十分重视在故障状态下如何防止氯气外泄，如何妥善处理事故氯的问题。

4. 离子膜电解中的安全事故案例

 ［案例分析1］

事故名称：电解槽着火。

发生日期：2007 年 5 月×日。

发生单位：某氯碱厂。

事故经过：在停车检修后，各电解槽陆续开车，在 1♯槽电流开至 8kA 时，槽头固定框第一片单元槽处着火。当班操作工第一时间报告调度，并用灭火器灭火，在不成功的情况下，采取了紧急停车处理。停车后拉开该电解槽，经检查发现极框变形，离子膜烧毁。

事故原因分析：

①　第一片单元槽处阳极垫冲出，造成电解液、氯气、氢气泄漏，引起着火。

②　该槽停车检修时第一片单元槽换膜，阴、阳极垫片全部换新垫片，在粘垫片过程中，槽框上的胶和垫片上的胶晾干速率不一致，时间不易控制，造成垫片粘贴达不到要求。

③　垫片粘好后，挤压时间短，随即开始注液，注完液后电解槽循环时间短，温度上升有些快，导致垫片因受热过快发生蠕动变形。

教训及采取的措施：

① 垫片粘贴质量一定要保证；

② 升降电流时，加强现场巡查；

③ 控制电解槽温度上升速率，避免温度上升过快；

④ 适当降低油压，根据电流和压力调整油压。

 ［案例分析 2］

事故名称：氯气泄漏。

发生日期：2010 年 1 月×日。

发生单位：某氯碱厂。

事故经过：由于电网晃电导致电解 P-154C、P-164C、P-264C、P-314C 等四台泵停，E 槽整流器停，电解操作工在第一时间将停掉的四台泵恢复正常，并控制好压差避免了全线停车。氯氢处理 A 透平机电流急剧下降，机组回流阀联锁关闭，透平机实际已退出运行，此时电解四台电解槽以 46kA 的总电流正在生产，造成氯气泵前压力正压最高达 7.71kPa。大量氯气通过氯气事故阀经正压水封泄到电解废氯塔，因氯气量过大，废氯塔吸收不及，造成氯气从废氯风机出口泄出。剩余氯气通过氯氢处理事故氯自控阀泄往大事故氯。主控室操作人员接到指令，按下全槽紧急停车按钮，全线停车。

事故原因分析：

① 主要原因是电网深度晃电，造成一部分设备停止运行，最主要的是氯氢处理透平机电流迅速下降后随即电流恢复，这样就没有停机报警信号，操作人员误认为透平机正常工作，在发现氯气泵前压力高报时，发现透平机机组进口阀关闭，此时电解运行电流为 56kA，氯气输送受阻，必然造成氯气正压泄漏。

② 电解槽按紧急停车按钮后，虽然电流降为 0，但反馈信号出现故障，系统误认为其仍在运行，因此联锁没有启动，透平机、氢气泵没有及时停下来。

③ 晃电事故发生后，岗位间通信联系受到影响，调度无法迅速了解各岗位情况以及及时准确地下达指令，延误了停车时间。

④ 晃电时，电解运行的次氯酸钠罐内溶液含量为 6.1%（5% 就需要倒罐），不能吸收大量的氯气，而现场氯气味太大，操作人员戴着防毒面具也不能完成倒罐操作。氯气不能被吸收，直接散到空气中。

教训及采取的措施：

① 本次事故的教训为整套装置面对突发事故的能力有限，仍会有让人想不到的现象发生，要充分提高应对事故的意识，进一步提高装置的可靠性。

② 将透平机机组进口阀联锁关闭时间延时 3s，以避免瞬间晃电而透平机并未实际停止运行时阀门关闭造成的泵前大正压。

③ 改造电解废氯系统，将次氯酸钠罐出口阀门改为自控阀，实现在主控室远程进行倒罐操作，解决了人员到不了现场操作的问题。

④ 改造电解氯气正压水封，消除水封跑氯点。

⑤ 在电解和氯氢处理岗位配备正压式空气呼吸器，增强应急救援能力。

⑥ 加强职工培训及事故预案的演练，提高应对突发事故的紧急处理能力。

任务实施

一、教学准备/工具/仪器

图片、视频展示

详细的离子膜电解 PID 图

彩色的涂色笔

化工图样中的设备、仪表、阀门中字母所代表的含义

二、操作要点

(一)流程识读

根据附图 5 来完成,首先找到离子膜电解工艺中阴极液和阳极液的流程,规定相应的彩色准备涂色。

例如,阳极液使用蓝色的线;阴极液使用紫红色的线;氢气使用黑色的线,氯气使用绿色的线。

任务一:明确阳极液是哪种液体,进入阳极室发生化学变化后从阳极液出来的液体是什么,气液分离后,阳极液的循环过程是怎样的,氯气是经过哪些设备进入氯气总管的。

任务二:明确阴极液是哪种液体,进入阴极室发生化学变化后从阴极液出来的液体是什么,气液分离后,阴极液的循环过程是怎样的,氢气是经过哪些设备进入氢气总管的。

(二)根据工艺流程图,找出巡检工需要检查的各台设备

巡检工带好巡检使用的点检仪、测温枪和测震仪等设备,根据要求按照以下路线进行巡检。阳极液路线:离子膜电解槽阳极室→气液分配器→淡盐水储槽→淡盐水泵→氯水储槽→氯水泵→氯气液封→离子膜电解槽阳极室。阴极液路线:离子膜电解槽阴极室→气液分配器→阴极液储槽→阴极液循环泵→碱高位储槽→离子膜电解槽阴极室→氢气水封→阴极液储槽(单槽)→阴极液加热器→成品碱冷却器。

离子膜电解工序巡检工需要做的任务如下:

① 每天在现场用便携式伏特表测量单元槽电压,并认真做好记录,根据离子膜电解槽运行状况,每周对槽电压联锁设定值重新设定一次。

② 如果电解槽发出高电压报警信号,应立即检查各单元槽的盐水溢流情况;如果单元槽无盐水溢流,应尽快切断电源;如果盐水溢流正常,则应测量单元槽电压。

③ 检查电解槽的液位,一次水补加使溢流处于正常状态。

④ 检查氯气总管、氢气总管的 U 形压力计显示是否在合理范围,与远传是否一致,禁止压力出现波动。

⑤ 注意检查废水池液位,当超限时开启泵抽液,禁止冒池。

⑥ 检查上槽碱液及上槽精盐水流量计显示是否与运行电流相匹配,如不匹配及时通知内操人员更正。

⑦ 检查各泵运行状况,包括机封冷却水、泵出口压力及运行电机,发现异常及时处理。

⑧ 控制加酸情况,确认 pH 值控制在 2 以上。

⑨ 控制电解槽的液位使其在正常范围之内,要求 DCS 与现场显示一致。

⑩ 检查电解槽的溢流情况,发现溢流不正常状况及时处理。

⑪ 控制好循环碱板式换热器的碱液出口温度。

⑫ 控制好电槽阴、阳极两侧 U 形压力计的压力。

⑬ 检查整流器纯水冷却装置的运行情况,控制好温度。

⑭ 检查整流器的运行是否正常,发现不正常现象及时处理。

任务八　淡盐水脱氯生产过程

任务目标　　掌握淡盐水脱氯的作用和原理、实际生产的控制指标,了解空气吹除和真空脱氯的优缺点,熟悉淡盐水脱氯的工艺流程和开停车操作,根据本工艺的 PID 图能叙述工艺流程,判断各类异常情况出现的原因,并根据处理方法将故障排除。

任务描述

淡盐水脱氯的岗位任务是将电解产生的含氯淡盐水进行真空脱氯和化学脱氯,将脱氯后的盐水送往化盐岗位作化盐配水,部分淡盐水送氯酸盐分解槽加酸分解后送一盐,氯气送往氯气处理工序。根据亚硫酸钠溶解槽液位及时配置亚硫酸钠溶液。淡盐水脱氯岗位控制指标如表 1-35 所示。

表 1-35　淡盐水脱氯岗位控制指标

控制项目	控制指标	控制项目	控制指标
脱氯塔绝对压力/ kPa	40±5	脱氯塔液位/%	22～50
脱氯后盐水 pH 值	9～11	回收氯气冷凝器出口氯气温度/℃	35～50
脱氯后游离氯浓度	0	淡盐水加热器出口淡盐水温度/℃	85～95

　知识链接

一、淡盐水脱氯原理

1. 淡盐水中游离氯来源

在离子膜法生产烧碱的工艺中,淡盐水中的游离氯,以两种形态存在。

第一部分为溶解氯,溶解量与淡盐水的温度、浓度、溶液上部氯气的分压有关。氯气在淡盐水中存在下列平衡：

$$Cl_2 + H_2O \Longrightarrow HClO + HCl$$

$$HClO \Longrightarrow H^+ + ClO^-$$

氯在不同温度、不同分压时在盐水溶液中的溶解度，如表1-36所示（表中盐水浓度为每升水中溶解217g氯化钠）。

表1-36　氯在氯化钠水溶液中的溶解度

50℃时		60℃时		70℃时	
p/kPa	c/(mol/L)	p/kPa	c/(mol/L)	p/kPa	c/(mol/L)
20.3	0.0035	23	0.0030	24.3	0.0030
35.5	0.0060	36.5	0.0050	40.5	0.0058
49.6	0.0085	57	0.0070	59.8	0.0068
65.8	0.0110	64.7	0.0090	79	0.0085
80	0.0135	75.0	0.0100	90.2	0.0103
92	0.0155	85.1	0.0113	103	0.0115
103	0.0170	103	0.0135		

第二部分因为电解中 OH^- 反渗使淡盐水中的 OH^- 增多，从而发生下列化学反应：

$$Cl_2 + 2OH^- \Longrightarrow ClO^- + Cl^- + H_2O$$

电流效率越低，反渗透的 OH^- 越多，ClO^- 生成的也越多。

上述两部分量的总和，以氯气来计，称为游离氯。

2. 淡盐水脱去游离氯的意义

符合质量要求的精制盐水在电解槽内发生电化学反应后，其浓度降低，成为含有游离氯的淡盐水，其中 NaCl 含量为 190～220g/L，游离氯含量一般为 600～800mg/L。淡盐水 pH 值为 1.5～3（进槽盐水加酸工艺时）、温度为 80～85℃，为利用其中 NaCl 需返回一次盐水工序配制饱和盐水（即一次盐水）。但淡盐水中存在游离氯，如果不将其除去，将会腐蚀盐水精制系统的设备和管道等、阻碍一次盐水工序精制过程中沉淀物的形成、损害二次盐水工序过滤器的过滤元件和螯合树脂塔中的树脂等，危害很大。因而，淡盐水中的游离氯必须除去，以便返回一次盐水工序再使用，减少浪费。

3. 脱氯原理和方法

（1）脱氯的原理

由于以上化学反应的发生，所以在淡盐水中同时有 Cl_2（溶解氯）、HClO（水化反应）、ClO^-（离解反应）和 H^+ 存在，它们之间的关系是化学平衡。脱氯就是破坏这种平衡关系，使上述化学反应朝生成 Cl_2 的方向进行。

从淡盐水中游离氯的两种存在形式可知：物理脱氯原理就是破坏化学平衡和相平衡关系，使平衡向着生成氯气的方向进行。破坏平衡关系的手段是：在一定的温度下增加溶液酸度和降低液体表面的氯气分压。具体方法有两种，一种是在一定真空度下使较高温度的淡盐水处于沸腾状态，产生水蒸气，利用生成的气泡带走氯气，这种脱氯方法叫作真空脱氯；另一种是将空气加压通入脱氯塔内，在填料表面空气和淡盐水接触脱氯，叫作吹除法脱氯。

由于气相和液相之间存在着平衡，所以采用上述物理脱氯的手段不能将淡盐水中的游离氯百分之百地除去，剩余微量的游离氯（一般在 10～30mg/L）需添加还原性物质（一般用 8%～9% 的亚硫酸钠溶液）使其发生氧化还原化学反应而将其彻底除去，这就是所谓的化学脱氯。

用真空脱氯的方法脱除的氯气纯度较高，可以直接并入氯气系统中。实际生产中很多氯碱化工厂往往是将真空脱氯法和化学脱氯法结合起来使用以达到氯气回收和脱氯的目的。

（2）脱氯的方法

① 真空脱氯。氯在水中有三种形式：Cl_2、$HClO$、ClO^-，三者在水中的含量高低取决于 pH 值大小。氯在水中平衡与 pH 值的关系如图 1-37 所示。

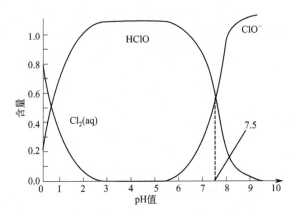

图 1-37　氯在水中平衡与 pH 值的关系

从图 1-37 可以看出这三种形式中只有 Cl_2 是以气体形式溶于水中，如果想使用物理方法将氯气脱除，那么淡盐水的 pH 值应小于 1.8，否则氯气含量太低。从电解槽出来的淡盐水，加入适量的盐酸，调 pH 值至 1.5 ± 0.3，进入脱氯塔。由于脱氯塔的绝对压力为 250mmHg（1mmHg＝133.322Pa），使较高温度的淡盐水处于沸腾状态，产生蒸汽，利用生成的气泡带走氯气。

② 空气吹除脱氯法。将空气加压通入脱氯塔内，在填料表面空气和淡盐水接触脱氯，叫作空气吹除脱氯。

③ 化学脱氯法。经过真空脱氯后的淡盐水中还含有一小部分氯，一般加入 NaOH 使以 Cl_2 形式存在的游离氯转化为 ClO^-，从图 1-37 可以看出只有 pH 值大于 7.5 时才能达到要求，再用还原性的化学试剂 Na_2SO_3 加以去除。

反应方程式如下：
$$Cl_2 + 2NaOH \longrightarrow NaClO + NaCl + H_2O$$
$$NaClO + Na_2SO_3 \longrightarrow Na_2SO_4 + NaCl$$

总反应：
$$Cl_2 + 2NaOH + Na_2SO_3 \longrightarrow Na_2SO_4 + 2NaCl + H_2O$$

二、淡盐水脱氯工艺流程

1. 真空脱氯流程（图 1-38）

在淡盐水中先加入适量盐酸，混合均匀，进入淡盐水罐。因酸度变化，逸出的氯气进入氯气总管，淡盐水泵将淡盐水送往脱氯塔。脱氯塔里装有填料，塔的真空度在 $87 \sim 90.7kPa$，此压力下盐水的沸点在 $50 \sim 60℃$，$85℃$ 的淡盐水进入填料塔内急剧沸腾，水蒸气携带着氯气进入钛冷却器，水蒸气冷凝，进入淡盐水罐，再去脱氯，氯气经真空泵出口送入氯气总管。氯水则送回淡盐水罐。

出脱氯塔的淡盐水进入脱氯盐水罐。用 20%NaOH 溶液调节 pH 值为 8～9，然后再加入 Na$_2$SO$_3$ 溶液，去除残余的游离氯。被除去氯的淡盐水用泵送去化盐工序。

该流程的真空系统可以采用水环泵真空系统，也可以采用蒸汽喷射真空系统。

流程叙述：水环真空泵将吸入的氯气送往分离罐，分离后的氯气进入氯气总管，多余的氯水送往淡盐水罐。0.4～0.8MPa 的蒸汽进入蒸汽喷射泵，高速喷出时产生负压，吸入氯气。氯气和水蒸气进入钛冷却器冷却，冷却后冷凝氯水进入淡盐水罐，氯气进入总管。

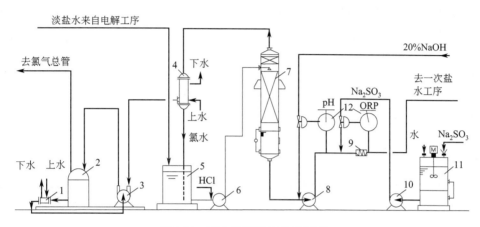

图 1-38　真空法脱氯工艺流程图

1—氯水循环冷却器；2—气液分离器；3—钛真空泵；4—氯气冷却器；5—淡盐水受槽；6—淡盐水泵；7—真空脱氯塔；8—脱氯淡盐水泵；9—静态混合器；10—亚硫酸钠泵；11—亚硫酸钠配制槽；12—pH 计、氧化还原电位计在线分析仪表

2. 空气吹除脱氯工艺流程（图 1-39）

来自电解工序的淡盐水（温度约为 85℃，pH 值约为 3，游离氯一般为 600～800mg/L）在进入脱氯塔前，定量加入盐酸，将其 pH 值调至 1.3～1.5，然后进入脱氯塔顶部，风机

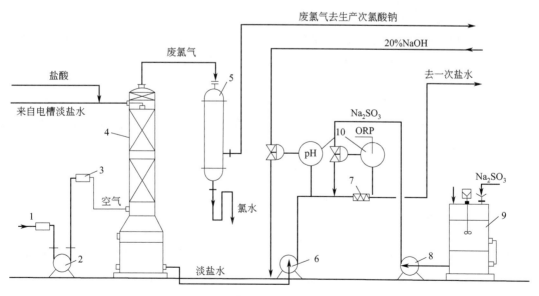

图 1-39　空气吹除脱氯工艺流程简图

1—消音器；2—风机；3—空气过滤器；4—脱氯塔；5—废氯气冷却器；6—脱氯淡盐水泵；7—静态混合器；8—亚硫酸钠泵；9—亚硫酸钠配制槽；10—pH 计、氧化还原电位计在线分析仪表

鼓入的空气（压力约 $600mmH_2O$，气量是淡盐水体积的 $6\sim8$ 倍）由脱氯塔底部进入，在塔内填料表面淡盐水与空气逆流接触，逸出的湿氯气随空气从塔顶流出，淡盐水在此完成物理脱氯过程。湿氯气经废氯气冷却器冷却后，一般送去生产次氯酸钠（因吹脱出的氯气中含有大量空气，浓度较低，一般采用二级填料塔串联，用碱吸收）。

脱氯后的淡盐水含游离氯 $10\sim20mg/kg$，自流到脱氯塔，其中的淡盐水由淡盐水泵抽送，在该泵的进口处先加入 NaOH 溶液调节 pH 值至 $9\sim11$（用 pH 计检测），然后在其出口处加入浓度为 $8\%\sim9\%$（质量分数）的亚硫酸钠溶液进一步除去残余的游离氯（要求游离氯为 0），并用氧化还原电位计检测（ORP $<-50mV$）其中的游离氯含量。为达到充分混合，在管路中设有静态混合器（或增设孔板）。淡盐水在此完成化学除氯过程，然后用淡盐水泵送至一次盐水工序回收循环使用。

在亚硫酸钠配制槽内配制浓度 $8\%\sim9\%$（质量分数）的亚硫酸钠溶液，并用亚硫酸钠泵将该溶液加入淡盐水泵的出口管中。

三、主要设备

淡盐水脱氯的主要设备就是脱氯塔，脱氯塔的作用是将从离子膜电解槽流出的淡盐水中的游离氯（ClO^-）脱除掉，目的是：

① 减少对设备和管道的腐蚀；

② 减少对树脂塔中螯合树脂的危害；

③ 减少对环境的污染（氯气泄出）；

④ 回收氯气。

脱氯工艺主要有真空脱氯法和空气吹除脱氯法两种，这两种工艺所用的脱氯塔稍有不同。

（1）真空脱氯法所用的脱氯塔

真空脱氯即是应用在不同压力下氯气在盐水中有不同的溶解度的原理，使溶解在盐水中的氯气在减压情况脱除，一般借助于真空泵来完成。真空脱氯塔外壳为钛材，也可用钢衬橡胶材质，塔内装填有一定高度的填料层，物料由上向下喷淋，氯气经真空泵回收。其结构如图 1-40 所示。

（2）空气吹除法所用的脱氯塔

空气吹除即是用鼓风机送入空气，将淡盐水中氯气吹除。但因回收的氯气浓度小，还需用碱吸收转化成次氯酸钠。该脱氯塔的外壳为钛材或钢衬橡胶。塔内装有一定高度的填料层，物料由上而下喷淋，空气由塔底向上送入，以达到脱氯的目的。该脱氯塔如图 1-41 所示。

四、氯酸盐脱除

淡盐水中除含 ClO^- 外，还含氯酸盐。经过多次闭路循环，氯酸盐的浓度逐渐升高。同时碱中的氯酸盐含量也随之升高，腐蚀蒸发设备。故必须将氯酸盐分解一部分，使其浓度维持在某一水平上，保证安全生产。

1. 氯酸盐的产生及危害

在离子膜法电解过程中，钠离子从阳极室透过离子膜迁移到阴极室，阴极室的 OH^- 受到阳极的吸引而迁移到阳极室，在阳极室发生副反应而生成次氯酸钠，由于电解槽温度高于80℃，有相当数量的ClO^-发生反应，生成ClO_3^-，氯酸是强酸，也是强氧化剂，但是氯酸盐溶液只有在酸性介质中才有强氧化性。

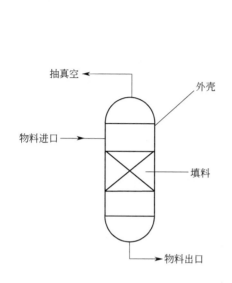

图 1-40　真空脱氯塔结构示意图

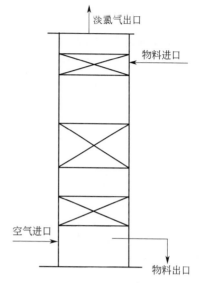

图 1-41　空气吹除脱氯塔

由于离子膜法电解使用的盐水闭路循环，氯酸盐在盐水系统中逐渐积累到相当高的浓度。盐水中氯酸盐含量偏高时，一部分氯酸盐将透过离子膜进入阴极室，造成碱中氯酸盐含量偏高，碱中氯酸盐将会在碱蒸发浓缩时腐蚀蒸发工序设备与管道。盐水中氯酸盐含量偏高时，氯化钠含量减少，电流效率下降，而且氯酸盐在螯合树脂塔再生时会产生次氯酸，从而腐蚀、损伤螯合树脂，造成树脂活性吸附能力下降甚至中毒失效，给离子膜运行带来不可恢复的重大损伤。因此必须除去系统中积累的氯酸盐。

2. 除氯酸盐的原理

（1）分流控制含量

分流出一部分盐水去其他装置，使ClO_3^-的生成量和分流量达到平衡。流量由下列因素决定：

① 反应 $3ClO^- \rightleftharpoons 2Cl^- + ClO_3^-$，$ClO_3^-$的生成量。

② 氯酸盐分解反应的平衡常数。

③ 盐水中ClO_3^-允许浓度，如允许浓度越低，则去氯酸盐分解槽的流量越大。

（2）盐酸热分解法

氯酸盐在常温及碱性条件下比较稳定，要想去除盐水中的氯酸盐必须满足两个条件：较高的温度和较强的酸性。

盐酸热分解法是向出槽淡盐水中加入盐酸，并采用蒸汽间接加热法分解氯酸盐，其分解反应原理为：

$$2NaClO_3 + 4HCl \rightleftharpoons 2ClO_2 + Cl_2 + 2NaCl + 2H_2O$$
$$NaClO_3 + 6HCl \rightleftharpoons 3Cl_2 + NaCl + 3H_2O$$

这种方法副反应不容易控制，同时对温度、酸度的控制要求较高，控制不好ClO_2会有爆炸的危险，而且消耗高，在成本和节能降耗方面明显处于劣势。

（3）LSZ 药剂法

LSZ 药剂法能大幅度减少蒸汽、高纯盐酸及质量分数为 32% 碱的消耗，节省成本、增加效益，拥有环保效益，并消除了泄漏氯气对周围岗位设备、仪表的腐蚀及对环境的污染。且分解停留时间较短，可以提高进分解槽淡盐水流量到 20m³/h。

3. 脱氯酸盐的工艺流程

在淡盐水进板式换热器之后加入 LSZ 药剂（可以在不加酸和蒸汽加热的情况下达到分解氯酸盐的目的），后进氯酸盐分解槽，分离后的淡盐水去氯水槽后用氯水泵送脱氯塔，分离出的氯气送至氯气主管。现有的氯酸盐分解工艺流程图见图 1-42。

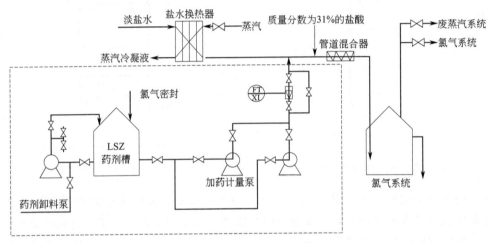

图 1-42　氯酸盐分解工艺流程图

五、淡盐水脱氯开停车

1. 淡盐水脱氯正常开车方案

关闭该系统的所有放空、排出口及采样管阀门，打开仪表变送器的所有截止阀；启真空泵抽真空；配制亚硫酸钠备用，并启动亚硫酸钠泵；打开各泵进口管的进口阀，调节阀前后的手动阀；检查加碱阀门是否畅通，碱是否可以正常加入；打开换热器的循环水阀门；通知电解缓慢将淡盐水送入脱氯塔；调节真空泵回流，真空提高速度要缓慢，防止氯气压力波动；打开亚硫酸钠加入阀，尽量开大，打开烧碱加入阀开始调节 pH 值；当脱氯塔有液位后，启动脱氯盐水泵，通过最小流量开始向化盐岗位送淡盐水，如果盐水电位高，利用亚硫酸钠流量调节阀和脱后加碱流量调节阀加大亚硫酸钠加入量和调节 pH 值；随着脱氯塔液位升高，打开脱氯盐水泵出口阀，通过脱氯塔液位调节阀控制脱氯塔液位并将盐水送往一次盐水；通过调节，逐步将液位和电位调节稳定。

2. 淡盐水脱氯正常停车

逐步关闭阳极液储槽液位调节阀；在关小淡盐水的同时利用真空泵回流压力调节阀调节真空泵回流，保持真空度在工艺指标范围以内；在阳极液储槽液位调节阀完全关闭且脱氯塔的液位低于 10% 以后，停脱氯盐水泵；停止脱氯盐水加碱及 Na_2SO_3。

3. 淡盐水脱氯紧急停车

立即开大脱氯盐水加碱及 Na_2SO_3 加入量，保证电位；脱氯盐水泵不能启动，立即关闭阳极液储槽液位调节阀和真空泵回流压力调节阀真空泵回流，保持真空度不能过低；电位如果不合格，配制浓度是平时 $2\sim3$ 倍的 Na_2SO_3 溶液，以保证电位合格。

4. 氯酸盐分解槽开车

① 手动打开淡盐水循环泵至氯酸盐分解槽阀门，待氯酸盐分解槽液位至合格。手动打开氯酸盐分解槽出口阀门。手动打开氯酸盐分解槽气相平衡阀门。

② 通知中控主操打开氯酸盐分解槽加酸阀门开始向槽内加盐酸，根据淡盐水的流量进行调节。

③ 中控主操缓慢打开淡盐水加热器加蒸汽阀门调节氯酸盐分解槽温度至合格。

④ 手动打开装置空气阀门，对氯酸盐分解槽开始吹扫（防止氯酸盐分解槽爆炸）。

⑤ 当分析氯酸盐分解槽出口酸度小于 1 时，关闭装置空气手动阀门，随后关闭氯气至废气处理的手动阀，随后缓慢打开至氯气主管的手动阀，确认好是并在一系统还是二系统，并做好记录，各班交接清楚。

5. 氯酸盐分解槽停车

① 手动关闭淡盐水循环泵至氯酸盐分解槽阀门。

② 中控主操缓慢关闭淡盐水加热器加蒸汽阀门，防止淡盐水加热器及管道中盐水汽化损伤管道。

③ 通知中控主操关闭氯酸盐分解槽加酸阀门，停止向槽内加盐酸，避免盐酸浪费及脱氯后 pH 值不好控制。

六、淡盐水脱氯常见故障及处理方法

淡盐水脱氯常见故障及处理方法如表 1-37 所示。

表 1-37　淡盐水脱氯常见故障及处理方法

故障	原因	处理方法
脱氯塔液位过高(低)	仪表失灵	联系调校液位显示仪表
	出料阀控制失灵或开度过小(大)	调大(关小)控制阀脱氯塔出料阀的开度
	泵停	启动备用泵
脱氯塔压力过高(低)	①仪表失灵； ②真空泵出口回流控制阀控制失灵,开度过大(小)	①联系调校仪表； ②将控制阀改为手动进行调节
真空度低	①供水量不足或温度过高； ②真空泵故障	①加大供水量或降低水温； ②启备用泵,联系维修
氯水槽液位升高	①仪表失灵； ②氯水槽出料阀因故障全关； ③出料泵故障	①联系调校仪表； ②现场确认,打开附线调整,联系维修； ③启动备用泵
氯水槽液位突然降低	①仪表失灵； ②脱氯塔出料阀故障全开； ③进料中断	①联系调校仪表； ②现场确认,通过附线调整,联系维修； ③检查进料管线,排除故障
脱氯淡盐水 pH 值升高(降低)	仪表失灵	联系调校仪表
脱氯淡盐水 pH 值突然升高	①碱液阀因故障全开； ②脱氯淡盐水中断	①现场确认,打开附线调整,联系维修； ②检查脱氯淡盐水状态,采取相关措施
脱氯淡盐水 pH 值突然降低	①碱液阀因故障全关； ②烧碱进料中断	①现场确认,通过附线调整,联系维修； ②检查烧碱进料管线,排除故障
氯酸盐分解槽温度升高(降低)	仪表失灵	联系调校仪表

续表

故障	原因	处理方法
氯酸盐分解槽温度突然升高	①蒸汽阀因故障全开； ②淡盐水中断	①现场确认，关小上游阀门，联系维修； ②关闭蒸汽阀，检查淡盐水状态
氯酸盐分解槽温度突然降低	蒸汽阀故障全关	现场确认，通过附线调整，联系维修
氯酸盐分解效果不好	①温度低； ②加酸量不足； ③淡盐水流量过大	①加大蒸汽流量； ②增大加酸量； ③降低淡盐水浓度
淡盐水 pH 值高	①HCl 进料量不足； ②变送器示数错误	①增大 HCl 进料量，检测 HCl 浓度； ②人工分析检测 pH 值，如果必要更换或清洗变送器
淡盐水 pH 值低	①32%碱进料不足； ②变送器示数错误	①增大烧碱进料流量，检查确认烧碱浓度为 32%； ②人工分析检测 pH 值，检查出现示数错误的变送器，如果必要，更换或清洗变送器
亚硫酸钠进料量不足	①进料流量低； ②罐内无 Na_2SO_3	①增大 Na_2SO_3 进料流量，检查确认 Na_2SO_3 浓度（10%）； ②向罐中重新加入 Na_2SO_3

一、教学准备/工具/仪器

图片、视频展示

详细淡盐水脱氯 PID 图

彩色的涂色笔

化工图样中的设备、仪表、阀门中字母所代表的含义

二、操作要点

（一）流程识读

根据附图 6 来完成，首先确定淡盐水脱氯工艺中淡盐水所经过设备的流程，规定相应的彩色准备涂色。

例如：淡盐水使用蓝色的线；氯酸盐处理使用紫红色的线；亚硫酸钠药剂使用黑色的线；LSZ 药剂使用绿色的线。

任务：淡盐水脱氯是使用真空物理脱氯和亚硫酸钠化学脱氯相结合的方法，请根据工艺流程，说明真空脱氯中脱氯塔前后淡盐水的变化，脱出的氯气经过冷却后回到氯气总管，而残留的少量游离氯将使用化学方法去除。累积的氯酸盐将在本工序除去，指出使用的方法是什么，所使用的设备和药剂都是什么。

（二）根据工艺流程图，找出巡检工需要检查的各台设备

巡检工带好巡检使用的点检仪、测温枪和测震仪等设备，根据要求按照以下路线进行巡检：脱氯塔→氯气冷凝器→真空泵→气液分离器→板式换热器→氯水槽→氯酸盐分解槽→淡盐水加热器→氯水泵→亚硫酸钠储槽→亚硫酸钠泵→LSZ 药剂储槽→药剂计量泵→脱氯淡盐水泵→一次盐水精制工序。

淡盐水脱氯工序巡检工需要做的任务如下：

① 严格控制加酸后进脱氯塔淡盐水 pH 值为 3～5。

② 严格控制脱氯塔真空度为 65～75kPa。

③ 出脱氯塔淡盐水游离氯浓度为 30～50mg/L。

④ 严格控制脱氯塔液位为 22%～50%。

⑤ 严格控制氯水槽液位。

⑥ 加碱后淡盐水 pH 值为 10～11。

⑦ 保证脱氯盐水游离氯含量接近零。

⑧ 保证真空泵纯水供给正常，确保真空泵稳定运行。钛真空泵循环氯水温度：≤40℃。

项目二

液碱蒸发和固碱生产

任务一 液碱蒸发

任务目标 蒸发的目的是将 32% 浓度烧碱通过蒸发工艺浓缩为 50% 浓度烧碱，本任务目标是通过学习使学生们了解蒸发原理和特点，掌握蒸发的各类工艺的特征，熟悉它们所使用的主要设备的结构和特点。根据鄂尔多斯集团提供的工艺流程，重点掌握三效逆流工艺的 PID 流程图，熟悉生产实际中需要注意的控制指标，了解正常开停车操作，重点熟悉正常工况所需要处理的工作和故障诊断和排除。

任务描述

蒸发工序岗位任务是通过三效逆流降膜蒸发工艺把来自电解工序的 32% 浓度的离子膜烧碱蒸发浓缩成 ≥48% 浓度烧碱，一部分送往固碱工序进行再次浓缩，另一部分送往液碱罐区销售。蒸发工序操作控制指标如表 2-1 所示。

表 2-1 蒸发工序操作控制指标

序号	控制项目	控制指标	检测点	检测次数
1	50% 碱浓度	NaOH：48%～51% NaCl≤0.02% Fe_2O_3≤0.002% Na_2CO_3≤0.2% NaClO≤0.004%	50% 碱泵出口	2 次/班
2	32% 碱泵出口压力	≥0.4 MPa	泵出口	1 次/h
3	40% 碱泵出口压力	≥0.4 MPa	泵出口	1 次/h
4	50% 碱泵出口压力	≥0.4 MPa	泵出口	1 次/h
5	表面冷凝器表压	≤−80kPa	冷凝器二次蒸汽进口	1 次/h

续表

序号	控制项目	控制指标	检测点	检测次数
6	冷凝器进水温度	≤32℃	冷凝器进水口	1次/h
7	Ⅰ效蒸发器碱温度	70℃±5℃	Ⅰ效蒸发器蒸发室	自动记录仪
8	Ⅱ效蒸发器碱温度	105℃±5℃	Ⅱ效蒸发器蒸发室	自动记录仪
9	Ⅲ效蒸发器碱温度	155～170℃	Ⅲ效蒸发器蒸发室	自动记录仪
10	50%碱进储槽温度	≤65℃	50%碱储槽进口	1次/h
11	蒸发工艺冷凝液pH值	≤12	冷凝液泵的出口	

 知识链接

一、离子膜电解碱液蒸发生产原理

（1）电解碱液蒸发的原理

电解碱液的蒸发就是通过加热（通常为蒸汽）使碱液的温度升高，将溶液中的水部分汽化，最终提高溶液中碱的浓度的物理过程。

为了提高电解碱液蒸发的效率，目前多采用真空蒸发的方式。具体操作是50%碱蒸发装置的Ⅰ效闪蒸罐后面设置了一个高效机械真空泵系统，通过高效机械真空泵系统的作用，在Ⅰ效蒸发罐中建立一个非常高的真空度（绝压可达3～8kPa），真空蒸发的优点如下。

① 降低蒸发碱的沸点，使碱能在较低的温度下产生蒸气。

② 大大提高了整个蒸发装置的蒸发温差，也就是提高了整个蒸发装置的推动力，有利于碱蒸发。

（2）离子膜电解碱液蒸发特点

① 流程简单，设备易于操作。

② 离子膜碱液仅含极微量的盐，在整个蒸发及浓缩过程中都无需除盐。这样就使得整个流程大大简化，也不存在管道堵塞的问题，操作更容易进行。

③ 电解液的浓度高，蒸发的水量少，蒸汽消耗低。

④ 离子膜碱液浓度一般在30%～33%，比隔膜法碱液的10%～11%要高很多，因此在蒸发时使用的蒸汽就减少了。以32%的碱为例，浓缩至同样的50%浓度，隔膜法需要蒸发的水量为6.5t，比离子膜碱多蒸出约5.4t水，因而离子膜法蒸汽消耗大幅下降。离子膜法每吨成品碱需蒸出的水为：

$$\frac{1000\text{kg}}{32\%} - \frac{1000\text{kg}}{50\%} = 1125(\text{kg})$$

⑤ 蒸发空间小，设备数量少，厂房占地面积小。以国产南京德邦金属设备有限公司设计的三效逆流降膜蒸发流程为例。其生产能力为年产30万吨（日产900t，折100% NaOH），装置操作弹性：50%～110%。原料为来自离子膜电解槽的碱液，使用外管网的中压蒸汽进行加热蒸发。

（3）离子膜电解碱液特点

由于各公司采用的离子膜电解设备不同，使电解得到的碱液的浓度及其他物质的含量也不同，目前由几种主要的离子膜电解设备得到的碱液指标如表2-2所示。

表 2-2　各公司离子膜电解碱液的标准

指标	旭化成公司	伍德公司	旭硝子公司	迪诺拉公司	ICI公司	西方公司
NaOH/%	30~33	33	33~35	33~35	32	33
NaCl/(mg/L)	≤30	30	≤40	<50	≤50	40~50
NaClO₃/(mg/L)	—	—	≤15	≤20	≤15	5~15
Fe₂O₃/(mg/L)	—	—	—	—	—	—

从表 2-2 可看出，离子膜电解液的特点为：

① 生产的碱液浓度高，含量一般在 30%～35%。

② 碱液中的盐含量低，一般为 30～50mg/L。

③ 碱液的氯酸盐含量也低，一般为 15～30mg/L。

（4）影响碱液蒸发的因素

① 蒸发器的液位控制。在循环蒸发器的循环过程中，液位高度的变化，会引起静压头的变化，会让蒸发过程变得极不稳定，液位低，会让蒸发和闪蒸剧烈，夹带严重，在大气冷凝器的下水中带碱甚至跑碱；如果液位高，蒸发量减小，让进加热室的料液温度增高，使传热有效温差降低，同时也降低了循环速度，会导致蒸汽能力的下降。因此，稳定液位是蒸发过程中的重要环节。

② 一次蒸汽压力。一次蒸汽压力的高低对蒸发有很大的影响，通常一次蒸汽的压力较高，系统获得的温差也较大，单位时间内所传递的热量也会增加，装置的生产能力也会较大。但是蒸汽的压力也不能太高，过高的蒸汽压力容易造成加热管内的碱液温度上升过高，使液体在管内剧烈沸腾，形成气膜，降低传热系数，使装置能力受到影响。同样，如果蒸汽的压力太低，经过加热器的碱液不能达到需要的温度，使单位时间内的蒸发量减少，降低了蒸发强度。因此必须保持合适的蒸汽压力。同样要保持蒸汽的饱和度，这样也可以保持蒸汽的压力稳定。

③ 真空度。提高真空度是提高蒸发能力、降低气耗的有效途径。真空度提高，二次蒸汽的饱和温度降低，有效的温度差就会提高，同时蒸汽冷凝水的温度会降低，这样就可以更充分地利用热源，还会使蒸汽消耗降低。目前提高真空度的途径之一是降低大气冷凝器下水的温度；途径之二是最大限度地排除不凝气体。常用的设备主要是机械真空泵、蒸汽喷射泵和水喷射器。

④ 电解碱液浓度和温度。如果离子膜电解碱液的浓度高，对浓缩蒸发会很有利，气耗会降低，反之则会增加气耗。进入蒸发器的碱液温度越高，能源消耗越少，反之能源消耗越多。

⑤ 蒸发器的效数。采用多效蒸发可以降低蒸汽消耗，蒸发效数不能无限增加，需要在降低蒸汽消耗和设备投资之间达到平衡，目前大多数氯碱厂都采用三效流程。

二、电解碱液蒸发的生产过程

1. 蒸发流程选用的依据

目前氯碱企业对于离子膜电解液的蒸发流程的选用主要从以下几个方面考虑。

（1）效数的选择

对于蒸发流程的效数选择从理论上来说，蒸发器的效数越多，则蒸汽被利用的次数就越多，汽耗越低（效数与汽耗的关系见表 2-3），生产的运转费用越低，产品的成本就越低；

反之，效数越多，一次投资增加，折旧及产品成本也就越高。因此，氯碱企业就是要在投资回收率最佳的情况下，尽可能地选择效数多的蒸发器，达到生产成本最低，获得的经济效益最大。从现状看，一般氯碱企业选择三效在经济上是比较合理的。

表 2-3 蒸发 1t 水汽耗与效数的关系

效数	单效	双效	三效
汽耗/t	1.1～1.15	0.6～0.65	0.4～0.45

可以用一个例子来进行粗略的估算：

2 万吨/a 离子膜电解液的蒸发，所用的镍蒸发器价格为 100 万，从表 2-3 可以看出，三效蒸发比双效蒸发 1t 水可节约 0.2t 蒸汽，那么对于碱液从 32% 浓缩至 50% 时节约的蒸汽为：

$$\left(\frac{1}{32\%}-\frac{1}{50\%}\right)\times0.2=0.225(t)$$

若蒸汽的价格为 200 元/t，则每年所节约的蒸汽价值为：

$$20000\times0.225\times200=90(万年)$$

增加 100 万的镍蒸发器，每年蒸汽可以省下 90 万元，如果这台镍蒸发器使用超过 1.1 年，那么三效蒸发就比二效蒸发更经济。

（2）蒸发器的选择

对常用的蒸发器一般按照循环方式进行分类，在对蒸发器进行选择时，要综合具体情形及条件进行全面考虑，才能取得最佳的经济效果。图 2-1 是对蒸发器按循环方式的分类。

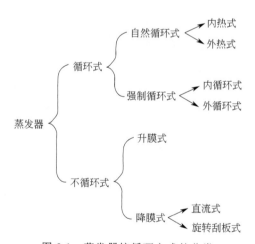

图 2-1 蒸发器按循环方式的分类

目前所用的蒸发器中，较多的是不循环式蒸发器，因其具有较高的传热效率，同时对于设备的加工制造和维修也比较容易。

（3）逆、顺流工艺的选择

设计人员在进行逆、顺流工艺的选择时，大多数趋向于逆流工艺，原因如下。

① 可以更充分的利用加热蒸汽的热量。逆流的次级效蒸发器的碱液沸点较低，利用前效加热器的蒸汽冷凝液对本效的碱液进行预热，利用闪蒸蒸发产生二次蒸汽，用于次级效加热，可相应增加各效的加热蒸汽量。再者是末效排除的蒸汽冷凝液温度更低，这样就增加了温差，使蒸汽的热利用率得到提高。

② 由于是逆流流向，使得低黏度的碱液在低温下沸腾，而高浓度、高黏度的碱液在高温下沸腾，提高了传热系数，减少了设备的加热面积，减少了投资。

同时在逆顺流选择时还要考虑材质，对于逆流的浓效蒸发器是处于高温、高浓度碱的条件下，这就需要选用优质金属材料，这样就使设备投资增加了。

虽然从理论上讲，逆流优于顺流，但当投资较少的情况下也可采用顺流工艺，利用强制循环来弥补传热系数不足的缺点。但一般情况下建议采用逆流工艺。

（4）循环方式的选择

强制循环蒸发器相比于自然循环蒸发器，能获得较高的传热系数。但是近年来出现的不循环蒸发器，即升膜蒸发器、降膜蒸发器或旋转薄膜蒸发器，具有优良的工艺操作性能，因此越来越被广泛采用。

综合以上四个方面，在离子膜蒸发工艺中推荐采用的流程和设备如表 2-4 所示。

表 2-4　推荐使用的蒸发流程和设备

序号	项目名称	内容	备注
1	效数	双效或三效	三效最佳
	循环方式	采用强制循环或不循环的模式蒸发	
	逆顺流方式	尽可能采用逆流工艺	
2	蒸发器	强制循环蒸发器、升膜蒸发器、降膜蒸发器、旋转薄膜蒸发器	
3	真空设备	蒸汽喷射泵、水喷射器	
4	循环泵	轴流式	
5	换热器	板式换热器	

2. 蒸发的工艺流程

在我国的氯碱企业中，目前大部分企业选用逆流降膜蒸发工艺，根据企业的工艺需求一般有双效降膜逆流蒸发工艺和三效降膜逆流蒸发工艺。

（1）双效降膜逆流蒸发工艺流程（图 2-2）

① 碱路。从界区外送来的 32％NaOH 溶液加入Ⅱ效降膜蒸发器，浓度从 32％提升至 39％。浓缩后碱液经Ⅱ效碱泵加压后，经过一段（碱水换热器）和二段（碱碱换热器）预热器加热后，进入Ⅰ效降膜蒸发器，浓度提高至 50％，浓缩后碱液再经Ⅰ效碱泵加压后，经过碱碱换热器和碱液冷却器冷却至 45℃以下送至界外成品碱罐存储。

② 水路。循环水：来源于循环水系统的低温水经表面冷凝器和碱液冷却器换热后，将高温水送回循环水系统冷却。冷凝水：Ⅰ效降膜蒸发器产生的高温冷凝水用于Ⅰ效阻汽排水罐回收其热量，换热后的冷凝水送往界区外。

表面冷凝器冷凝水和Ⅱ效二次蒸汽回收入冷凝水罐，由冷凝水泵送至界区外使用和供本工序作机封水。

（2）三效降膜逆流蒸发工艺流程（图 2-3）

三效降膜逆流蒸发工艺采用Ⅲ效逆流、真空蒸发、热能回用装置、分体管式降膜蒸发、减压降温、纯水闭路循环，本工艺的主要特点表现在系统运行稳定、安全可靠和蒸发效率高、蒸汽消耗低、二次蒸汽冷凝水含碱低。

① 碱液流程。从电解工序送来的 32％碱液进入 32％烧碱液缓冲罐，利用 32％碱输送泵输送进入三效换热器或从电解工序送来的 32％碱液直接进入三效换热器，碱液经三效蒸发器在真空下蒸发浓缩至 36％，用 36％碱液泵输送，经过 36％碱液冷凝水换热器和 36％碱液换热器，分别用 50％热碱和中压蒸气冷凝液加热后进入二效换热器，碱液在二效蒸发罐蒸

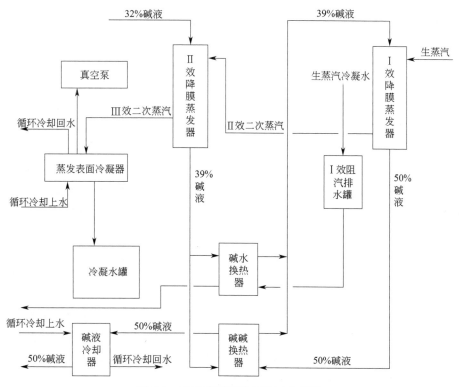

图 2-2 双效降膜逆流蒸发工艺流程

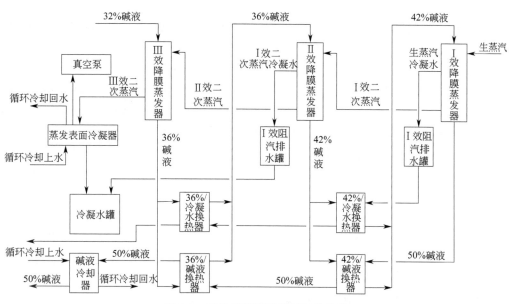

图 2-3 三效降膜逆流蒸发工艺流程

发浓缩至42%，再用42%碱泵输送，经过42%碱液冷凝水换热器和42%碱液换热器，分别和一效产出的50%碱液和一效蒸汽冷凝液罐出来的蒸汽冷凝液换热后进入一效换热器，碱液在一效蒸发罐蒸发浓缩至50%。然后用50%碱泵通过42%碱液换热器和36%碱液换热器降温冷却，最后则通过成品碱冷却器用循环水冷却至45℃，分析合格则通过BF18A手动阀送往液体灌区 50％碱储槽出售，如分析不合格则通过 BF18B 手动阀返回 32％碱缓冲槽。

② 蒸汽及冷凝水流程。界区外送来的中压过热蒸汽（0.7～1.0 MPa、180～300℃）先用减温减压泵送来的纯水消除过热变为饱和蒸汽后进入Ⅰ效降膜蒸发器，用于将碱液从 42％浓缩至 50％，蒸汽放出潜热后的冷凝水进入蒸汽冷凝水储槽，出来后分别和进入Ⅰ效的 42％NaOH 和进入Ⅱ效的 36％NaOH 经过碱预热器换热后，最后送往减温减压站；由Ⅰ效降膜蒸发器产生的二次蒸汽（从碱液中蒸发出来）进入Ⅱ效降膜蒸发器，作为将碱液从 36％浓缩至 42％的加热蒸汽，由Ⅱ效降膜蒸发器产生的二次蒸汽进入Ⅲ效降膜蒸发器，作为将碱液从 32％浓缩至 36％的加热蒸汽，由Ⅲ效降膜蒸发器产生的二次蒸汽（有些厂家又叫三次蒸汽），经过表面冷凝器（用循环水冷却）冷凝，冷凝后的冷凝水和Ⅱ效、Ⅲ效所产生的冷凝水进入工艺冷凝水槽，然后用工艺冷凝水泵加压，一部分用于洗效、洗筛网和二次气增湿用水，另一部分送往电解替代向电解槽加入的纯水，电解消耗剩余的冷凝液，排地沟后由废水泵送往一次盐水化盐。未被冷凝的蒸汽及蒸发过程中产生的不凝气通过真空泵抽吸放空，以保证Ⅲ效降膜分离器保持真空，以降低其沸点。

3. 其他蒸发工艺流程

（1）单效蒸发工艺流程

单效蒸发流程一般适用于蒸汽压力低（＜0.4MPa）、离子膜烧碱的产量较少（＜1 万吨/a）、产品的浓度要求较低（如 42％～45％）以及蒸汽的价格较便宜的情况。目前单效蒸发流程主要有单效升膜蒸发流程和单效旋转薄膜蒸发流程两种。这两种蒸发流程是液碱只经过一次蒸发过程，单效升膜蒸发流程的蒸发器就是升膜蒸发器，而另外一种应用的是旋转薄膜蒸发器。

（2）双效顺流工艺流程

双效顺流工艺流程在国内正逐步被三效工艺流程取代，其主要的特点是对设备的材质要求不高，使得投资造价较低，整个工艺易于操作和控制。

从离子膜电解槽出来的碱液进入Ⅰ效蒸发器，通过外加热器中表压大于 0.5MPa 的饱和蒸汽进行加热，当碱液沸腾后在蒸发室中蒸发，产生的二次蒸汽进入Ⅱ效蒸发器的加热室，使Ⅰ效蒸发器中的碱液浓度控制在 37％～39％，由于压力差使碱液进入Ⅱ效蒸发器，被二次蒸汽加热沸腾，蒸发浓缩到产品的浓度（42％、45％、50％）。

Ⅱ效的二次蒸汽进入喷射冷凝器中通过冷却水冷凝，将冷却水送入冷却水的储槽。从Ⅱ效蒸发器出来的产品碱至热碱储罐，通过浓碱泵经热交换器冷却后送入储罐，送往各用户单位。

在Ⅰ效、Ⅱ效的蒸汽冷凝水通过气液分离器分别送入热水储罐，但是由于两效的冷凝水的质量不同（在Ⅰ效中可能含有微量的碱，且水的温度较低），因此应分别进行储存和使用。

三、主要设备

目前国内使用的氯碱蒸发工艺主要设备是单程型蒸发器，它的特点是溶液沿加热管壁呈膜状流动，一次通过加热室即达到要求的浓度，而停留时间仅数秒或十几秒钟。主要优点是传热效率高，蒸发速度快，溶液在蒸发器内停留时间短，因而特别适用于热敏性物料的蒸发。

按物料在蒸发器内的流动方向及成膜原因的不同，可以分为以下几种类型：升膜蒸发器、降膜蒸发器、升-降膜蒸发器、刮板薄膜蒸发器。

1. 降膜蒸发器

降膜蒸发器（图 2-4）的原料液由加热管的顶部加入。溶液在自身重力作用下沿管内壁呈膜状下流，并被蒸发浓缩，气液混合物由加热管底部进入分离室，经气液分离后，完成液由分离器的底部排出。

降膜蒸发器可以蒸发浓度较高的溶液，对于黏度较大的物料也能适用。但对于易结晶或易结垢的溶液不适用。此外，由于液膜在管内分布不易均匀，与升膜蒸发器相比，其传热系数较小。

为了提高降膜蒸发器的传热系数和使用寿命，目前效果比较好的处理方法如下。

（1）独特的降膜蒸发碱液分布器

该降膜蒸发碱液分布器保证了流入每根换热管中的碱液非常均匀，确保每根换热管的工作状态一致。这样避免了受流量控制部件的侵蚀、现场设备安装不完全垂直导致碱液分布不均、碱液分布器部件受到侵蚀和腐蚀导致碱液分布不均，以及薄弱部件机械应力等问题。

图 2-5 为蒸发器碱液分布器，采用无缝管作为换热管，虽然其成本是焊接管的两倍以上，但其寿命至少长三倍以上。其下端部分用专门的设备拔制，带有锥度，可以方便牢固地插入换热管上端口。管板上面的物料通过开在分布器上端的 4 个楔形槽溢流流入每个换热管，因而每处液位的压头并不影响物料流入管子的流量，受设备安装的垂直度的影响就非常的小了。

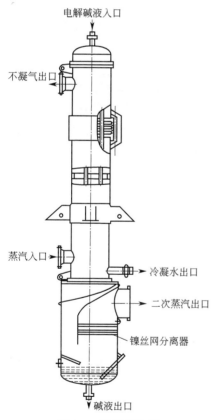

图 2-4 降膜蒸发器

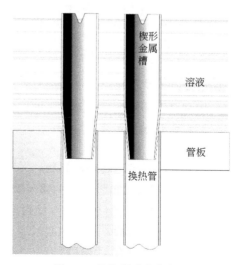

图 2-5 蒸发器碱液分布器

（2）科学的蒸汽分布系统

换热器中的蒸汽分布系统避免了蒸汽进入时液滴对管束的冲击而产生的侵蚀，蒸汽沿圆周方向而不是仅从一个管口进入换热器，从而减缓了速度以降低管束的热应力。蒸汽分布系统还起着膨胀节的作用以避免管束的机械应力。

三效降膜蒸发器换热器气液混合物出口与蒸发罐侧面相连，降膜蒸发器中液体在换热器列管内以足够高的速度涡流以确保在换热器表面有一定的湍流速度，从而获得高传热率。

换热器列管内的液相分布非常关键，通过在每根换热管进口处安装一个插管分配器以确保良好的分布，通过插件上分布槽和孔的尺寸（开口大小、高度、孔径）的变化，使碱液快速均匀地分布到每根降膜管中，该插管分配器的设计还用于补偿液相"波动"及原料流速变化。蒸发器技术核心的要点是性能和使用寿命。

2. 辅助设备

在碱液蒸发中，为了使溶液沸点降低，增大有效温差，广泛地使用了真空蒸发工艺。常用的产生真空的设备有以下几种：大气冷凝器、机械真空泵、水喷射冷凝器、蒸汽喷射泵等。

（1）水喷射冷凝器

水喷射冷凝器（图 2-6）是具备冷凝和去除不凝气两种功能的真空设备，广泛用于烧碱蒸发的真空系统。其结构是由水室、喷嘴、汽室、喉管和尾管组成，正常操作时，水室压力为 $0.2 \sim 0.3 MPa$，其形成的系统真空度，通常在 $80.0 \sim 88.0 kPa$。这种设备结构比较简单，但在实际生产中喷嘴往往容易堵塞，需要经常处理。

（2）蒸汽喷射泵

蒸汽喷射泵（图 2-7）是一种高效的真空设备，它由蒸汽室、喷嘴、混合室、喉管、扩散室等部分组成。蒸汽喷射泵结构简单，易于操作控制，维修方便，并能获得较高的真空度，是值得推广使用的真空设备。其缺点是如制造或选用不当，使蒸汽消耗增加。正常操作的蒸汽压力为 $0.25 \sim 0.35 MPa$，真空度一般单级可达 $90.7 \sim 93.3 kPa$。

四、岗位开停车操作

（一）开车前的检查工作

① 检查各润滑部位是否油量适宜，润滑良好。

② 检查各安全设施是否齐全牢固，符合安全要求。

③ 检查控制仪表和就地仪表是否齐全良好，各阀门开启是否灵活正常，是否处于规定的状态。

④ 排除影响设备运转的障碍物，并通知设备周围的工作人员离开设备。

⑤ 将 32%碱泵、36%碱泵、42%碱泵、50%碱泵、工艺冷凝水泵、真空泵进行盘车，检查是否灵活好用，控制按钮是否打到停止位置。

⑥ 向工艺冷凝水罐、蒸汽冷凝水罐、真空泵泵体水箱注水 50%左右。

⑦ 与上下工序及有关单位联系好，并做好一切配合准备工作。

⑧ 检查各类工具是否齐全，为处理开车过程出现的异常问题做好准备。

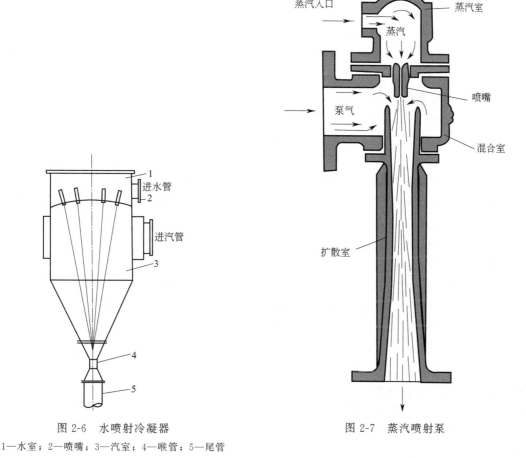

图 2-6　水喷射冷凝器

1—水室；2—喷嘴；3—汽室；4—喉管；5—尾管

图 2-7　蒸汽喷射泵

（二）开车条件确认

① 确认水、电、汽、仪表空气等公用工程都已具备，且符合工艺要求，蒸汽压力 $p \geqslant$ 0.8MPa（G），仪表空气压力 $p \geqslant$ 0.5MPa，循环水压力 $p \geqslant$ 0.3MPa，循环水入口温度 $\leqslant$ 32℃。

② 确认 32％碱液缓冲槽液位在 50％～70％。

③ 确认 DCS 数据与现场一致，自动阀调节与现场同步，并确认自调阀关闭，手动阀在全开状态。

④ 确认电解输送 32％碱液满足工艺要求，NaOH $\geqslant$ 31％（质量分数），NaCl $\leqslant$ 0.005％，$Fe_2O_3 \leqslant$ 0.0006％，$Na_2CO_3 \leqslant$ 0.10％，$NaClO_3 \leqslant$ 0.001％，32％液碱缓冲槽液位在 50％～70％，且原料来源正常不间断。

⑤ 确认各岗位人员到位，且防护用品佩戴齐全，通信设备好用，等待调度通知开车。

⑥ 排除蒸汽管道内的冷凝水。

⑦ 确认水、汽、碱管路、阀门开关正确。

（三）开车操作

① 打开 36％碱泵、42％碱泵、50％碱泵入口阀。

② 开启 32％碱液泵，通知 DCS 操作工手动打开 32％液碱调节阀 01FV0310 使其流量控制在 30m³/h，向Ⅰ效降膜蒸发器送碱，当Ⅰ效降膜蒸发器闪蒸罐液位达到 45％时，开 36％碱泵，碱液经碱预热器进Ⅱ效降膜蒸发器，当Ⅱ效降膜蒸发器闪蒸罐液位达到 45％时，开 42％碱泵，碱液经碱预热器进入Ⅲ效降膜蒸发器，当Ⅲ效降膜蒸发器闪蒸罐液位达到 45％时，开启 50％碱泵，碱液经碱预热器，控制液位保持在 45％。经开车临时管进入 32％液碱储槽。

③ 待各闪蒸罐液位均控制在 45％并且稳定时，打开表面冷凝器的循环冷却水进、出口阀，调节适当的水流量，同时，开启水环真空泵，保证真空度达到规定范围：$p \leqslant -70$kPa。

④ 通知 DCS 操作工开启蒸汽调节阀 01FV0330，阀位控制在 10％以内，现场缓慢开启蒸汽手动阀。

⑤ 当现场操作工将蒸汽手动阀全部打开后，DCS 操作工缓慢打开 01FV0330（手动）蒸汽调节阀，观察碱液温度变化，调整蒸汽调节阀 01FV0330 开度，使碱液温度升到 155℃，同时工艺冷凝罐液位达到 15％时，手动调整工艺冷凝罐液位自调阀 01LIC0332，使蒸汽冷凝液罐液位保持在 50％。

⑥ 当工艺冷凝液罐液位超过 50％时，开启工艺冷凝液泵。

⑦ 通知 DCS 操作工手动调节各自动阀到工艺规定参数范围。

⑧ 指标正常后，所有自控阀打到"自动"位置。将浓度在线分析控制在 48％～51％。

⑨ 取样分析碱的浓度，确保在线浓度显示正确。

⑩ 打开增湿减温阀，根据Ⅲ效二次蒸汽和Ⅱ效二次蒸汽的温度现场调节冷凝液的流量。运行稳定后，设工艺冷凝罐液位为自动。

⑪ 当在线分析控制浓度稳定显示 50％时，打开 50％碱手动阀向罐区送碱，关闭开车临时管阀门，同时打开碱冷却器冷却水进出口阀，调整流量保证 50％液碱温度在 65℃以下。

⑫ 记录所有相关原始数据。

（四）正常停车操作

① 接到通知后，立即停向Ⅰ效蒸发器供料的 32％碱。

② 同时 DCS 操作工缓慢关闭蒸汽阀门 01FV0330。

③ 操作工停真空泵破真空。

④ 打开开车临时管阀门，向 32％碱缓冲罐送碱，关闭向罐区送碱的 50％碱手动阀。

⑤ 当各效体液位到低位，各碱泵压力开始波动时停泵，排尽效体内碱液，关闭各碱泵排净阀。打开各效洗效阀，液位不低于 50％。

⑥ 启动 50％碱泵、42％碱泵、36％碱泵，各自效体循环，循环 15min 后排尽，重复循环清洗三次。

⑦ 停机封水关闭增湿减温阀门。

⑧ 若不能在短期内（8h）开车可关闭表面冷凝器的循环水并通知调度。

（五）紧急停车操作

① 生产装置出现故障，需要进行紧急停车。如果情况严重，应首先将出现故障的设备停车，并立即通知调度。

② 关闭蒸汽调节阀 01FV0330。

③ 停真空泵，打开破真空阀。

④ 依次停下 32％碱泵、36％碱泵、42％碱泵、50％碱泵。

⑤ 关闭各机泵的进口阀。

五、电解碱液蒸发中的安全防范

1. 高温液碱或蒸汽外泄

在蒸发器设备和管道中流动的液体烧碱有很强的腐蚀性，对人体皮肤、皮革、毛织品等都有强烈侵蚀作用，温度的升高加剧了腐蚀性。为了预防物料喷出，开车前必须进行检查，对薄弱环节采取防护措施，操作工要穿戴好劳动防护用品，工作中尽职尽责。

氢氧化钠（NaOH）为白色固体，易溶于水，有强烈的腐蚀性。皮肤或黏膜接触氢氧化钠（固体或液体）后，局部变白、有刺痛感、周围红肿、起水泡，重者可引起糜烂，是化学性烧伤现象。

误服可使口腔、食道、胃黏膜糜烂，之后结痂，导致食道和胃狭窄，如误服过多可引起出血或死亡。

蒸发工序烧碱的特点是温度高、浓度高，有强腐蚀性，因此要求巡检时必须戴防护眼镜；在拆卸或检修烧碱管道设备时戴上防护面罩，身着耐碱服或耐碱围裙。

烧碱溶液落到皮肤上，尤其是高温烧碱溶液，会引起皮肤表皮的灼伤，溅入眼中会引起失明或视力衰退。若吸入碱雾沫或浓度高的碱蒸气可能使气管和肺部受到严重损坏；如遇到碱液落到皮肤或溅入眼睛，应立即用大量清水冲洗，然后用 2％～5％硼酸水冲洗，皮肤上可涂硼酸软膏，严重者送医务室或医院治疗。

（1）产生原因

① 设备和管道中焊缝、法兰、密封填料、膨胀节等薄弱环节处，尤其在蒸发工段开、停车时受热胀冷缩应力的影响，造成拉裂、开口，发生碱液或蒸汽外泄。

② 管道内有存水未放净，冬天气温低，存水结冰使管道胀裂。在开车时蒸汽把冰融化后，蒸汽大量喷出，造成烫伤事故。

③ 设备管道等受到腐蚀，壁厚变薄，强度降低，尤其在开、停车时受压力冲击，热浓烧碱液从腐蚀处喷出造成化学灼伤事故。

（2）预防措施

① 蒸发设备及管道在设计、制造、安装及检修时均需按有关规定标准执行，严格把关，不得临时凑合。设备交付使用前需专职人员验收。开车前的试漏工作要严格把关。

② 要充分考虑到蒸发器热胀冷缩的温度补偿，合理配管及膨胀节。对薄弱环节采取补焊加强等安全预防措施。

③ 长期使用的蒸发设备，每年要进行定期检测壁厚及腐蚀情况。对腐蚀情况要进行测评，有的可降级使用，严重的判废。

④ 当发生高温液碱或蒸汽严重外泄时，应立即停车检修。操作工和检修工要穿戴好必需的劳动防护用品，工作中尽心尽责，严守劳动纪律，按时进行巡回检查。

⑤ 当烧碱液溅入人的眼睛或皮肤上时，须立即就近用大量清水或稀硼酸彻底清洗，再去医务部门或医院进行进一步治疗。

⑥ 生产工艺中使设备密闭化、自动化；操作时应戴眼镜，穿防酸碱衣服，戴橡胶手套；严格遵守安全操作规程。

（3）急救与治疗

① 被烧碱烧伤皮肤后，宜迅速用水、柠檬汁、稀醋酸或2％硼酸溶液充分洗涤伤口。

② 误服中毒，可口服稀醋酸、酸果汁、柠檬酸，以中和碱液，避免洗胃和用催吐剂。

③ 口服蛋白水、生鸡蛋、牛奶、淀粉糊、橄榄油等，以免损坏黏膜。

④ 如疼痛剧烈时，用止痛剂对症治疗，必要时就医治疗。

2. 蒸发器视镜破裂，造成热浓碱液外泄

（1）产生原因

高温、高浓度烧碱溶液具有极强的腐蚀性，对许多物质均呈强腐蚀性。高温高浓度烧碱能与玻璃发生化学反应，造成玻璃碱蚀，厚度变薄，机械强度降低。受压后爆裂，引起热浓碱液外泄，易发生化学灼伤事故。烧碱与玻璃中的二氧化硅反应，生成硅酸钠：

$$2NaOH + SiO_2 == Na_2SiO_3 + H_2O$$

（2）预防措施

为了防止蒸发器上安装的玻璃视镜受烧碱溶液的腐蚀，可在玻璃视镜上面衬透明的聚四氟乙烯薄膜保护层，并定期进行检查更换，也可采用薄膜保护层对玻璃视镜进行防腐保护。蒸发器的视镜在日常工艺巡回检查及检修中均应重点检查。

3. 坠落事故

（1）产生原因

蒸发厂房内设备多，管线交错复杂，常因预留孔无盖，或有些篦子板长年使用发生腐蚀而强度降低，在操作中不慎被踩坏，发生人员坠落伤亡事故。

（2）预防措施

认真贯彻落实"安全第一、预防为主、综合治理"的安全生产方针，职工要加强自我保护意识。针对蒸发厂房设备多、管线复杂的特点，对预留孔要加盖，对篦子板等设施要定期检查，查出隐患及时整改。

一、教学准备/工具/仪器

图片、视频展示

详细的烧碱双效降膜逆流蒸发 PID 图

彩色的涂色笔

化工图样中的设备、仪表、阀门中字母所代表的含义

二、操作要点

（一）流程识读

根据附图7来完成，首先确定蒸发工艺中碱液的流程和蒸汽流程，规定相应的彩色准备涂色。

例如：碱液使用蓝色的线；蒸汽使用红色的线。

任务一：注意碱液所经过的设备以及到每台设备的浓度和温度变化，控制温度、液位等参数的阀门是哪些？是如何控制的？

任务二：蒸汽经过各设备的温度是多少？何时变为冷凝水？最终到达的设备及用途是什么？

（二）完成任务

根据工艺流程图，找出巡检工需要检查的各台设备，根据 PID 图和三效降膜蒸发工艺流程简述，认真完成下列任务。

巡检工带好巡检使用的点检仪、测温枪和测震仪等设备，根据要求按照以下路线进行巡检：32％碱缓冲罐→Ⅰ效蒸发器→Ⅰ效闪蒸罐→碱预热器→Ⅱ效蒸发器→Ⅱ效闪蒸罐 →碱换热器 →Ⅲ效蒸发器→Ⅲ效闪蒸罐→ 碱换热器→成品冷却器→碱储槽→固碱工序。

碱液蒸发工序巡检工需要做的任务如下：

① 待系统稳定正常运行，根据产量设置（或调整）好蒸发器进碱液流量，将各项工艺指标调整至规定值，将手动控制转入 DCS 自动控制模式，进入正常操作。

② 经常注意Ⅰ效液位、Ⅱ效出料温度、Ⅲ效真空度及各效流量是否正常，各仪表自控是否正常，各运转泵冷却水是否正常。

③ 随时监控水、蒸汽、仪表空气的温度、压力变化情况。

④ 经常检查各项工艺指标是否正常。

任务二　固碱生产

任务目标　　固碱生产的目的是将 50% 烧碱通过固碱工艺浓缩为 99% 烧碱，本任务目标是了解固碱生产原理、真空蒸发原理、加糖原理和熔盐的选择，掌握双效降膜固碱工艺及主要设备的结构和特点。根据鄂尔多斯集团提供的工艺流程，重点掌握双效逆流工艺的 PID 流程图，熟悉生产实际中需要注意的控制指标，了解正常开停车操作，重点熟悉正常工况所需要处理的工作及故障诊断和排除。

任务描述

本工序主要任务就是将 50% 液碱浓缩至 98.5% 熔融碱后通过制片系统生产出合格的片状固碱。将来自蒸发工序的 50% 烧碱进行进一步蒸发浓缩，浓缩采用两效逆流降膜工艺，使 50% 烧碱浓缩至 98.5% 以上，经片碱机制片后包装码垛。浓缩所需的热量由熔盐炉供给。本工序的工艺控制指标如表 2-5 所示。

表 2-5　固碱生产工艺控制指标

序号	控制项目	单位	工艺指标	分析/检测方法	检测频次
1	预浓缩器管程蒸汽压力	kPa	≤−75	DCS 检测	1次/h
2	预浓缩器出口碱液温度	℃	≤10	DCS 检测	连续

续表

序号	控制项目	单位	工艺指标	分析/检测方法	检测频次
3	50%液碱	℃	≥70	滴定	1次/班
4	最终浓缩器碱液出口温度	℃	≤415	DCS检测	连续
5	熔盐炉熔盐出口温度	℃	≤430	DCS检测	连续
6	片碱冷却水温度	℃	30±5	DCS检测	1次/h
7	熔盐炉熔盐进口温度	℃	≤397±3	DCS检测	连续
8	离子膜法片状氢氧化钠	%	≥98.5	化验分析	2次/班次
9	片碱中含镍	mg/kg	<5	化验分析	1次/班次
10	熔盐熔点	℃	142~145	实测	按需
11	蒸汽冷凝液含碱	pH	≤12	滴定	1次/班

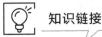 知识链接

一、岗位生产原理

（一）碱液浓缩原理

50%液碱制片碱采用逆流降膜工艺。从蒸发来的50%碱液利用最终浓缩器产生的二次蒸气作为热源，通过预浓缩器浓缩至61%，最终浓缩器以熔盐为热载体，通过和熔盐换热后，碱液温度达到410℃，产生熔融碱靠重力自流进入结片机，高温熔融碱附着在转鼓表面，被转鼓内部的循环水冷却到60℃左右，由刮刀刮下成为片碱，进行包装。

（二）真空蒸发原理

液体表面的压力越低，它的沸点也越低。所以，在无法增大供热能力和设备生产能力的情况下，采用真空装置（在预浓缩器后设置水环式真空泵和表面冷凝器）降低效体内碱液表面的压力，达到增大传热温差、加快蒸发速度的目的。因此，在生产过程中，为了降低液体的沸点、提高温差、加速二次蒸汽的逸出，预浓缩器常常在负压（−75kPa）下工作。

（三）加糖原理及反应机理

在片碱生产中，高温的浓碱对镍设备有一定的腐蚀性。腐蚀的原因主要是碱液中所含氯酸盐在250℃以上会逐步分解，释放出新生态氧与镍材发生反应，生成氧化镍层，氧化镍易溶于浓碱中而被碱液带走。这样的过程在浓碱蒸发中反复进行而导致镍制设备的腐蚀损坏。离子膜碱虽然含氯酸盐仅有20~30mg/L，但为了保持设备的长期寿命，仍需要除去氯酸盐。常用的处理方法是在原料液中加入糖液。

这种方法比其他方法如离子交换法、亚硫酸钠法优越得多，其主要原因是操作简单、无须加许多设备，另外糖资源易得，而且价格低廉。

其反应机理为

$$C_{12}H_{22}O_{11} + 8NaClO_3 == 8NaCl + 12CO_2 + 11H_2O$$

生成的 CO_2 即与 NaOH 反应

$$CO_2 + 2NaOH == Na_2CO_3 + H_2O$$

生产中实际加入糖量是理论量的2倍（约1.8kg/h），也有的甚至是建议值的6~8倍，

这样做会使反应进行得很完全。由于在反应过程中产生 CO_2，因此在碱产品中 Na_2CO_3 的含量会增加一些，当然同时也增加了产品中 NaCl 的含量。

（四）熔盐介绍

1. 规格

亚硝酸钠（$NaNO_2$）占 40％；硝酸钠（$NaNO_3$）占 7％；硝酸钾（KNO_3）占 53％。

2. 用途

片碱生产的载热体。

3. 性质

这种熔融硝酸盐混合物具有均热性、导热性、流动性及化学稳定性等优点，被工业上普遍采用，这一特定的配方又称为"HTS"。HTS 的熔点为 146℃。温度升高会加速熔盐分解以及对容器材料的反应。

熔盐的分解主要是亚硝酸钠的分解：

$$5NaNO_2 \Longrightarrow 3NaNO_3 + Na_2O + N_2$$

在 HTS 中，单盐的热分解温度分别为：550℃（KNO_3）、535℃（$NaNO_3$）、430℃（$NaNO_2$），而混合盐的热稳定性则优于单纯盐。HTS 在 427℃ 以下非常稳定，可使用多年而不变质，对碳钢和不锈钢仅有轻微腐蚀，超过 450℃ 开始缓慢分解，550℃ 以上开始加速分解，600℃ 以上分解明显，同时熔点升高，从透明的琥珀色液体变成棕黑色。

因此在使用中应控制上限温度，以减缓熔盐的分解。HTS 的热分解与表面材料互有影响，它在碳钢和低合金钢中，比在不锈钢中分解更为显著。当达到热分解温度时，硝酸盐放出的氧气可加速分解反应并腐蚀容器与管道。

当 KNO_3 过热时，它与铁或铸铁产生激烈的放热化学反应，有引起爆炸的危险。由此可见，无论从 HTS 的热稳定性还是从与一般材料的反应来看，使用温度以低于 540℃ 为宜。HTS 是一种强氧化剂，使用中不得混入煤粉、焦炭、木屑、布片纸张、有机物及铝屑等，否则会引起燃烧，甚至发生爆炸等严重事故。在熔盐储槽内通入 N_2 封闭保护，能减轻 HTS 中 $NaNO_2$ 的氧化，最长可 5 年不更换熔盐，一般可用 3～4 年。不通入 N_2 保护一般使用半年或 1 年应全部更换熔盐，否则熔点可升至 210℃ 以上。

硝酸钾是一种白色粉末、颗粒或菱形结晶体，分子式为 KNO_3，分子量为 101.11，相对密度为 2.109，熔点为 334℃，在 400℃ 分解放出氧气，易溶于水，不溶于无水乙醇和乙醚。在空气中不易潮解，是一种强氧化剂，与易燃物、有机物接触能引起燃烧爆炸。工业硝酸钾主要用于制造黑色火药、焰火、导火索、陶瓷釉彩药、玻璃澄清剂、火柴制品等。

亚硝酸钠是一种白色或淡黄色结晶，分子式为 $NaNO_2$，分子量为 69.005，相对密度为 2.168，熔点为 271℃。微有咸味。具有还原性、氧化性、易潮解。易溶于水和液氨，其水溶液呈碱性，微溶于无水乙醇、甲醇、乙醚。露置于空气中缓慢氧化成硝酸钠。加热到 320℃ 以上分解放出氧气、一氧化氮，并最终生成氧化钠。与有机物接触易燃烧和爆炸。有剧毒。

硝酸钠是一种无色三方结晶或菱形结晶或白色细小结晶粉末，分子式为 $NaNO_3$，分子量为 84.99，相对密度为 2.257，熔点为 271℃。无臭、味咸、略苦。易潮解，易溶于水和液氨，溶于乙醇、甲醇，微溶于甘油和丙酮。硝酸钠是氧化剂，与有机物、硫黄或亚硫酸氢钠混在一起能引起燃烧爆炸。是制造硝酸钾、矿山炸药、苦味酸、染料等的原料。是制造染料中间体的硝化剂。玻璃工业用作消泡剂、脱色剂、澄清剂及氧化助熔剂。肉制品加工中用作发色剂，也可用作抗微生物剂、防腐剂。

二、固碱岗位流程简述

固碱的工艺方框流程图如图 2-8 所示。

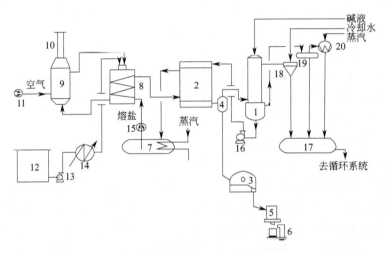

图 2-8　固碱的工艺方框流程图

1—Ⅰ效降膜蒸发器；2—Ⅱ效降膜浓缩器；3—片碱机；4—分离器；5—包装秤；6—封口机；7—熔盐罐；8—熔盐炉；

9—余热交换器；10—烟囱；11—鼓风机；12—重油储罐；13—油泵；14—热交换器；

15—熔盐泵；16—过料碱泵；17—冷却水罐；18—直接冷却器；19—表面冷却器；20—蒸汽喷射泵

1. 碱（50％液碱及片碱）流程

50％液碱由碱泵从 50％液碱储槽送入预浓缩器浓缩至 60％后，由 60％碱泵送入最终浓缩器，用高温熔盐加热浓缩至 98.2％。最终浓缩器产出的熔融碱经过闪蒸罐浓缩至 98.6％熔融碱，碱液通过自重进入分配器，送入片碱机，经片碱机转鼓转动挂碱后，用循环水冷却转鼓上的碱，经刮刀制片后进入料仓，落入半自动包装机内，包装后经过人工码垛，用叉车送往成品仓库，码垛储存。从包装系统产生的碱粉尘等杂质经除尘系统除去。

2. 蒸汽及冷凝水流程

最终浓缩器产生的二次蒸汽（30～40kPa）直接进入预浓缩器，用于将碱液从 50％浓缩至 61％，最终浓缩器产生的二次蒸汽作为预浓缩器的热源。预浓缩器产生的二次蒸汽经表面冷凝器冷凝后和预浓缩器产生的工艺冷凝液一同进入工艺冷凝水槽，预浓缩器热源二次蒸汽经换热交换后，剩余蒸汽经表面冷凝器冷凝后同样进入蒸汽冷凝液储槽。然后由蒸汽冷凝液泵将冷凝液送至界区外，其中一部分用于糖液配制罐配制 5％的糖液使用。未被冷凝的蒸汽及浓缩过程中产生的不凝性气体通过真空泵抽吸放空，以保证预浓缩器碱液液面保持真空，以降低碱液沸点，加快蒸发速度。

3. 熔盐工艺流程

原始开车时，将熔盐一次性投入熔盐储槽，用高压蒸汽或电伴热加热熔化，然后用熔盐泵送至熔盐加热炉用天然气燃烧加热，加热温度达到工艺要求后（410～435℃），送往最终浓缩器，与61%碱换热后自流回熔盐储槽，再由熔盐泵送到熔盐炉进行加热，往复循环。

4. 制片冷却水工艺流程

来自公用工程的纯水进入片碱机冷却水槽，由冷却水泵送入板式换热器，用循环水冷却至34℃后进入片碱机，对转鼓上的碱膜进行冷却，冷却后的冷却水（温度42℃）回到片碱机冷却水槽，闭路循环使用。

5. 制片尾气工艺流程

片碱机和包装机所产生的带碱尘的尾气，在粉尘抽气机的作用下，进入尾气洗涤罐，与洗涤罐中的纯水混合接触，从而达到洗涤的目的，洗涤水到一定浓度后排入废水地沟，未被吸收的尾气由粉尘抽气机抽吸排空。

三、主要设备

1. 熔盐炉

目前使用的熔盐炉有很多形式，以高效立式熔盐炉为例（结构如图2-9所示）。主要结构包括：壳体、内外盘管。此熔盐炉的加热盘共有两层，分布在炉的内外侧。从燃烧的燃料进入上部的燃烧入口，从下部的燃烧气出口将燃烧后的气体导出，从熔盐入口先将熔盐送入内盘管，进行加热后从外盘管的熔盐出口排出，一般使用的盘管是用15Mo3管盘制再通过加热处理而成的。

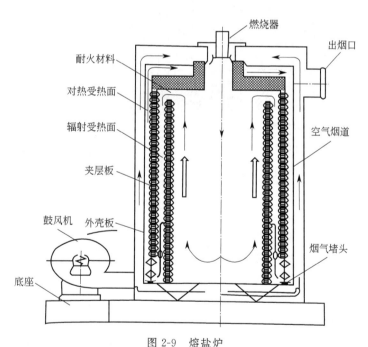

图2-9 熔盐炉

2. 最终浓缩器

在熔盐作载热体的降膜法制固碱的工艺流程中，降膜蒸发器（最终浓缩器）是最主要的设备，降膜浓缩器一般是由液体分配器、n组降膜单元（由降膜管和降膜管外部熔盐伴热管组成，数量根据企业的具体生产能力由几个单元进行组合）、碱杯、碱液收集器、汽液分离室等组件组成。其工作原理是料液由管子顶部经液体分配器均匀进入，料液在降膜管内成膜状流动并与管外载热体进行对流换热，液碱中的水分被蒸发，产生的二次蒸汽与浓缩后的物料一齐向下流动，浓缩液经分离器底部排出，进入碱液收集槽的碱，通过最终浓缩器的汽液分离室进行气液分离，二次蒸汽通过最终浓缩器顶部滤网把气中所含部分碱液过滤后，进入预浓缩器作为预浓缩器的加热源，碱液则进入闪蒸罐。降膜蒸发器结构示意图见图2-10。

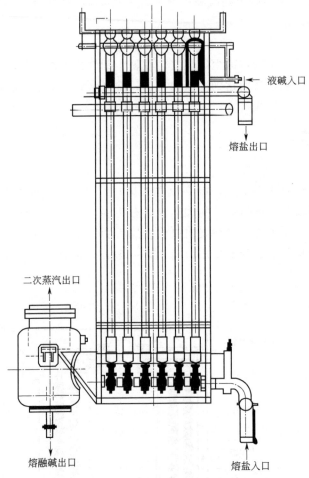

图 2-10　降膜蒸发器结构示意图

（1）最终浓缩器常见异常

① 人孔漏，以此判断碱杯或碱液收集槽漏。

② 槽体漏，以此判断碱杯脱落，高温碱液直冲浓缩器管体。

③ 工艺冷凝液 pH 值偏高，判断为最终浓缩器滤网腐蚀脱落。

（2）降膜管分配器设备原理

降膜管分配器（见图2-11）的主要作用为使碱液呈膜状，材质为镍材，以一根直杆为主体，从上到下为三片片状叶轮来达到碱液呈膜状的目的，设计时，有一片叶轮相对于其他叶轮突出，所以日常清洗分配器时，要求往高或低提一寸左右距离，避免碱液长时间对降膜管同一点进行腐蚀。

（3）降膜管分配器异常分析

① 分配器长时间使用，镍渣易结垢，影响碱液流动情况。

② 分配器腐蚀严重时，影响碱液成膜，达不到最佳换热效果，影响片碱浓度。

图 2-11 最终浓缩器及降膜管分配器实物图

（4）降膜单元

每个降膜单元是由两层套管所组成的，外层走熔盐，内层走碱液，两种液体逆流进行换热，碱液通过分配器进入每根降膜管后，受到夹套熔盐的加热，碱液沸腾、浓缩蒸发，然后进入最终浓缩器底部气液分离，降膜管的工作原理如图 2-12 所示。

降膜单元中传热使用的加热管的材料一般是镍管或超纯铁素体高铬钢管，一般管径为 $\varphi50\sim100mm$，一般采用的长径比为 $L/D<120$。对于现在的国产浓缩器产碱的能力一般在 12.5t/（单元·日）。国产降膜单元的结构如图 2-13 所示。降膜管实物图见图 2-14 和降膜管端口图见图 2-15。

（5）降膜管异常对工艺的影响

套管泄漏，易造成碱液浓度降低，片碱颜色呈黄绿色，堵塞管道，泄漏严重时，致使熔盐槽液位降低，损坏设备，正常情况下，降膜管泄漏易发生在开停车时，高温熔盐进入，冷热变换时发生，所以在日常开停车时，需严加注意。

（6）碱杯

碱杯（图 2-16）的主要作用为接收降膜管浓缩后的碱，之后碱进入碱液收集槽，延缓高温碱液高速流下后对设备的冲击。

（7）碱杯常见异常情况

① 碱杯与降膜管连接卡槽易腐蚀脱落，造成碱液从降膜管直冲最终浓缩器，造成设备损坏。

② 碱杯弯管腐蚀滴漏，造成最终浓缩器人孔漏或腐蚀下液管。

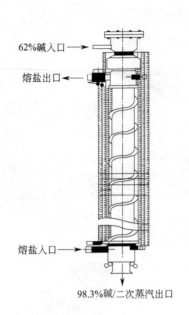

62%碱入口 →

熔盐出口 →

熔盐入口 →

98.3%碱/二次蒸汽出口

图 2-12　降膜管的工作原理示意图

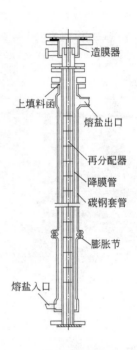

造膜器

上填料函

熔盐出口

再分配器

降膜管

碳钢套管

膨胀节

熔盐入口

图 2-13　国产降膜单元结构

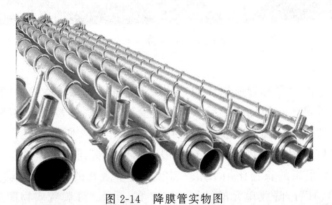

图 2-14　降膜管实物图

图 2-15　降膜管端口图

图 2-16　碱杯的正面和侧面图

3. 片碱机

片碱机的结构主要包括：滚筒结构、冷却结构、刀架结构、转动结构和卸料结构。滚筒结构主要由鼓面、端盖和端轴组成。在滚筒和弧形碱槽有接触碱的部分是由镍材料制成的，而使用的刮刀则是由特种合金制成的。在滚筒的表面有一个上宽 4.5mm、下宽 6mm、深 3mm 的燕尾槽，这个槽的作用是让碱膜能更好地附着在滚筒的表面上，不容易鼓起，从而更有利于冷却。片碱机实物图见图 2-17，结构示意图见图 2-18。

图 2-17　片碱机实物图

冷却结构主要由进、出水管和分布水的喷嘴组成。在片碱机内的冷却水采用喷淋式的供给方式。从滚筒的中心将冷却水引入，到达管上面的喷嘴后呈 120°的扇形喷出，这样就可以在滚筒的内壁上形成一层持久的连续冷却膜，就大大提高了冷却液膜的给热系数。

片碱机的刀架结构主要由刀片和刀片调节系统组成。刀片一般采用 45 号钢制作，目的是为增加刀片的硬度，通常需要淬火热处理。通常使用的硬度控制在 HB 为 5 左右，如果刀刃太软容易造成磨损和变形，而太硬则对转鼓磨损太大。对于刀片的调节系统，既要能使刀片能上、能退的来回调节，又能固定刀片，这样就防止刀片工作时发生向后退刀，此外还要能对刀片进行细微调节，来控制刀刃线与鼓面的接触吻合且均匀。在刀刃与转鼓的接触角度（见图 2-19）一般非常重要，因为这会影响烧碱在转鼓上的冷却时间，β 角则会直接影响刀

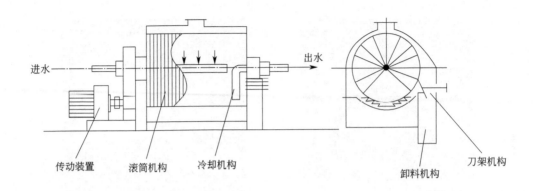

图 2-18 片碱机结构示意图

刃对转鼓的作用力大小和方向。

片碱机的传动机构主要包括：电机、减速机、变速机和传动齿轮以及转动轴承。而卸料机构则主要由底锅、片碱卸料槽、溢流槽和罩壳组成。

此外，一般的片碱机的冷却滚筒是一个回转的圆筒，一般采用下给料的方式进行给料，这种方式与上料的区别是会有更长的冷却时间和有效的冷却面积。另外，片碱机还具有密封性好的特点，这样就可以避免进入空气，造成二氧化碳和碱反应，最终使得成品碱中的碳酸钠含量升高，或者吸入水分使产品潮解，影响产品质量。

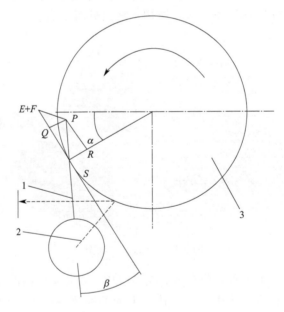

图 2-19 滚筒转动时的受力分析

四、岗位开停车操作

（一）熔盐系统正常开车操作

① 将电控柜上电源开关打开，显示器亮，操作箱上电源指示灯亮。燃烧炉控制器预热

10min。复位操作：若显示器显示有报警，按复位按钮后确认，显示器恢复为正常。按加热键并按启动键，熔盐炉进入自动加热程序。

② 点火成功后，进行熔盐炉的空管预热，预热温度为230℃（外管），空管预热期间严格控制炉温，升温不宜过快，以空管每小时30℃升温为宜。

③ 开启预浓缩器、最终浓缩器、闪蒸罐、碱液分配器等设备的低压蒸汽吹扫阀门进行吹扫，吹扫时间不少于2h，当吹扫完成后，关闭低压蒸汽吹扫阀门。

④ 开启预浓缩器、最终浓缩器、闪蒸罐、碱液分配器高压蒸汽伴热，开启熔盐管线、碱液管线高压蒸汽伴热对整体系统进行预热，预热温度不低于180℃，并保持在12h以上。

⑤ 当熔盐炉空管预热温度为230℃（外盘管）时，空管预热完毕。

⑥ 检查熔盐泵油位是否正常，调节冷却水流量，控制在3L/min左右，盘泵正常，确认熔盐泵供电正常。

⑦ 关闭熔盐进最终浓缩器和伴热设备熔盐阀门，开启熔盐从熔盐炉直接进熔盐槽管线上的循环阀，开启熔盐泵，使熔盐在熔盐炉与熔盐储槽之间进行小循环。当熔盐温度达到170℃时，关闭高压蒸汽伴热系统，升温要求为梯度升温，每小时升温30℃，即每2min升温1℃。

⑧ 当熔盐温度升温至230℃时，熔盐系统进行大循环，步骤如下：缓慢开启熔盐泵出口伴热熔盐阀，逐渐关闭熔盐小循环阀，保持一定开度，缓慢打开大循环阀，调节进入系统的熔盐流量，使熔盐由熔盐槽—熔盐炉—用热设备—熔盐槽之间形成大循环回路，从而使熔盐温度梯度升温，升温控制在30℃/h，关闭熔盐系统蒸汽伴热。

⑨ 保持熔盐炉以30℃/h的加热速率加热熔盐，熔盐加热到420℃，需要6h左右。

⑩ 当熔盐炉出口盐温达到420℃时，梯度升温结束，进入正常的运行状态。

⑪ 熔盐升温过程中，严格检查温度、仪表、电器、流量等工况参数是否正常、稳定。

⑫ 熔盐升温过程中，严格检查所有的密封点是否有泄漏现象，对设备管线受热膨胀产生松动地方进行紧固。

⑬ 检查各设备及其管线的热膨胀情况是否正常，各设备及其管线的受力情况是否正常。

⑭ 待系统稳定正常运行，根据产量设置（或调整）熔盐温度，将各项工艺指标调整至规定值。

⑮ 经常注意熔盐槽温度、各仪表自控是否正常。

⑯ 经常检查各项工艺指标是否正常。

⑰ 巡检每小时对运行设备（压力、温度、振动情况）自控阀开度，温度计、液位计指示进行监测并记录。

（二）碱系统正常开车操作

① 开启片碱循环水泵，给片碱机转鼓供水，开启闪蒸罐、分配器的氮气阀。

② 打开片碱机轴封冷却水，启动片碱机，片碱机空转预热不少于20min。

③ 打开预浓缩器的工艺冷凝液排净阀。

④ 启动水环真空泵，手动调节真空度为−0.76MPa。

⑤ 打开50％碱泵轴封冷却水，打开61％碱泵进口阀门及排空阀。

⑥ 启动50％碱泵，开启糖液计量泵将5％的糖溶液加入50％碱管道中，调整计量泵的冲程为50，频率为20左右。碱液进入预浓缩器，调节流量不低于满负荷的90％，约为$15.2m^3/h$，当61％碱泵排空阀有碱液流出后，关闭排空阀。

⑦ 当预浓缩器低液位报警解除时，打开去预浓缩器的回流阀，打开61％碱泵轴封冷却水，启动61％碱泵，通过调节61％碱泵的回流阀，使碱液在预浓缩器内循环。慢慢开启最终浓缩器的进料阀，控制进料流量不低于满负荷的20％（$\geqslant1.34m^3/h$）。

⑧ 碱液进入最终浓缩器后，在最终浓缩器内产生的二次蒸汽进入预浓缩器作为50％碱液的加热介质。

⑨ 当蒸汽冷凝液罐液位指示高于80％时，打开自控阀送往一次盐水工序。

⑩ 调节去表面冷凝器的循环水流量，保证冷凝液出口温度不超过40℃。

⑪ 浓缩后的熔融碱在重力的作用下进入闪蒸罐，在熔融管线中产生的蒸汽和98.6％浓缩的烧碱熔融物在闪蒸罐中分离。

⑫ 闪蒸罐的下游，高浓缩的烧碱熔融物凭借重力进入碱液分配器。

⑬ 熔融烧碱借重力从碱液分配器流入片碱机的料斗，调节片碱机转鼓到适合的转速，确保碱槽内熔融碱液位合适（转鼓浸入液体10～20mm）。

⑭ 片碱机转鼓浸入烧碱熔融物的碱槽内，通过温差换热使碱液凝固在结片机转鼓表面，固态烧碱用刮刀从冷却转鼓上剥离下来。

⑮ 结片机冷却用的水系统是一个密闭的回路。冷却水系统中必须注入纯水，通过板式换热器冷却换热控制进入结片机的冷却水温度为34℃，通过流量计控制冷却水的流量使冷却水出结片机温度为60℃左右。

⑯ 调节预浓缩器流量为自动控制，并缓慢增加设定值到$17m^3/h$，缓慢开启进入最终浓缩器的自控阀（$6.7m^3/h$）。

⑰ 包装岗位调试半自动包装机系统，做好开车准备。

⑱ 片碱机生产出片碱之前，启动包装系统和碱除尘系统。

（三）包装系统正常开车操作

① 将电控柜上电源开关打开，显示器亮，操作箱上电源指示灯亮。

② 称重控制器预热30min。

③ 清零操作：若显示器不归零，按清零按钮后回车确认，显示器恢复为0.00。

④ 人工套上包装袋并随手触动套袋开关，口袋被夹紧，片碱落入口袋。

⑤ 进料量达到设定的25kg后，口袋自动落入传送带。

⑥ 重复套袋步骤，装有片碱的包装袋由传送带传送，依次进行扣口和缝包，包装好后的片碱袋码放在空托盘上，满1t后由叉车运至仓库。

（四）熔盐系统正常停车

① 当最终浓缩器停止进碱后，关闭熔盐炉燃烧系统。

② 停止熔盐加热后，熔盐继续在系统内打循环，开始进行熔盐的梯度降温过程（60℃/h）。

③ 熔盐温度循环冷却到220℃后，开启熔盐管线蒸汽伴热，关闭熔盐泵，迅速打开熔盐回流阀，使熔盐回流到熔盐槽内。

④ 回流完毕后现场测量熔盐槽液位，确保熔盐全部回流到槽内，开启熔盐槽盘管蒸汽，使熔盐槽内熔盐温度保持在 180℃ 以上。

⑤ 待熔盐炉盘管冷却至 200℃ 以下，停鼓风机。

（五）碱系统正常停车

① 收到停车通知后，关闭 50% 碱进碱阀，停止给预浓缩器供 50% 碱，关闭 50% 碱泵。

② 待预浓缩器没有液位时，61% 碱泵压力波动，停 61% 碱泵关闭最终浓缩器进碱阀 FCV-2301，停止给最终浓缩器供碱。

③ 停真空泵，并放空真空系统，关闭糖液计量泵。

④ 检查确认所有安全桶都在规定位置并且无积水，安全桶旁严禁站人。

⑤ 调节片碱机碱槽高度，当片碱机转鼓无法挂碱，片碱机碱槽内熔融碱处理完毕，退出刮刀，关闭片碱机。

⑥ 停片碱机后把熔融碱槽放到最低位，把碱槽内剩余熔融碱排放到安全桶内，同时打开废碱管吹扫。

⑦ 打开最终浓缩器 U 形弯底部排尽阀，使管道内剩余熔融碱流入安全桶内。

⑧ 当料仓内片碱全部包装完毕，关闭包装和除尘系统。

⑨ 半小时后，开启最终浓缩器、闪蒸罐、分配器、熔融碱管道蒸汽吹扫，吹扫 1～2h，吹扫时关闭氮气供给。

⑩ 排空糖液罐，用工艺冷凝液冲洗糖液罐和糖液管线。

⑪ 吹扫完成后，碱系统温度冷却后，用水清洗碱系统，并排干净。

（六）包装系统正常停车

① 切断半自动包装机的片碱进料。

② 连续套袋将所有物料包装完毕，直到口袋不会自动从袋夹上掉下。

③ 按操作箱上的手动松夹按钮，口袋会自动落下。

④ 将电控柜上的操作开关、电源开关关闭。

⑤ 将周围的卫生打扫干净，清理干净散落的片碱。

（七）熔盐系统的紧急停车

① 停止熔盐炉燃烧系统运行，关闭天然气阀门。

② 停止熔盐泵，全开熔盐旁路阀，使熔盐回流至熔盐槽内。

③ 当熔盐炉内盘温度低于 200℃ 时，停止助燃风机。

④ 若熔盐系统长期停车，当熔盐温度低于 185℃ 时，打开熔盐槽中压蒸汽进行伴热，确保熔盐温度不低于 180℃。

（八）碱系统的紧急停车

① 关闭最终浓缩器进碱阀。

② 停 50% 碱泵、糖计量泵。

③ 停真空泵，并放空真空系统。

④ 预浓缩器碱液打循环。

⑤ 检查确认所有安全桶都在规定位置并且无积水，安全桶旁严禁站人。

⑥ 打开最终浓缩器 U 形弯底部排尽阀，使管道内剩余熔融碱流入安全桶内。

⑦ 调节片碱机碱槽高度，使碱槽内熔融碱流入安全桶内，当片碱机碱槽内熔融碱处理完毕，停片碱机。

⑧ 停包装系统和除碱尘系统。

⑨ 打开蒸汽吹扫阀对最终浓缩器、闪蒸罐、分配器、熔融碱管道进行 1～2h 吹扫，吹扫完毕关闭氮气阀。

⑩ 停车时间超过 6h，必须对 50％碱、61％碱管道进行清洗置换。

（九）包装系统紧急停车

① 切断半自动包装机的片碱进料。

② 连续套袋将所有物料包装完毕，直到口袋不会自动从袋夹上掉下。

③ 按操作箱上的手动松夹按钮，口袋会自动落下。

④ 将电控柜上的操作开关、电源开关关闭。

⑤ 将周围的卫生打扫干净，清理干净散落的片碱。

五、固碱生产工艺异常情况处理

固碱生产工艺异常情况原因分析及处理方法见表 2-6，包装系统中出现的异常现象及处理方法见表 2-7。

表 2-6　固碱生产工艺异常情况原因分析及处理方法

异常现象	原　　因	处 理 方 法
成品冷却器压力升高	循环水进口压力不足	确认循环水上水总管压力正常,将循环水进口阀开大,或者调小其他设备的循环水进水量
	循环水进出口温差小,即冷却器内结垢严重	清洗设备
	循环水管道堵塞	检查管道清除堵塞
真空泵抽力不足	进入真空泵的工作液温度过高	降低工作液温度
	冷凝器冷却能力不足	提高蒸汽冷凝器冷却能力
	真空泵出现机械问题	检查、修复真空泵

表 2-7　包装系统中出现的异常现象及处理方法

异常现象	原　　因	处 理 方 法
片碱机落料出现不正常	在机内存在积料的堵塞	对机器迅速清理积料
	振荡器不正常	让电仪人员对振荡器进行检查
	包装机出现机械故障	让维修人员进行检修
热烫封口机无法正常工作	可能温度控制器失灵	马上让电仪人员对振荡器进行检修
	传动机构失控	马上让维修人员进行检修
缝包机出现故障	缝包机的穿线不正确	重新进行穿线
	缝包机出现机械故障	马上通知维修人员进行检修
自动码垛机无法正常工作	出现电气故障	马上通知电仪人员进行检修
	出现机器故障	马上通知维修人员进行检修

任务实施

一、教学准备/工具/仪器

图片，视频展示

详细的固碱生产 PID 图

彩色的涂色笔

化工图样中的设备、仪表、阀门中字母所代表的含义

二、操作要点

（一）流程识读

根据附图 8 来完成，首先确认固碱生产工艺中碱液的流程和蒸汽流程，规定相应的彩色准备涂色。

例如：碱液使用蓝色的线；蒸汽使用红色的线；熔盐使用绿色的线。

任务一：注意碱液所经过的设备以及到每台设备的浓度和温度变化，控制温度、液位等的参数的阀门是哪些？是如何控制的？

任务二：二次蒸汽经过各设备的温度是多少？何时变为冷凝水？最终到达的设备及用途是什么？熔盐是如何被加热的？是如何给最终浓缩器中的碱液换热的？

（二）根据工艺流程图，找出巡检工需要检查的各台设备

巡检工带好巡检使用的点检仪、测温枪和测震仪等设备，根据要求按照以下路线进行巡检：助燃空气风机→烧嘴系统→空气预热器→熔盐泵→熔盐炉→熔盐槽→50％碱储罐→糖罐→糖液计量泵→预浓缩器→61％碱泵→最终浓缩器→闪蒸罐→片碱分配器→片碱机。

固碱生产工序巡检工需要做的任务如下：

① 待系统稳定正常运行时，根据产量设置（或调整）好蒸发器进碱液流量，将各项工艺指标调整至规定值，将手动控制转入 DCS 自动控制模式，进入正常操作。

② 经常注意预浓缩器液位、最终浓缩器出料温度、预浓缩器真空度及 50％碱、61％碱流量是否正常，各仪表自控是否正常，各运转泵是否正常。

③ 随时监控水、蒸汽、仪表空气的温度、压力变化情况。

④ 经常检查各项工艺指标是否正常。

⑤ 巡检每小时对运行设备（压力、温度、振动情况）自控阀开度，温度计、液位计指示进行监测并记录。

⑥ 巡检维持设备、消防器材、环境卫生及排查安全隐患。

项目三

氯氢处理及相关产品合成与生产

任务一　氯气处理

任务目标　　氯气处理工序的目标是将氯气经过冷却和干燥脱水再加压到合适的压力后输送到后序工段。本任务目标是掌握氯气冷却脱水、干燥和压缩输送的原理，熟悉所使用设备的结构和特点，并且根据鄂尔多斯集团提供的 PID 图，熟练掌握工艺流程，明确主要控制指标的控制过程和正常范围，能够根据故障分析排除异常情况。熟悉开停车岗位操作步骤。

任务描述

氯气处理工序的任务是处理电解送来的湿氯气。先用氯水进行洗涤并冷却，除去氯气中夹带的盐雾，同时使湿氯气的温度下降（即使饱和湿氯气的水蒸气分压下降），从而使湿氯气中的大部分水被冷凝下来。再经过冷却进一步降低氯气中的含水量，然后将氯气通入干燥塔，利用硫酸的吸水性进行干燥。最后用氯气压缩机将氯气增压后送出界区至各用户，并保持电解槽阳极室压力稳定。本工序的控制指标如表 3-1 所示。

表 3-1　氯气处理工序的岗位控制指标

序号	检查项目	控制地点 （仪表位号）	正常控制范围
1	氯气洗涤塔出口氯气温度指示	控制室 TE-0401	≤45℃
2	氯气钛管冷却器出口氯气温度指示、调节、报警	控制室 TIC-0402	12～15℃
3	泡罩干燥塔氯气出口温度指示	控制室 TE-0403	≤18℃
4	氯水冷却器氯水出口温度指示	控制室 TE-0405	30～40℃
5	循环酸冷却器硫酸出口温度指示、报警	控制室 TE-0407	12～16℃

续表

序号	检查项目	控制地点 (仪表位号)	正常控制范围
6	电解来氯气温度指示	控制室 TE-0410	75～85℃
7	氯气洗涤塔氯气进口总管压力指示、调节、报警	控制室 PICA-0401	<0.02 MPa
8	填料干燥塔氯气山口压力指示	控制室 PI-0402	<0.015 MPa
9	泡罩干燥塔氯气出口压力指示	控制室 PI-0403	<0.012 MPa
10	氯气压缩机出口氯气压力指示、调节、报警	控制室 PICA-0406	0.14～0.175MPa
11	氯气洗涤塔氯水液位指示、调节、报警	控制室 LICA-0401	≤70%
12	填料干燥塔硫酸液位指示、调节、报警	控制室 LICA-0402	≤70%
13	稀硫酸槽液位指示、报警	控制室 LIA-5313	≤70%
14	98%硫酸储槽液位指示、报警	控制室 LIA-0405	≤80%
15	循环水池液位指示、报警	控制室 LICA-0407	≤80%

 知识链接

一、氯气处理原理

从电解槽阳极析出的氯气温度很高（可达90℃以上），并伴有饱和水蒸气，这种湿氯气的化学性质比干燥的氯气更活泼，对钢铁以及大多数金属都有强烈的腐蚀作用，只有少量的贵金属、稀有金属或非金属材料在一定条件下才能抵抗湿氯气的腐蚀作用。因而这对氯气的输送、使用、储存等都带来了极大的困难。而干燥的氯气对铁等常见的金属腐蚀作用相比之下是较小的。氯气对碳钢的腐蚀速率如表3-2所示。

表 3-2　氯气对碳钢的腐蚀速率

氯气含水率/%	腐蚀速率/(mm/a)	氯气含水率/%	腐蚀速率/(mm/a)
0.00567	0.0107	0.0870	0.114
0.01670	0.0457	0.144	0.150
0.0206	0.0510	0.330	0.380
0.0283	0.0610		

由表3-2可知，随着氯气含水率的增加，碳钢腐蚀的速率也增加。可见湿氯气的脱水和干燥是生产和使用氯气的必要条件。而氯气处理的生产任务就是除去湿氯气中的水分，使之变成含有微量水分的干燥氯气以适应氯气的各种需求。

氯气处理的核心任务便是脱水，脱水的方法一般有如下三种。

在生产规模较大的离子膜电解装置中为了回收利用电解工序高温湿氯气中的热量，一般在进入氯气处理工序前，在电解工序设置盐水和氯气热交换器，加热精盐水（可使其温度提高约10℃），同时降低氯气处理工序湿氯气的冷却负荷。

1. 冷却法

冷却法就是将氯气降低温度使湿气冷凝，从而达到降低氯气湿含量的目的，这种方法只消耗冷却水与冷冻水，本身不与其他介质接触，也不会混入其他介质，也称为冷冻干燥法。

直接冷却方式就是使电解槽阳极来的湿氯气直接进入氯气洗涤塔，采用工业冷却水或者冷却以后的含氯洗涤液与氯气进行气、液相的直接逆流接触，以达到降温、传质冷却，使气相的温度降低，并除去气相夹带的盐粒、杂质。在氯气洗涤塔中气、液相直接接触，既进行传热，又进行传质。间接冷却方式就是将来自电解槽阳极的高温湿氯气直接引入列管式冷却器的管程或者壳程，用冷冻氯化钙盐水对氯气进行间接传热冷却，达到使气相中所含水蒸气冷凝下来的目的。

氯气冷却的工艺流程一般有两种：一是采用两级间接冷却，通常适用于规模≤5万吨/a烧碱装置；二是采用直接冷却和间接冷却相结合，通常适用于规模>5万吨/a烧碱装置。

2. 吸收法

吸收法干燥工艺是将高温湿氯气在干燥塔中用浓硫酸吸收氯气中的水分、降低氯气的湿度，从而实现氯气的干燥。为了使氯中的含水量小于50mg/L，一般用98%的浓硫酸，且温度应尽量低，但也不要使酸温过低，以防止硫酸溶液生成 $H_2SO_4 \cdot 2H_2O$、$H_2SO_4 \cdot H_2O$ 等结晶，造成设备和管道的阻塞，影响生产。硫酸吸水是放热过程，故干燥用的硫酸要进行冷却，进塔的酸温度控制在20℃左右。该法使用设备较多，工艺复杂，但水分脱出率较高。

3. 冷却吸收法

冷却吸收法，通俗说就是要先冷却、再干燥，综合上述两种方法的优点，第一阶段先用冷却法将80~90℃氯气降低到20℃左右（不能低于9.6℃），第二阶段用浓硫酸吸收剩余水分。该法既减少了硫酸消耗，又保证了工艺指标，为各厂家广泛采用。

湿氯气中平衡"含湿量"与压力、温度有关。在压力相同的情况下，湿氯气中湿含量与温度的关系如表3-3所示。

表3-3 湿氯气中湿含量与温度的关系

温度/℃	水蒸气分压/mmHg	湿氯气中水蒸气含量/(g/m³)	湿氯气中水蒸气含量/(g/kg)
10	9.2	9.2	1
15	18	18	3
20	17.5	17.5	5.9
25	28	20	8.1
30	31.8	30.0	10.8
35	42	39.6	17
40	55.3	51.2	19.8
45	71.9	65.4	26.2
50	95	81	39
55	118.0	104	46.2
60	149.4	130	61.6
65	187.5	161	85
70	237	198	112
75	289.1	242	115
80	355.1	293	219
85	436	354	338
90	525.8	424	571
95	639	505	1278

由表3-3可知，在相同压力下，湿氯气温度下降，湿氯气中"含湿量"也明显下降。例

如，湿氯气温度由 90℃下降至 15℃，气相中的含水量可以脱除 99.2%。因此通过冷却可以除去气相中绝大部分的水分，从而可以大大降低干燥负荷，同时也降低了硫酸作为吸收剂的用量，更可以大大减少硫酸吸收水分后所释放的热量。经过冷却手段，氯气中的含水分量降低了 98% 以上。

但在氯气温度较低时，用冷却法除湿就不再可行。因为当氯气降到 9.6℃时，将会形成 $Cl_2 \cdot 8H_2O$ 的结晶体，从而使设备、管道结冰堵塞，使气体无法通过。因此湿氯气温度不可无限降低，最佳进干燥塔温度为 11~14℃。

因而，冷却吸收法氯气干燥工艺，是在 11~14℃ 以上，用冷却法除去绝大部分水分，余下的水分用浓硫酸吸收法继续脱除，从而使氯气达到预定的脱湿（干燥）效果。

国内在除水雾或酸雾时，一般都采用浸渍含氟硅油的玻璃棉所制作的管式过滤器，或附瓷环的填料塔、旋流板、丝网过滤器、旋风分离器及重力式分离器等方法。

管式、丝网式填充过滤器是借助具有多细孔通道的物质作为过滤介质，能有效地去除水雾或酸雾，净化率可达 95%~99%，而且压力降较小，可用于高质量的氯气处理。

二、氯气处理工艺流程

氯气处理工艺流程一般包括氯气的冷却、干燥、压缩三个方面的工艺，主要流程在本任务实践部分介绍，以下重点讲述氯气压缩的相关工艺。

用氯气压缩机将经过冷却干燥的氯气增压后送出界区至各用户，并保持电解槽阳极室压力稳定。

氯气的压缩方式一般有三种：一是采用液环式氯气压缩机（纳氏泵）；二是采用离心式氯气压缩机（即小型透平机）；三是采用大型离心式氯气压缩机（即大型透平机）。

1. 液环式氯气压缩机的工艺流程

液环式氯气压缩机（又称纳氏泵）是借助浓硫酸作为液环、密封介质，利用硫酸进行冷却循环，带走氯气压缩时产生的热量，液环式压缩机虽然结构简单，强度好又实用，但效率不高。另外，它在压缩、输送氯气过程中，还需要输送硫酸，所以能耗高，且氯气中含有较多酸雾，给后工序带来困难。

工艺流程（如图 3-1 所示）是来自氯气干燥系统并经酸雾捕集器除去酸雾的干燥氯气，

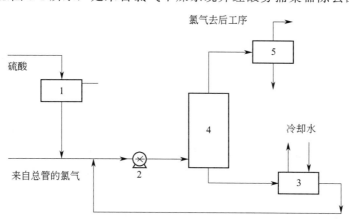

图 3-1　液环式氯气压缩机流程示意图

1—硫酸高位槽；2—液环式压缩机；3—硫酸冷却器；4—气液分离器；5—氯气除雾器

从进口与循环酸一起进入氯气压缩机加压，并与循环酸一起排出至硫酸分离器进行分离，氯气由其顶部排出至酸雾分离器除去酸雾后，进入氯气缓冲罐，再经氯气分配台向下游用户分配。

2. 离心式氯气压缩机工艺流程

为确保其正常运转，透平机对氯气的含水量及杂质的要求比较严格，一般含水量要求小于100mg/kg。另外还要经过高效除沫器除沫。该工艺还附有润滑油系统、密封用空气的干燥及再生系统、水处理系统等。

离心式氯气压缩机工艺流程如图3-2所示。来自氯气干燥系统并经酸雾捕集器除去酸雾的干燥氯气，进入离心式氯气压缩机（国产小型透平机）经二段压缩，使其压力升至0.26～0.45MPa。压缩过程会使氯气温度上升，经过一级压缩后，需用一段氯气冷却器将氯气温度冷却至30～40℃，再进入第二级压缩；第二级压缩后，经二段氯气冷却器冷却后进入氯气分配台向下游用户分配。

通过设置回流调节氯气的方式来确保氯气系统的压力稳定；为防止高压侧氯气在异常情况下串回至低压侧，还需设置氯气防串回自动控制功能。

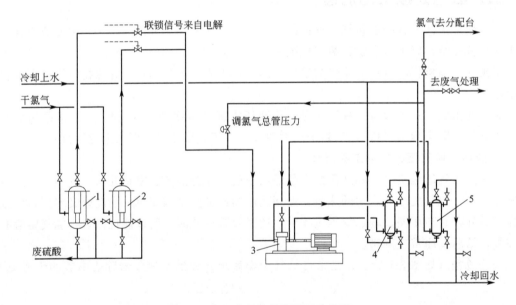

图 3-2 离心式氯气压缩机工艺流程

1，2—酸雾扑集器；3—离心式氯气压缩机；4——段氯气冷却器；5—二段氯气冷却器

3. 大型离心式氯气压缩机工艺流程

大型离心式氯气压缩机工艺流程简图如图3-3所示，来自氯气干燥系统并经酸雾捕集器除去酸雾的干燥氯气，进入大型离心式氯气压缩机（一般为进口机器）第一级进口，经四级压缩，使其压力升至0.45～1.20MPa（可根据下游氯产品用氯压力要求，选择出口压力）。压缩过程中，氯气温度上升，配备各级间冷却器和后冷却器将每级氯气进口温度和最终出气温度冷却至40℃，然后进入氯气分配台向下游用户分配。

各级冷却器所用循环水均由设置的循环水高位槽提供，以防止氯气冷却器泄漏时，水进入氯气侧，造成压缩机损坏；另各循环水回路上均设置pH计随时监测回水pH值。

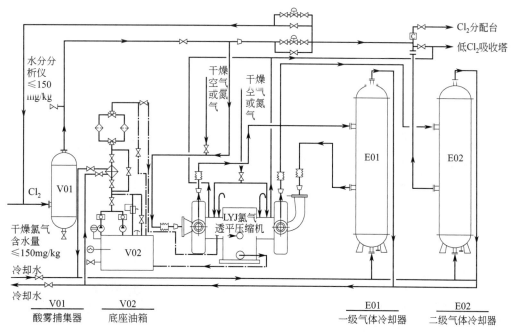

图 3-3 大型离心式氯气压缩机工艺流程简图

三、主要设备

（一）湿氯气水封

湿氯气水封又称安全水封（正压水封），其结构如图 3-4 所示。湿氯气水封安装在电解氯气总管的旁路上，一端与事故氯气处理塔相连，另一端与电解氯气总管相通，中间有隔板隔开，液封高度为 60mm。它的作用是当氯气处理的负压系统因故障发生正压时，带压的事故氯气便将水封冲开，向事故氯气处理塔泄压，用碱液进行吸收处理，以保护氯气负压系统的管道、设备，以及确保电解槽的安全。水封高度的确定应充分考虑系统所能承受的最大正压冲击。

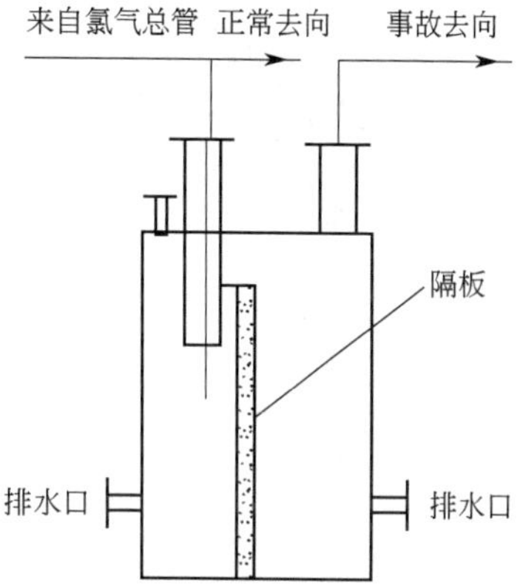

（二）氯气洗涤塔

氯气洗涤塔的结构如图 3-5 所示。一般塔体材质采用钢衬胶、钛或内衬酚醛环氧乙烯基树脂玻璃钢或硬 PVC 玻璃钢增强；填料分上下两层或三层的填料塔结构，填料采用 PVC 材质的填料环或 CPVC 梅花环和瓷环混用。

图 3-4 湿氯气水封

（三）钛列管冷却器

铁列管冷却器如图 3-6 所示，由上封头、列管壳体及下封头三个部分构成，列管壳体由钛制列管束、定距杆、折流挡板、上下分布管板等构成。钛对湿氯气有较好的抗腐蚀性能，钛列管传热效果也不错。

钛列管冷却器的作用是使电解来的湿氯气与冷却剂在钛列管管壁进行间接的换热,移走气相中所带的热量,达到降低温度的目的,同时气相中的含水量也大量减少。

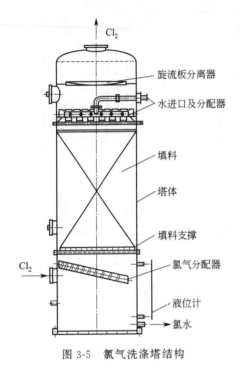

图 3-5 氯气洗涤塔结构

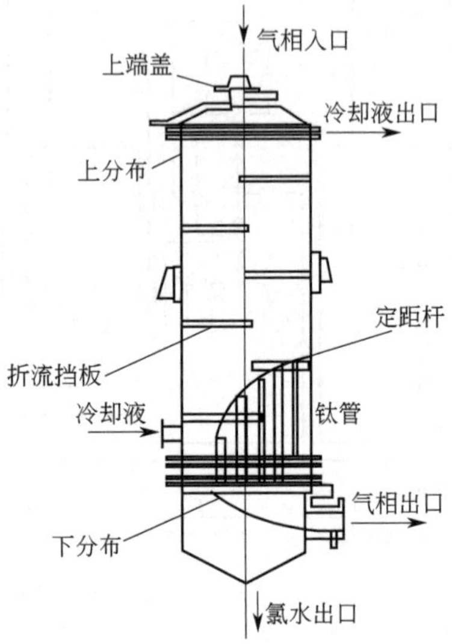

图 3-6 钛列管冷却器

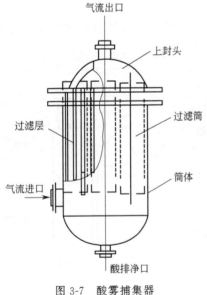

图 3-7 酸雾捕集器

(四) 酸雾捕集器

酸雾捕集器又称酸雾过滤器或网筒式酸雾自净过滤器,如图 3-7 所示。它是由圆筒形筒体与上下封头和滤筒组成,圆筒体外壳、上下封头及滤筒是由碳钢制作,滤筒分内层、玻璃纤维层及外层。内外层使用金属网,玻璃纤维层使用氟硅油浸渍处理过的长丝玻璃棉,长丝玻璃棉具有十分良好的憎水疏酸性能和自净酸雾之能力。玻璃纤维过滤层的厚度及填充密度要由输送气量、气流通过的阻力以及除去酸雾的效率等因素决定。

酸雾过滤器作用是将气相挟带的大小不等的酸雾液滴用截留、碰撞、捕集、过滤的形式除去,使气相得以净化,保证进入氯气离心式压缩机流道、叶道的氯气的质量。

(五) 氯气干燥塔

1. 填料干燥塔

氯气填料干燥塔结构与氯气洗涤塔相似,填料也用瓷环加 PVC 花形环或塑料短阶梯环,塔体材质采用硬 PVC/FRP，结构如图 3-8 所示。

2. 泡罩干燥塔

氯气泡罩干燥塔塔体材料一般采用硬 PVC/FRP，设有五层塔板，最下一层的浓酸采取强制循环（配循环酸泵和冷却器），顶层塔板上加设旋流板，可以增强气液分离，减少硫酸液滴被氯气带出的数量。每层塔板上按一定的排列方式组装一定数量的泡罩。泡罩干燥塔结构如图 3-9 所示。

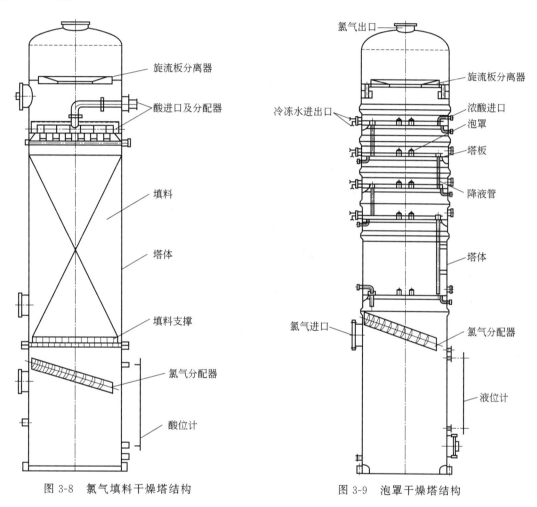

图 3-8　氯气填料干燥塔结构　　　　　图 3-9　泡罩干燥塔结构

（六）液环式氯气压缩机和离心式氯气压缩机

1. 液环式氯气压缩机

液环式压缩机的效率远低于离心式压缩机。但它也有优势：

① 该设备转速低，可靠性和稳定性大大高于离心式压缩机。

② 由于其等温压缩性，较离心式压缩机容易获得更高的压缩比和压力。

③ 由于液环式氯气压缩机采用发烟酸作为密封液，氯气含水量的控制条件不需要像离心式压缩机那样苛刻。经过合理的压缩机系统设计，只要含水量小于 200mg/kg 即可。

2. 纳氏泵的工作原理及特点

纳氏泵是液环泵，是一种真空泵，工作原理如图 3-10 所示。它是一种液环气体压缩机，转子没偏心，泵壳是椭圆形的，长轴吸入，短轴排出，硫酸作为液环保持液。泵壳呈椭圆形，其中装有叶轮。叶轮上带有很多爪形叶片。叶轮旋转时，液体在离心力作用下被甩至四周，沿壁形成一椭圆形液环。壳内充液量应满足使液环在椭圆短轴处充满泵壳与叶轮的间隙，而在长轴处形成两月牙形的工作腔。工作腔内各叶片间的空隙形成逐渐由小变大的密封室，将气体吸入。然后由大变小，将气体强行排出。泵内所充液体，必须不与气体起化学反应。液环泵除用作真空泵外，也可作压缩机用，所产生压强可高达 0.5～0.6MPa。纳氏泵广泛用于化学工业中。

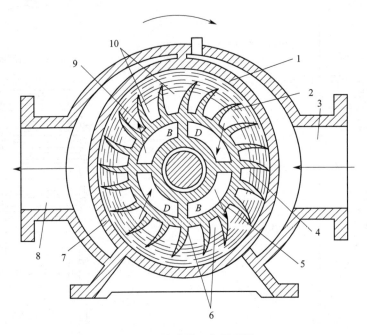

图 3-10　纳氏泵工作原理图
1—壳体；2—叶轮（转子）；3—吸入接管；4—上排气口；5—下吸气口；
6—下工作室；7—下排气口；8—排气接管；9—上吸气口；10—上工作室

3. 离心式氯气压缩机注意事项

对于离心式压缩机，由于其效率高，越来越多的工厂正在使用它。但是，应注意：

① 入口氯的含水量应控制在 20mg/kg 或 50mg/kg。电解产生的氯气需要经过冷冻干燥和发烟硫酸干燥处理。

② 压缩机内的气体温度不得高于 95℃。由于离心式压缩机的压缩过程符合多变量压缩，因此温升计算可参考绝热过程。因此，对于较大的压差和压缩比，可能需要进行多级设计，每级排气温度由冷却控制。一般情况下，每个阶段的压缩比应控制在 1.6 以内。

③ 离心式压缩机的压力上升是一个减速过程，因此需要更高的转速来获得更高的压力。因此，必须严格控制轴承振动和温度等机械问题。

4. 离心式氯气压缩机

离心式氯气压缩机又称透平压缩机，是一种具有蜗轮的离心式气体压缩机，借助叶轮高速转动产生的离心力使气体压缩，其作用与输送液体的离心泵或离心式风机相似。气体的压缩使透平压缩机的机械能转化为热能，因此透平压缩机的每一段压缩比不能过大，级间需要有中间冷却器以移走热量，使气体体积减小，以利于压缩过程的逐级进行。透平压缩机排出压力高，气体输送量大，工作过程中不需要硫酸，所需动力小，但在压缩过程中氯气温度较高，机械精度也较高，所以对氯气含水（酸）及其他杂质的要求亦相对提高。

（1）西门子透平机械设备有限公司（原德国 KK&K 集团）透平机

Siemens（西门子公司简称）的干氯气压缩机采用水平剖分式气缸（检修方便），配有自动进门可调导叶（节能装置）及非摩擦三腔迷宫式轴端密封（保证氯气零泄漏）。特点如下：

① 安全：采用非摩擦三腔迷宫式气体轴端密封，保证氯气零泄漏。

② 高可靠性：监控系统完备，可实现全自动无人值守。

③ 维护成本低：根据现有国内外用户的使用记录，大约均在 5 年以上。

④ 节能：安装有先进的进口自动可调导叶，在 $60\% \sim 100\%$ 时不耗功任意调节，节能效果明显。这是旁通调节无法相比的。

3K氯气压缩机为离心压缩机（实物图如图 3-11），借助叶轮高速旋转所产生的离心力对氯气做功，使之产生动能及静压能，电动机将电能转化为动能，通过变速箱将转速提高至 11855r/min，经过一级压缩的氯气温度升高，进入一级冷却器，冷却后进入二级叶轮入口，经二级叶轮压缩进入后冷却器后被送至后续工序。以 3K 型号 3(2)VRZ250/430/14G 透平机为例，氯气压缩机为两级压缩，主要组成结构：腔体、变速箱、电机、润滑油站，以及中后冷却器，压缩机采用三腔式迷宫密封（如图 3-12），整个主机系统有 60 个联锁保护，分别包括吸气/排气压力、排气流量、排气温度、进口导叶阀、机组自身回流阀，这五组仪表点分别由西门子 PLC 喘振控制器所控制，真正做到了机组的运行稳定、压力控制的稳定，以及操作简单，同时也有效地保证了机组在使用中不会受到损坏。

图 3-11 西门子透平机实物图

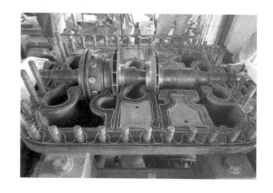

图 3-12 西门子透平机内部非摩擦三腔迷宫式结构

3(2)VRZ250/430/14G 型号 3K 透平机的结构如下：

① 压缩机。压缩机是带有中间冷凝器、具有锥型结构的两个阶段离心式涡轮压缩机。冷凝器分为一段冷凝器与二段冷凝器，在每个压缩阶段后，都要对氯气进行冷凝。安装在水平位置的冷凝器都位于各自的基座上，同时他们在压缩机的下面，通过管道与压缩机相连。

压缩机的壳体、导向齿轮、压盖、密封圈、密封垫都要水平安装。一旦壳体顶部的部分拆开以后，就可以看到由两个推动器和旋转轴承组成的旋转部分。在一阶段的推动器前面，原始导向设施被压缩机所定位，这个原始导向设施对流量进行调节。在壳体顶部的驱动器（这是个密封容器），可以进行吸气调整。这个设备的作用是调整。原始导向叶片的定位（安装）在一定的范围内是可能看到的。在一阶段与二阶段之间的导向轮设置成螺旋形，在壳体内分别都安装有弹簧缓冲器。各个阶段都用半透明密封胶密封，同时都安装在导向轮上。用三倍的压盖对进口与压力管道上的旋转轴套筒进行密封。用一个水平管和进口管把相互之间的内侧压盖箱连接起来（安装在指向一阶段与二阶段之间推动器的位置上）。在进口管和压力管的压力达到一致的时候，打开压盖。压盖的外箱通过一条管道连接到密封气体的进口管。通过用惰性气体对压盖进行密封，可以阻止介质从压缩机到机器腔的管道中的泄漏。通过中心压盖箱，可以去除密封气体与氯气的混合气体，这样可以阻止密封气体进入介质中去。

② 旋转部分。旋转部分是由一个锻造旋转轴和两个推动器组成。这两个推动器材料是高质量钢材，安装在旋转轴上。在安装完后进行超速测试。整个旋转部分在运行速度正常的情况下，处于动态平衡。这样，压缩机旋转部分的低振动操作是可以达到的。

③ 壳体。所用的材料是GG-25。扩散剂是一个在壳体后面弹簧的缓冲剂，每一个推动器都是壳体内相对简单的设置。

④ 导向轮和迷宫式密封。导向轮、密封环、垫圈、压盖的材料都是灰铸铁。迷宫式密封圈是SS钢，用金属嵌条把密封圈嵌入基体中，迷宫式密封圈由于特殊的空隙度而被刮掉一薄层。

⑤ 压缩机旋转轴承安装。旋转的部分由两个倾斜的轴颈轴承组成。轴颈轴承是加有润滑油的，倾斜部分内表面和外直径不能被损坏，不能进行重复工作。轴承壳体的材料是GG-25。倾斜部分是用钢做的，巴氏轴承钢合金是用SnSb8Cu4Cd轴承合金做的。轴承托架上的沟槽式暗钉闩可以使轴承壳安全地抵制扭弯变形，同时通过轴承托架可以使轴承箱保持整体性，确保轴承架能很好地把轴承壳锁住。但是，一定保证轴承壳不变形。为了达到牢固的目的，开始允许有0.05mm的伸长量，由于一个双边的压缩机推力轴承，会发生旋转部分的轴向推动。推力轴承的倾斜面的材料也是钢和复合的SnSbCu4Cd轴承合金。在进口管边的方向上通过轴向推动压住旋转轴，从而抵住倾斜面滑块。在启动和关闭系统时，在特殊负载和逆向压力条件下运行压缩机会导致轴向推动方向临时性改变。为了解决这样的问题，在安装轴向轴承的时候，倾斜面滑块安放在相反的一面上（反面）。润滑油的数量通过轴承摩擦热的测试来确定。不过，这样的摩擦热是可以消除的，可以通过在发生滑动面上加一层足够厚的油层来消除。整个的油量是通过进油管道（屏幕）控制。轴承温度是通过倾斜部分的 Z×PT-100 电阻温度表进行监测的。

（2）国产LYJ型高速悬臂式氯气透平压缩机

① 基本结构。氯气压缩机主要由叶轮、扩压器、蜗壳、主轴、齿轮、轴承、轴承环与端密封和联轴器等部件组成。其型号表示为：

② LYJ型高速悬臂式氯气透平压缩机主要工作参数见表3-4。

表3-4 LYJ型高速悬臂式氯气透平压缩机系列参数表

序号	型号	进口容积流量 /(Nm³/h)	进口温度 /℃	一级入口压力 /MPa(A)	二级出口压力 /MPa(A)	轴功率 /kW	配套功率 /kW	适用烧碱产量 /(万吨/a)
1	LYJ-1500/0.36	1500	≤30	0.089	0.36	102	132	4
2	LYJ-1500/0.42	1500	≤30	0.089	0.42	126	160	4

续表

序号	型号	进口容积流量/(Nm³/h)	进口温度/℃	一级入口压力/MPa(A)	二级出口压力/MPa(A)	轴功率/kW	配套功率/kW	适用烧碱产量/(万吨/a)
3	LYJ-1900/0.3	1900	≤30	0.089	0.3	110	132	5
4	LYJ-1900/0.36	1900	≤30	0.089	0.36	129	160	5
5	LYJ-1900/0.42	1900	≤30	0.089	0.42	135	160	5
6	LYJ-2200/0.3	2200	≤30	0.089	0.3	128	160	6
7	LYJ-2200/0.36	2200	≤30	0.089	0.36	152	185	6
8	LYJ-2200/0.42	2200	≤30	0.089	0.42	175	200	6
9	LYJ-2600/0.3	2600	≤30	0.089	0.3	148	185	7
10	LYJ-2600/0.36	2600	≤30	0.089	0.36	172	200	7
11	LYJ-2600/0.42	2600	≤30	0.089	0.42	195	220	7
12	LYJ-3000/0.3	3000	≤30	0.089	0.3	190	220	8
13	LYJ-3000/0.36	3000	≤30	0.089	0.36	220	250	8
14	LYJ-3000/0.42	3000	≤30	0.089	0.42	255	280	8
15	LYJ-3700/0.3	3700	≤30	0.089	0.3	230	280	10
16	LYJ-3700/0.36	3700	≤30	0.089	0.36	272	315	10
17	LYJ-3700/0.42	3700	≤30	0.089	0.42	315	355	10
18	LYJ-4500/0.3	4500	≤30	0.089	0.3	284	315	12
19	LYJ-4500/0.36	4500	≤30	0.089	0.36	322	355	12
20	LYJ-4500/0.42	4500	≤30	0.089	0.42	375	450	12

注：满足烧碱能力是以年工作 8000h、氯气纯度为 96% 计。

③ 工作原理。氯气压缩机是种叶片旋转式机械，凭借叶轮的高速旋转，使气体受到离心力作用而产生压力，同时气体在叶轮、扩压器等过流元件里的扩压流动速度、气体速度逐渐减慢，动压转换为静压，气体压力又得到提高。

④ LYJ 系列氯气透平压缩机工作系统。

a. 氯气系统。干燥合格 [≤150mg/kg(H_2O)] 的氯气先经酸雾捕集器将剩余的硫酸液滴及不洁物颗粒分离、过滤，进入氯压机的第一级，压缩后进入一级中间冷却器 E01。冷却后进入氯压机第二级吸入口，经压缩后从排出口排出，进入二级中间冷却器 E02，冷却后的氯气送到下游生产用氯产品的装置或氯气液化岗位。氯压机的进、出口之间设有一回流管路，出口处的高压氯气通过旁路回流阀回流到氯压机的一级入口，以调节压缩机的排气量以及防止机组喘振。

b. 润滑油系统。透平机的输入轴端部连接有轴头泵，润滑油自底座油箱内吸入，在泵内压缩到 ≤0.4MPa，经单向阀至油冷却器冷却，然后进入可切换的过滤器，滤去杂质，再进入增速器内各润滑点，使用后润滑油经回流管回到底座油箱。停车或油压 <0.08MPa 时备用的齿轮油泵自动启动保证透平机的正常运转以及停车阶段的惯性运转时润滑的需要。

c. 密封系统。LYJ 氯压机的轴封是采用四段迷宫密封结构，如图 3-13 所示。

密封气（氮气或干燥空气）从腔室 A 注入，送去废氯气处理工序，腔室 B 与一级进口 C 相连，腔室 F 通向大气，E 腔为氯气和氮气的混合气腔。机器运转时，叶轮背面（腔室 D）的压力大于叶轮进口处 C 的压力，注入 A 腔氮气的压力调节到比 E 腔出口的混合气压力高 0.01~0.02MPa。如此，气流的流动方向就如图 3-13 中箭头的方向所示，只要恰当地调节氮气注入的压力，就可以有效地阻隔氯气外漏到大气，限制氮气漏入机器内部的数量（正常条件下，氮气漏入氯气中的量不大于机器流量的 0.10%）。

⑤ 安全装置。当发生报警时的操作控制如下：

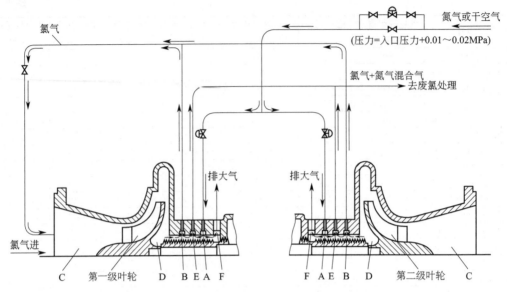

图 3-13　四段迷宫密封结构 LYJ 氯压机轴封

a. 如果发生故障报警，必须判断出进程状态变化的情况，如果变化被判定是危险的，则应立即停止压缩机。

b. 当发生联锁停车（跳闸）的操作（同时完成）：电解槽电源跳闸，停止制造氯气；系统中剩余氯气排出至尾气吸收塔；用于空气或氮气进行紧急置换并通入压缩机轴封；启动辅助油泵。

润滑油系统的安全装置：

油压控制：当油压 PS304 低于 0.08MPa 时辅助油泵启动，如油压继续下降到 0.06MPa 时报警，当供油总管压力（PIS306）＜0.06MPa 时联锁主电机停车，当过滤器前后压差 PdI303＞0.05MPa 时报警，应当手动切换油过滤器。

供油温度控制：当油温低于 25℃时报警，应使用电加热器通电加热，当油箱油温高于 35℃时电加热器断电停止加温；当供油总管油温大于 60℃时报警，应加大冷却水的流量。

油箱液位控制：油箱液位过低（＜280mm）或过高（＞380mm）时报警。

主轴滑动轴承保护：当轴承运转温度 TIA307、TIA308＞75℃时报警。

主电机的过载保护：如果压缩机内部出现会引起压缩机过载的故障（如由于杂物的沉积引起转动扭矩的增加，由于放热氯化反应破坏转子引起不平衡，各个零件间隙的氯化铁和其他污垢的阻塞，轴承滞塞等现象），必须将主电机跳闸停车，以防止这种变化继续，以使故障不致加重。

四、氯气处理岗位原始开车操作

（一）开车前的准备

① 检查所有安全设施是否齐全、是否牢固可用、是否符合安全要求。

② 检查所有运转设备润滑状况是否良好，油箱（或轴承箱）油量是否适宜；盘车检查运转设备是否灵活，联轴器是否对中，并点动试车，确无问题方可开车。

③ 离心泵的检查项目及要求如下：

a. 检查地脚螺栓与泵体与机座的连接螺栓是否紧固。

b. 离心泵试车或开车前，可将联轴器的螺栓拆下，启动电机检查转向，检查无误后再联上螺栓。注意不能开动电机带动泵空转，否则泵零件之间干摩擦会造成损坏。

c. 盘车时应无轻重不均的感觉，同时要检查两半联轴器的连接情况，泵轴和电机轴是否同轴（即同心度检查），填料压盖要压正无歪斜，机械密封无松动。

d. 检查润滑油、油封、冷却水系统，应无堵塞、无泄漏。

④ 氯压机检查项目及要求如下：

a. 盘车数圈检查氯压机，确保其无阻力、无轻重不均匀感、无异常声音。

b. 拆开联轴器螺栓，点动电机检查转向；以后每次检修电机或重新接线后，先点动电机检查转向正确后，再与压缩机连接。

c. 检查氯气压缩机使用 N_2 压力是否符合要求，确保其达到 0.3MPa。

d. 检查氯压机油箱油位，确保其大于 80%；确保油泵、油冷器、油过滤器处于完好状态；确保油管道阀门灵活好用，并全部调整为关闭状态；盘车检查油泵，确保其无轻重不均匀感，无阻滞感。

e. 检查仪表、电气控制箱，确保各按钮处于停止工作状态；若因联锁造成停车，再开车时应请仪表工解除联锁。

⑤ 检查所有工艺管道，确保其畅通、密封良好；确保控制点（仪表）灵活好用，使其处于停止状态；确保阀门开关自如，使其处于关闭状态。

⑥ 排除影响设备运转的障碍物，通知设备内部和周围的人员离开设备。

⑦ 检查各类工（器）具是否齐全，为处理生产过程中出现的异常问题做好准备。

⑧ 打开氯水冷却器，氯压机Ⅰ段、Ⅱ段冷却器，氯压机油冷器的循环水进出口阀门；打开氢气洗涤液冷却器、Ⅰ段氢气冷却器、氢气压缩机工作液冷却器循环水进出口阀门；打开废气处理系统循环液冷却器和尾气塔冷却器循环水进出口阀门。检查供水是否畅通，水温、水压、水量是否满足要求，保持正常运行；启动冷却回水泵，保证氯压机Ⅰ段、Ⅱ段冷却器冷却水的正常循环。

⑨ 打开氯气Ⅱ钛冷却器、填料塔酸冷却器、泡罩塔酸冷却器、浓硫酸冷却器、Ⅱ段氢气冷却器7℃冷冻水进出口阀门，检查供水是否畅通，水温、水压、水量是否满足要求，保持正常运行。

⑩ 联系罐区进 98% 硫酸给浓硫酸储槽储液至 80%、泡罩塔加酸通过溢流至填料塔，打开至酸捕阀门给酸捕加酸至一定液位。

⑪ 打开氮气进浓硫酸储槽手动阀、自力式调节阀，打开流量计后阀，保持氮气压力在 0.1MPa 左右，保护硫酸不稀释、不氧化。

⑫ 检查冷却水系统是否畅通，打开所有机泵的冷却水进出口阀，观察流量、温度是否正常。

⑬ 准备工作就绪，向上级汇报，并与上下工序联系，了解上下工序准备工作情况。

（二）开车条件确认

① 确认 98% 硫酸正常供应，并通知罐区送浓硫酸至浓硫酸储槽液位 80%。

② 确认生产上水、纯水、压缩空气、蒸汽、仪表空气、循环水等公用工程条件正常。

③ 确认氯压机进行了全面的调试与检查并且合格。

④ 确认所有用电设施正常供电并能及时处理电器故障。

⑤ 确认所有仪表灵活好用并能及时处理仪表故障。

⑥ 确认上下工序均已做好准备工作，具备开车条件。

(三) 氯干燥开车准备工作

① 给氯气洗涤塔加生产水至 60%，水雾捕集器加生产水至溢流处。

② 联系罐区给泡罩塔加酸至溢流到填料塔 60%，再给浓酸槽加酸至 80%。

③ 打开浓硫酸泵进口阀、回流阀、浓硫酸冷却器进出口阀，打开去酸雾捕集器阀，启浓硫酸泵，打开出口阀，调节回流阀稳定压力和流量，加到酸雾捕集器液位至溢流处。

④ 打开氯水循环泵进口阀、回流阀、氯水冷却器进出口阀，启氯水循环泵，打开出口阀，调节回流阀稳定压力和流量。

⑤ 打开填料塔酸泵进口阀、回流阀、填料塔循环酸冷却器进出口阀，启填料塔酸泵，打开出口阀，调节回流阀稳定压力和流量。

⑥ 打开泡罩塔酸泵进口阀、回流阀、泡罩塔酸冷却器进出口阀，启泡罩塔酸泵，打开出口阀，调节回流阀稳定压力和流量。

⑦ 根据酸温度调节填料塔循环酸冷却器、泡罩塔酸冷却器冷冻上水阀门。

(四) 氯干燥开车正常操作

① 电解送电前 6h，具备条件后通知调度启氯压机，观察氯压机的运行状态。

② 电解送电后，根据氯气温度调节氯水冷却器循环上水阀门，保持氯水温度为 30～37℃，洗涤塔出口温度≤45℃。

③ 氯气流经Ⅰ钛冷却器、Ⅱ钛冷却器及时调节循环上水，中控调节Ⅱ钛冷却器出口氯气温度调节阀 TV-0402 冷冻上水自控阀控制Ⅱ钛冷却器出口温度为 11～15℃。

④ 氯气流经水雾捕集器时，观察水雾捕集器的脱水情况。

⑤ 氯气流经填料塔、泡罩塔时，调节回流阀稳定浓硫酸泵压力，中控调节 FV-0401 控制下酸量。

⑥ 氯气流经酸雾捕集器时，观察酸雾捕集器的脱水情况。

(五) 氯干燥加酸及换酸操作

① 浓硫酸直接加入泡罩塔或通过酸捕沫器加入泡罩塔。正常操作时，通过 FICA-FV401 自动调节进酸量；只有当酸捕沫器液位低于 50% 时，打开捕沫器底部进酸阀，补充少量的硫酸。

② 如果出现氯内含水率偏高或输出稀硫酸浓度偏低（低于 75%）现象时，需要进行换酸操作，适当加大稀酸输出量，关小或关闭浓硫酸泵回流阀，同时打开酸捕沫器进酸阀补充新酸；换酸时要注意保持好填料塔的液位，不得低于 50%。换酸时操作工不得离开现场，以防换酸过量，造成硫酸浪费。

③ 经常观察（1 次/h）浓硫酸储槽液位，保持在 1/2～2/3，低于 1/2 通过调度联系罐区送酸；按调度指令及时向氯氢工序送酸。

④ 定期（每小时 1 次）检查各项工艺控制指标是否在规定范围之内，并调节好各项工

艺控制指标。

（六）停车操作

① 随着电流的降低，中控调节进泡罩塔浓硫酸自动阀 FV-0401 下酸量逐渐降低。

② 随着电流的降低，现场根据温度调节冷却器上水阀门。

③ 当电流降到 0kA 时，根据情况停氯水循环泵、填料塔酸泵、泡罩塔酸泵、浓硫酸泵。

④ 关闭所有冷却器的上回水阀。

五、常见异常现象及处理方法（工厂）

氯气是一种有毒气体，在正常氯气处理工序会出现许多的异常现象，表 3-5 是氯气处理异常现象的几种常见情况，并且分析了发生这些现象的原因和正确处理的方法。

表 3-5 氯气处理常见异常现象及处理方法

异常现象	原因	处理方法
1. 氯气总管正压大	(1)氯压机前设备、管道、阀门等其中之一堵塞； (2)氯压机进口阀的阀芯脱落,堵塞管道； (3)用氯部门突然停用或减少用氯量； (4)氯压机跳车等故障； (5)直流电突然升高,氯压机调节不及时； (6)氯气洗涤塔积水,填料塔液泛等	(1)检查堵塞部位,清除杂质； (2)检查或更换氯气进口阀； (3)立即与调度联系平衡氯气； (4)重新启动或排除故障； (5)调节电流或增开一台氯压机； (6)检查积水、积酸、液泛的原因,及时采取措施
2. 氯气总管负压大	(1)直流电流突然降低,氯压机抽力过大； (2)用氯部门突然增大用氯量或增开用氯设备； (3)氯压机回流阀损坏,无法调节,回流量太小； (4)未调好氯压机进口阀或回流阀开启度	(1)加大氯气回流量,关小氯压机出口阀； (2)通过调度,加强氯气平衡； (3)停车检修阀门； (4)合理调节
3. 氯气总管压力波动	(1)氯气总管、氯气洗涤塔积氯水； (2)填料塔积酸回酸管堵、酸的循环量大、氯气流量过大； (3)直流电流波动； (4)填料塔内填料损坏； (5)电解系统有泄漏	(1)排放积水； (2)检查填料塔并判断填料是否损坏或调节进酸量； (3)与调度联系,稳定电压； (4)检查并更换填料； (5)联系调度检查电解系统
4. 氯气冷却后温度超标	(1)冷冻水温度高或水量少； (2)冷却器管壁结垢； (3)环境温度高,冷却水温度高	(1)检查冷冻系统,加大水流量； (2)停车时清洗； (3)增大冷冻量,降低冷冻水温度
5. 氯气洗涤塔积水	(1)氯水循环量太大； (2)氯水排出管不畅； (3)洗涤塔筛板堵塞； (4)氯气流量过大,超过洗涤塔负荷	(1)调节氯水循环量； (2)疏通排出管； (3)调换备用塔,拆卸、清洗筛板； (4)通知调度降低电流
6. 干燥氯气含水超标	(1)干燥用硫酸浓度太低； (2)进塔氯气温度高,含水量大； (3)氯气流量太大或硫酸流量太小； (4)填料塔产生"漏液"现象； (5)干燥酸冷却效果差； (6)硫酸稀释热未引出塔外,吸收推动力低； (7)酸捕沫器效果差	(1)提高硫酸浓度； (2)加强冷却操作,调节冷却水,降低冷冻水量； (3)调节塔前氯气回流量或增大硫酸流量； (4)主要是填料损坏,应停车检修更换填料； (5)检查硫酸冷却器,加大冷却水量； (6)检查硫酸循环管是否堵塞,加强硫酸的冷却； (7)检查并清洗滤网

续表

异常现象	原因	处理方法
7. 氯气含酸高	(1)空塔速率过高； (2)氯压机抽吸力过大	(1)设计原因,应设计直径较大的干燥塔； (2)调小氯压机进口阀的开度
8. 填料干燥塔的"液泛"现象	(1)填料塔进酸量太大,填料层中的间隙充满了吸收液,致使塔内出现"液泛"； (2)氯气流量太大,填料层顶部出现鼓泡层,泡状气体通过液体而出现"液泛"； (3)填料直径偏小或部分破碎,致使填料层中间隙度小,使间隙充满吸收液而"液泛"	(1)调节进塔酸量； (2)与调度联系,减少氯气量； (3)更换填料,细心放置,以防破碎
9. 填料干燥塔的"漏液"现象	(1)填料塔喷淋密度不够,致使气液接触面积偏小,造成氯气短路； (2)吸收液分配盘倾斜或脱落,造成喷淋不均匀或根本喷淋不下来,使之产生氯气短路	(1)增加喷淋量； (2)启用备塔,拆塔检修,调整分配盘或更换分配盘

六、安全防护

(一) 氯气

① 氯气是剧毒气体,各接头、法兰、管道和设备应密封良好,不得有任何泄漏,泵前负压区也不得漏入空气。

② 备用设备保持完好,转动设备必须加防护罩。

③ 氯气压缩机氯气出口装上止回阀,严防氯气被倒压,返回压缩机。

④ 氯水有毒、有腐蚀性,氯水储槽和氯水管不得有泄漏。

⑤ 生产期间工段严禁烟火,特殊情况动火,必须办理动火许可证。

⑥ 操作时应当穿戴好有关劳保用品,氯气中毒后,应将中毒者移到新鲜空气处,重者送医院治疗。

⑦ 操作人员不得用湿手触电器设备,如触电应立即用绝缘物体隔开或拉下电源开关。

⑧ 新工人及外来培训人员不得独立操作。

⑨ 操作人员必须每人一套防毒面具,防毒面具必须定期检查和更换,必须存放于操作场所。

⑩ 应定期检测生产岗位空气中有毒、有害物质的含量。

⑪ 操作女工不得留长辫子,避免发生事故。

(二) 硫酸

1. 对人体的危害

硫酸分子式为 H_2SO_4,无色油状液体,具有强腐蚀性,熔点为 $10.49℃$,沸点为 $338℃$,98.3%的硫酸相对密度为 1.834。在加热、搅拌等场合,产生硫酸雾或三氧化硫烟雾。工业卫生允许浓度为 $2mg/m^3$。

① 硫酸可腐蚀皮肤,导致皮肤局限性灼伤和坏死。发烟硫酸的蒸气吸入呼吸道可引起呼吸道刺激症状,严重者发生喉头水肿、支气管炎、肺炎甚至肺水肿。误服硫酸可刺激上部消化道,长期接触硫酸蒸气可引起牙齿的酸蚀症。

② 皮肤被硫酸侵害后，轻者局部发红、发痛等；中等者起水疱，接触部位周围大量出血；重者皮肤及皮下组织完全坏死，烧成焦黑。

③ 眼结膜受酸蒸气刺激可出现急性结膜炎的症状，如发红、流泪、疼痛、羞明等。

a. 鼻黏膜受刺激，引起鼻干、流泪、打喷嚏，咽喉受刺激导致咽喉干燥、咽下疼痛、咳嗽等。

b. 长期接触酸蒸气，牙齿面逐渐不光滑，粗糙，有纵型凹纹，并感觉牙齿发酸、疼痛，重者出现牙根松动，不能咀嚼，牙齿变黑等"牙齿酸蚀症"症状。

④ 误服硫酸后，口腔内有强烈的疼痛感，咽喉食道和胃部有强烈的烧灼感，最初猛烈的呕吐，吐出酸性物质，以后可吐出咖啡色物质或混有鲜红血液，甚至可见到呕吐物中有食道或胃的黏膜，重者并有腹泻，大便中带有黏液或血。此外，咽喉上部、气管如果受灼伤将导致急性声带狭窄、呼吸困难、全身也可发冷汗、剧烈疼痛血压下降而引起休克。

严重患者多在急性休克期以后，并发胃穿孔，声带水肿、狭窄，心力衰竭或肾损害。

2. 预防措施

① 硫酸生产或使用过程必须密闭，保证不漏气。

② 接触硫酸的人员，应佩戴防护设备，如橡胶服、橡胶手套、防酸胶鞋、眼镜、口罩，并穿防酸工作服。

③ 接触发烟硫酸的工人应戴防毒面具。

④ 长期接触酸蒸气的工作人员工作期间，可用1%～2%小苏打来漱口。

⑤ 凡严重的支气管炎、癫痫症、牙齿严重疾患者，不宜从事接触酸的工作。

⑥ 割焊酸管路设备，不得让管路设备混入水分，如需割焊应用大量水冲洗到不含酸为止，割焊必须使管道设备敞口。

⑦ 检修酸管道设备前，应切断物料来路，泄掉压力后方可拧开螺钉，松螺钉时动作需缓慢，面部不朝向法兰正面、密封面等物料可能冲击的方向。酸油溅到人身上时，应立即用大量来水冲洗。

⑧ 接触硫酸必须戴上橡胶手套，穿上长筒雨靴。

3. 急救与治疗

① 皮肤烧伤立即用大量清水或2%苏打水冲洗，如有水疱出现，须再涂上红汞或龙胆紫。

② 眼、鼻、咽喉受酸蒸气刺激后，用温水或2%苏打水冲洗或含漱，咽喉急性炎症可以咽下冰块。

③ 牙齿长期受酸蒸气腐蚀，导致剧烈疼痛或牙齿松动，需到口腔科手术拔牙。

④ 误服硫酸或其他强酸需洗胃，如时间不长则可立即进行，稍晚则不宜，以防引起胃穿孔。常用温水或牛奶、豆浆等少量灌洗（忌用碳酸氢钠等碱性溶液洗胃），洗胃后可内服氧化镁乳剂或橄榄油。

⑤ 休克症状明显时，需从速静脉注入大量生理盐水或5%葡萄糖盐水，必要时得输血急救。

⑥ 声带水肿极严重者需考虑气管切开，以挽救生命。食道烧伤后狭窄应注意用营养高的液体食物，保证足够的水分输入量。

（三）氯气处理中安全事故案例

 ［案例分析 1］

事故名称：氯气系统爆炸。

发生日期：2006 年 4 月 1 日。

发生单位：某氯碱厂。

某公司 4 万吨/a 离子膜烧碱电解氯气系统，突然发生爆炸事故，阳极液循环槽出口至氯气干燥塔的氯气总管和泡沫干燥塔与填料干燥塔被严重损坏，导致生产系统全线停产，直至 4 月 2 日 23 时 15 分才部分恢复生产，事故给企业造成较大的经济损失，所幸没有人员伤亡。

1. 事故经过

2006 年 4 月 1 日晚 17 时 25 分，供电公司 110kV 线路突然断电，造成该公司瞬间联锁跳闸，导致生产系统全线停产。生产调度值班人员在及时组织进行倒送电（两路供电）的同时，向市电业局调度室报告并询问了情况。在事实情况（外线路故障）得到确认后，立即对部分能够送电的电解槽组织送电开车。其中 4 万吨/a（A. B. C. D）电解槽的 A、B 槽循环，D 槽封槽，C 槽于 19:20 送电开车，19:27 电流升至 5000A，20:49 电流升至 7000A，20:54 该生产系统氯气管道与设备突然发生爆炸事故，阳极液循环槽出口至氯气干燥塔的氯气总管和泡沫干燥塔与填料干燥塔被严重损坏，再次造成了全线停车，给企业造成了较大的损失。

2. 事故原因分析

（1）氯与氢混合气体爆炸机理

氯和氢反应生成氯化氢，1mol 的 Cl_2 和 H_2 反应生成 2mol 的 HCl，同时放出 184.1kJ 的热量，由于反应速率非常快，瞬间形成局部高温高压而爆炸。

（2）氯与氢混合气体爆炸极限浓度

氯与氢混合气体爆炸极限浓度为 5.0%～87.5%。

（3）爆炸起始点的确认

从生产工艺可知，当氯气与氢气混合气体达到爆炸极限浓度后，最有可能发生爆炸的地方是电解槽和氯气干燥塔，因为这两处具有爆炸的电能和热量。从爆炸的现场实际分析，爆炸点应在氯气干燥塔，因为氯气干燥塔及其附近管道为粉碎性损坏，而向前至阳极液循环槽后方皆为阶段性损坏。

（4）氯内氢超标的原因

① A、B、C、D 槽运行至后期，电槽垫片、离子膜等已老化，这次的突然停电，对离子膜造成较大的冲击，C 槽在恢复送电开车的过程中，由于膜的泄漏，氢气窜入氯气系统。

② 氯气经过洗涤、冷却后，水分大幅度降低，混合气体积缩小，相对提高了氢气所占比例。

③ 当时四台电解槽仅有 C 槽送电，而且电流小，总管气体总量少，膜泄漏就很容易使氯气内氢气超标。

总之供电公司 110kV 线路 17 时 25 分突然跳闸，是本次爆炸的直接起因。当氯气内氢气超标达到爆炸极限后，在氯气干燥塔遇到硫酸吸水放热发生了爆炸。

3. 预防措施

① 要加强对运行后期的电解槽的监督检查和运行数据的跟踪测量，严格控制工艺指标，

特别是氯气、氢气压力及压差的控制。

② 保持电解槽平稳运行，要尽量减少开停车次数，每当进行开、停车时要严格按工艺及操作规程进行操作控制。

③ 操作工要熟练掌握停电、停水等突发事故的应急处理方法，做到沉着应变，并做好停车后的电槽保护。

④ 对跳电等突发事故发生后的开车前及开车后的工作要考虑周全，认真仔细检查，必要时要进行膜的泄漏试验。

⑤ 开车后操作工对压差波动及其他指标的变化，要引起高度的警戒与重视，异常现象要及时汇报，并采取积极必要措施进行处理。

⑥ 开车后分析工要对氯、氢纯度及氯内氢含量进行及时的取样分析，分析结果及时通报操作工或值班调度，分析结果异常要及时采取措施处理。

⑦ 电槽运行一定时期后，要投入资金进行更换。

 [案例分析 2]

事故名称：氯气泄漏事故。

发生日期：2008 年 2 月 13 日。

发生单位：某氯碱厂。

1. 事故经过

2008 年 2 月 13 日 23:10 到 14 日 0:50，氯碱厂氯处理尾气排空口发生氯气泄漏事故。

2. 事故原因分析

（1）氯碱厂吸收塔没有进入正常运行状态

氯碱厂吸收塔没有进入正常运行状态，以至于从 2 月 14 日 1:00、6:30 两次化验，循环槽碱液浓度几乎没有变化，说明大量氯气在吸收塔基本没有吸收直接进入尾气吸收塔，而尾气吸收塔不能完全处理进塔氯气，致使大量氯气排空。这是造成这起事故的直接原因。

（2）现场巡检人员巡检工作不到位

从 2 月 13 日 23:10 开尾气排放阀到 2 月 14 日 0:50 关闭尾气排放阀，近 2h，巡检工对尾气处理吸收效果如何本应该认真、及时确认，采取有效措施进行及时处理，而岗位工没有尽职尽责。

（3）值班长、当班班长没有尽到有效管理、合理调度的责任

在停炉氯气系统压力发生变化的状态下，分厂值班长本应该合理调度，采取降电流或提高液化氯气的负荷及其他措施，平衡好氯气压力，指派作业人员进行氯气泄漏情况和碱液吸收效果确认、监控，以便及时采取对应措施，保证不泄漏或少泄漏。但是作为生产管理人员，只是在循环槽、配碱循环槽切换后才进行取样分析，没有履行管理人员的职责，更没有采取有效防范措施来预防事故的发生，而此时（1:10 左右）电解工序联锁停车，大量氯气泄漏已成事实，酿成环境污染事故。

（4）在事故状态下，应当增加分析频次，为生产提供可靠、及时支持

事实上循环 B 槽内的物料从试生产开始到发生事故一直没有投用，在投用前只分析了一次。

以上是造成这次事故的间接原因。

（5）管理松散，劳动纪律、工艺纪律执行不严格

巡检工不认真巡检，该检出的问题没有检出；基层管理人员失职，该监督、检查的环节没有进行监督、检查，使小故障发展为比较大的泄漏事故。

（6）生产调度控制指标不明确，应急措施存在缺陷

生产调度控制指标不明确，应急措施存在缺陷以至于氯系统压力在 0.135MPa 时就打开尾气排放阀，对于如何应对异常状况没有明确规定，在氯系统压力过高时，只简单地采取打开尾气排放阀放空泄压。事实上，氯系统压力高的处理方法有多种途径，可以降电流，也可以提高液化负荷，排放只是在不得已的情况下才短时间采取的措施。

（7）监测仪存在缺陷

在线监测仪发生故障，长时间没有修复，失去监测功能。

这是造成这次事故的根本原因。

3. 经验教训和预防措施

① 要严格执行劳动纪律、工艺纪律，加强现场巡检，抓好基层管理，对事故隐患有预见，早发现，把事故消除在萌芽状态。

② 严格遵守操作规程，现场巡检人员在巡检过程中要做到严、细、实；同时做到勤听、勤看、勤摸、勤汇报。

③ 分析、化验是给生产提供重要参考数据依据的服务环节，一定要准确、及时、可靠，也不能减少分析次数，避免分析数据缺陷给生产带来不良影响。

④ 立即恢复在线监测设备的功能。

⑤ 完善工艺规程和应急处理方案，提供翔实、可靠的应急处理方案指导生产操作。在工艺管理方面，碱液吸收氯气应常备不懈，真正起到应急处理的作用。

 [案例分析3]

事故名称：氯气泄漏。

发生日期：2008 年 6 月 7 日。

发生单位：某氯碱厂。

因雷击造成部分电气设备跳闸，尤其是 2#小透平跳闸造成氯气正压水封启动使氯气进入事故放氯装置处理，由于该装置无法处理大量氯气，氯气瞬间压力大，氯气反窜回离子膜 D-280，使氯气从 D-287 水封溢出，氯气随东南风飘向聚合、转化精馏、冷冻等岗位造成员工 20 人中毒，公司被迫停车 7 天检修。

1. 事故经过

6 月 7 日 21 点 08 分，由于雷击造成总降 362（补偿电容）开关失压跳闸及 2 号变频器（整流循环水）失压跳闸。总降当班人员立刻检查保护屏信号，投入备用的 1 号变频器（整流循环水）运行，362（补偿电容）保持停运。此时小透平岗位 2#透平机跳闸，当班人员立即打电话通知调度，同时岗位人员按照岗位要求关闭 2#透平机进出阀，打开事故氯截止阀，打开冲气阀，现场没有氯气味。调度通知离子膜降电流，总降在 21 点 11 分接调度通知直接在主控室将 A、D 槽电流降到 6000A。21:12 氯化氢岗位发现氯气压力下降导致报警，于是熄灭 1#、4#两台合成炉，但未向调度报告，有一台还在燃烧，同时停送转化进行切换制工业酸和高纯酸。氯化氢停炉引起氯气压力急剧上升，压力波动大，电解车间立即通知

调度，在 21 点 15 分调度通知总降停 C 槽，C 槽于 21:29 停下，之后调度接离子膜岗位电话 B 槽漏，应停 B 槽，于是在 21 点 25 分调度又通知总降停下 B 槽，B 槽于 21:33 停，在降电流过程中氯气泄漏时间在 21:10～21:20，过程有 5～10min。21:18 保卫首先发现氯气泄漏并及时组织人员疏散及抢救。

2. 事故原因

造成"607"事故主要原因是公司的避雷系统无法满足实际的需要，从而造成小透平系统的避雷装置被雷击坏使得 2♯透平跳闸。

造成"607"事故次要原因是在 2♯透平机跳闸后，生产系统处置不当，造成事态进一步恶化，具体表现在：

① 小透平跳闸通知调度后，生产调度未能及时通报各岗位，造成各岗位未能及时反应并采取处理措施，在随后的指挥上亦未能把握好全局性，不知如何处理由此而引起的一系列相应工艺问题。

② 由于调度没有通知，PVC 厂氯化氢岗位认为是氯压机全部跳闸，采取灭炉措施，灭炉后又未及时通知调度，造成氯气压力急剧上升。

③ 氯碱厂小透平岗位在 2♯透平机跳闸后，未能正确采取措施应对，使得氯气源源不断地通往事故氯，造成后工序氯气量减少。

④ 氯碱厂现场巡检力度不够，氯气泄漏长达 5～10min 竟无人发现。

⑤ 公司员工自我防护意识和水平较差，在事故发生后不懂得选择逃生路线也是造成事故进一步扩大的原因。

3. 采取的措施

① 修复和完善公司的避雷系统，从硬件上提供保障。

② 进一步完善公司事故状态下的氯气处理装置，完善联动系统。

③ 继续开展公司内的技能培训，提高员工的操作技能。

④ 完善公司的应急预案，按照应急预案的要求进行实战演练提高员工的应急能力和自我防护能力。

一、教学准备/工具/仪器

图片、视频展示

详细的氯气处理的 PID 图

彩色的涂色笔

化工图样中的设备、仪表、阀门中字母所代表的含义

二、操作要点

流程识读：

根据附图 9，首先找出氯气的来源（来自电解的氯气），找到洗涤直接冷却、间接冷却、两级干燥、酸雾捕集、压缩输送五个阶段，规定相应的彩色准备涂色。

例如：氯气使用墨绿色的线；浓硫酸使用紫色的线。

任务一：找到氯气处理的主流程，从前到后依次经过氯气洗涤塔、氯气冷却器（两台）、氯气水雾捕集器、填料干燥塔、泡罩干燥塔、酸雾捕集器、氯气压缩机组，压缩后出来有两条走向，一条至氯气分配台，另一条去事故氯处理。

任务二：找到氯气洗涤水循环路线、氯气干燥浓硫酸循环路线和氯压机中冷器的循环水路线，并使用不同颜色的线表示出来。

任务三：根据氯气处理工序 PID 图（附图 9）的工艺流程简述，回顾氯气处理的原理、使用设备情况和各重点位置参数控制值。工艺流程简述如下。

1. 氯气的洗涤冷却

由电解工序来的湿氯气（温度约 80℃）进入氯气洗涤塔底部，循环氯水由氯水循环泵打出，经氯水冷却器用循环水冷却换热至温度 30～40℃进入氯水洗涤塔上部与氯气直接逆流接触，氯气冷却到约 45℃，氯气中 85%～90%的水分得到冷凝，氯气中所夹带的盐雾被除去。出塔氯气进入钛管冷却器与循环水间接换热，氯气温度降至 35℃，然后进入二级钛管冷却器，氯气出口温度由冷冻水调节阀控制在 12～15℃。在此冷却过程中，氯气中大约 80%水分又被冷凝下来，这样可以节约氯气干燥的硫酸用量，也有一部分冷凝水成雾滴状存在于氯气气流中，所以除雾也是一项降低硫酸消耗、减少盐雾夹带的重要措施。因此冷却后的氯气经水雾分离器过滤后进入干燥系统，该分离器的水雾捕集率在 99%以上。

氯水洗涤、冷却冷凝下来溶解有氯气的氯水在氯气洗涤塔中循环使用，部分氯水由氯水循环泵送至电解装置。

2. 氯气干燥

经过水雾分离器过滤后的 12～15℃氯气进入填料干燥塔下部，循环酸由硫酸循环泵送出，经循环酸冷却器用冷冻水冷却到 12～15℃后进入填料干燥塔上部，与氯气逆流接触除去氯气中的水分。塔底出酸浓度控制在 75%～80%。氯气中的水分被硫酸吸收而放热，这部分热量大部分由循环冷却器带走，少部分由氯气吸收。

出填料干燥塔的氯气，再进入泡罩干燥塔下部，与由浓硫酸储槽流入的 98%浓硫酸经泡罩错流接触，进一步得到干燥，从泡罩干燥塔顶出来的氯气含水量<50mg/kg，温度约 20℃。

来自罐区的 98%浓硫酸经浓硫酸储槽由浓硫酸泵打到浓硫酸冷却器冷却后进入泡罩干燥塔。与氯气错流接触除去氯中的水分后，硫酸浓度降至约 93%，再自流入填料干燥塔。在填料干燥塔中的硫酸吸收水分后浓度降至 75%～80%，在液位调节系统控制下自动将硫酸打至稀硫酸储槽。如循环酸浓度低于 75%，必须立即调整浓硫酸储槽浓硫酸流量。氯气自填料干燥塔顶部出来进泡罩干燥塔底部，经过 6 层塔板和硫酸逆流接触除去氯气中的残余水分，其中一部分硫酸通过位差自流进入填料干燥塔，另一部由浓硫酸循环泵经浓硫酸换热器进入底部塔板循环。

储存在稀硫酸储槽的稀酸由稀酸泵打入罐区，然后销售。

3. 氯气压缩

干燥后的氯气经装有滤芯的酸雾捕集器除去 99%以上的酸雾后进入氯气压缩机压缩到 0.14～0.175MPa(G)，温度为 40℃。氯气压缩机入口管设有从压缩机出口回流部分气体的旁路管，以控制氯气压缩机系统吸入口的压力稳定和防喘振。同时考虑到氯气压缩机自身回流量较小，为了保证电解在低负荷时，电解和氯气洗涤冷却干燥系统的氯气总管压力稳定，在压力的控制下从氯压机出口管再引一股氯气回流到氯气压缩机进口管，当系统氯气压力降低时，调节阀自动开大，反之调节阀自动关小，以达到控制和稳定整个系统氯气压力的目的。氯气压缩系统设有中间冷却器和后冷却器，用循环冷却水冷却压缩后的氯气，以保证出压缩机系统的氯气温度不大于40℃。经压缩并冷却到大约40℃的氯气经氯气分配台送往氯化氢合成工序。如果氯化氢合成的用氯量减少，氯气则送到液氯工序液化，以保持系统平稳运行。

为了保证氯气压缩输送系统安全运行，氯压机中间冷却器氯压机后冷却器使用的循环冷却水采用无压回水方式。循环冷却回水自流进入循环水池，由循环冷却回水泵送往循环冷却水回水管网。

任务二 氢气处理

任务目标 氢气处理工序的目标是将氢气经过洗涤、压缩、冷却后输送到后序工段，本任务目标是掌握氯气压缩和冷却的原理，熟悉所使用设备的结构和特点，并且根据鄂尔多斯集团提供的PID图，熟练掌握工艺流程，明确主要控制指标的控制过程和正常范围，能够根据故障分析排除异常情况。熟悉开停车岗位操作步骤。

任务描述

氢气处理岗位任务是对电解送来的高温湿氢气进行洗涤、加压和冷却，并保证电解阴极室压力稳定。

离子膜烧碱生产装置中电解产生的湿氢气稍低于电解槽的槽温，压力低，含有大量饱和水蒸气，同时还带有盐和碱的雾沫。设置氢气处理工序的目的就是要将电解来的高温湿氢气冷却（同时洗去碱雾）、加压、干燥，输送给下游工序满足生产耗氢产品的要求，并为电解系统氢气总管的压力稳定提供条件。

为了保持电解槽阴极室的压力稳定，并不使其在氢气系统出现负压，保证空气不被吸入而造成危险，在氢处理系统均设有电槽氢气压力调节装置及自动放空装置。表3-6是氢气处理工序的岗位控制指标。

表3-6 氢气处理工序的岗位控制指标

检查项目	控制地点(仪表位号)	正常控制范围	备注
氢气洗涤塔进口压力指示、调节、报警	PICA-0601	0~20kPa	B
氢气分配台氢气压力指示、报警、联锁	PICA-0602	<0.12MPa	B
自电解来氢气温度指示	TI-0601	70~80℃	C
氢气压缩机氢气出口温度指示	TE-0603	≤45℃	C
一段氢气冷却器氢气出口温度指示	TIA-0604	≤35℃	C
二段氢气冷却器氢气出口温度指示	TIA-0605	12~18℃	C
氢气洗涤塔液位指示	LICA-0601	<65%	C

知识链接

一、氢气处理的原理

离子膜烧碱生产装置中电解产生的湿氢气温度高、压力低，并含有大量水分，设置氢气处理工序的目的就是要将电解来的高温湿氢气冷却（同时洗去碱雾）、加压、干燥，满足生产耗氢产品的要求后输送给下游工序，并为电解系统氢气总管的压力稳定提供条件。

二、氢气处理工艺流程

国内离子膜烧碱生产装置中的氢气处理工序典型工艺流程一般有三种，第一种，冷却、压缩工艺流程；第二种，冷却、压缩、冷却工艺流程；第三种，冷却、压缩、干燥工艺流程（或在冷却后干燥）。这三种工艺流程一般根据生产规模和下游产品对氢气含水量以及压力的要求不同而有所不同。这三种工艺使用的关键设备氢气泵一般有两种，分别是液环泵和罗茨鼓风机。

1. 氢气冷却、压缩工艺流程

氢气冷却、压缩工艺通常适用于下游产品对氢气含水量和压力要求不高或设有氢气柜的装置。

氢气冷却、压缩工艺流程如图 3-14 所示。来自电解工序的高温氢气（约80℃），含水量约为76%，进入氢气洗涤塔下部，先在下部的洗涤段与循环泵送出冷却到40℃后的洗涤液进行逆流接触，氢气被冷却到约45℃，氢气中75%~80%的水分得到冷凝，氢气中所夹带的碱雾被除去；然后氢气再经过上部的淋洗段与自塔顶进入的纯水一次喷淋洗涤以确保碱雾被完全去除。

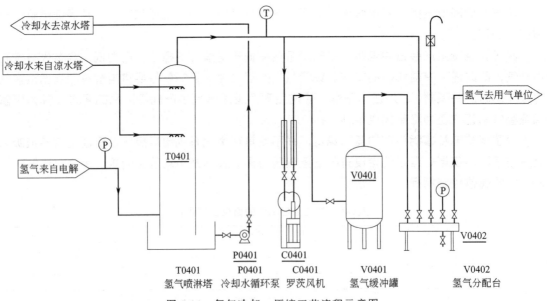

T0401	P0401	C0401	V0401	V0402
氢气喷淋塔	冷却水循环泵	罗茨风机	氢气缓冲罐	氢气分配台

图 3-14　氢气冷却、压缩工艺流程示意图

从氢气洗涤塔顶部出来大约45℃的氢气，经单向通过的氢气安全水封槽平衡压力后，进入氢气冷却器进一步用冷冻水冷却，冷却后氢气温度≤25℃。在此冷却过程中大约70%

的水分被冷凝下来，也有一部分冷凝水呈雾滴状存在于氢气气流中，通过除雾可以减少水雾和碱雾的夹带。因此冷却后的氢气需经水雾捕沫器过滤后才能进入压缩系统，以防止夹带的水雾和碱雾对氢气压缩机的腐蚀。

氢气冷却塔冷却用水，一般用软水，采用中间冷却器和循环泵闭路冷却循环在氢气洗涤塔液位调节计控制下，由洗涤液循环泵送 次盐水工序作化盐水使用，这样既能保证洗涤冷却效果，又能回收碱，减少碱损失。

经水雾捕沫器过滤后的氢气，进入气体缓冲罐再经氢气压缩机（罗茨鼓风机）压缩至0.03MPa，然后经缓冲罐进入氢气分配台。为确保氢气系统的压力稳定，通过设置回流调节氢气的方式来实现，即少量氢气从压缩机出口通过旁路管回流到入口气体缓冲罐，以保证压缩机入口压力稳定。在氢气冷却塔前和氢气分配台分别设置氢气安全放空。在开车和事故时，进料氢气和排放氢气与氢气一道，由氢气烟囱排到大气。为保证氢气系统的安全生产，在氢气冷却塔前、塔后和分配台等各管路上，设置充氮置换系统。

2. 氢气冷却、压缩、冷却工艺流程

来自电解工序的高温氢气（约80℃）经水封罐进入氢气冷却塔（洗氢桶）底部，冷却水由塔上部进入直接喷淋冷却，使氢气温度降至约35℃，并洗涤所夹带的碱雾；从塔顶排出的氢气进入氢气泵（水环式压缩机）压缩至一定压力（0.05～0.10MPa）后，排至水气分离器将夹带水分离；从水气分离器顶部排出的氢气因压缩而温度升高，使得其含水量上升；采用列管式换热器（8℃水）将氢气温度冷却至约15℃，以降低氢气中含水量；然后依次进入氢气水雾捕集器和氢气缓冲罐，再进入氢气分配台，由此向下游用户分配。氢气冷却、压缩、冷却工艺流程简图与图3-15相比只是少了一台氢气干燥器，在此不再另附图。因为后

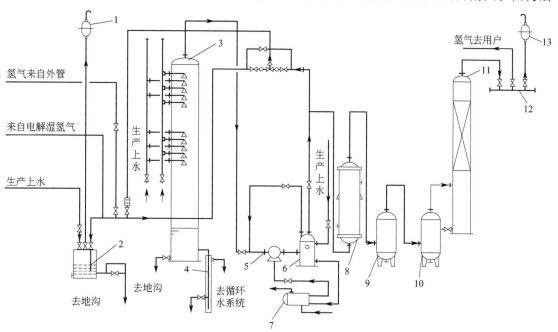

图3-15　氢气冷却、压缩、干燥工艺流程图

1，13—氢气阻火器；2—氢气安全水封；3—氢气冷却塔；4—水封罐（防火）；5—氢气泵；6—水气分离器；
7—氢气泵水冷却器；8—氢气冷却器；9—氢气水雾捕集器；10—氢气缓冲罐；11—氢气干燥器；12—氢气分配台

续的任务实践中将放一张企业使用的 PID 图供大家参考。

3. 氢气冷却、压缩、干燥工艺流程

氢气冷却、压缩、干燥工艺流程图如图 3-15 所示。氢气冷却、压缩、干燥（或在冷却后干燥）工艺通常适用于下游产品对氢气含水量 [≤2%（质量分数）] 和压力要求较高的装置。来自电解工序的高温氢气（约 80℃）经水封罐进入氢气冷却塔（洗氢桶）底部，冷却水由塔上部进入直接喷淋冷却，使氢气温度降至约 35℃，并洗涤所夹带的碱雾；从塔顶排出的氢气进入氢气泵（水环式压缩机）压缩至一定压力后，排至水气分离器将夹带水分离；从水气分离器顶部排出的氢气因压缩而温度升高，使得其含水量上升；采用列管式换热器（8℃水）将氢气温度冷却至约 15℃，然后经水雾捕集器将水雾除去后经氢气缓冲罐进入氢气干燥塔，在塔内用固碱进一步吸收氢气中的水分；干燥后的氢气（含水量≤2%）进入氢气分配台，由此向下游用户分配。

三、主要设备

1. 阻火器

阻火器是防止外部火焰串入存有易燃易爆气体的设备、管道内或阻止火焰在设备、管道间蔓延。大多数阻火器是由能够通过气体的许多细小、均匀或不均匀的通道或孔隙的固体材质所组成，对这些通道或孔隙要求尽量小，小到只要能够通过火焰就可以。这样，火焰进入阻火器后就分成许多细小的火焰流被熄灭。阻火器的阻火层结构有砾石型、金属丝网型或波纹型。

2. 水封罐（防回火）

水封罐的作用是防止回火现象的发生，假设发生回火，火焰通过火炬气出口进入水封罐后因为入口管道在水面以下，因此杜绝了火焰的继续传播。水封罐有低压、中压两种，低压水封罐的结构，如图 3-16 所示，用于低压生产系统；中压水封罐的结构，如图 3-17 所示，用于中压生产系统。

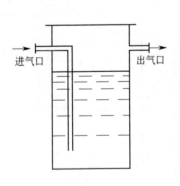

图 3-16 低压水封示意图

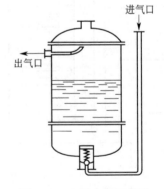

图 3-17 中压水封示意图

3. 水环真空泵

水环真空泵，简称水环泵，如图 3-18 所示。它由叶轮、泵体、吸排气盘、水在泵体内壁形成的水环、吸气口、排气口、辅助排气阀等组成。

叶轮被偏心地安装在泵体中，当叶轮按图示方向旋转时，进入水环泵泵体的水被叶轮抛向四周，由于离心力的作用，水形成了一个与泵腔形状相似等厚度封闭的水环。水环的上部内表面恰好与叶轮轮毂相切，水环的下部内表面刚好与叶片顶端接触（实际上，叶片在水环

内有一定的插入深度）。此时，叶轮轮毂与水环之间形成了一个月牙形空间，而这一空间又被叶轮分成与叶片数目相等的若干个小腔。如果以叶轮的上部 0°为起点，那么叶轮在旋转前 180°时，小腔的容积逐渐由小变大，压强不断降低，且与吸排气盘上的吸气口相通，当小腔空间内的压强低于被抽容器内的压强，根据气体压强平衡的原理，被抽的气体不断地被抽进小腔，此时正处于吸气过程。

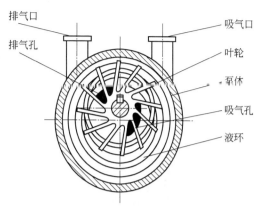

图 3-18　水环真空泵

当吸气完成时与吸气口隔绝，小腔的容积正逐渐减小，压力不断地增大，此时正处于压缩过程，当压缩的气体提前达到排气压力时，从辅助排气阀提前排气。而与排气口相通的小腔的容积进一步地减小，压强进一步地升高，当气体的压强大于排气压强时，被压缩的气体从排气口排出，在泵的连续运转过程中，不断地进行着吸气、压缩、排气过程，从而达到连续抽气的目的。在水环泵中，辅助排气阀是一种特殊结构，一般采用橡皮球阀，它的作用是消除泵在运转过程中产生的过压缩与压缩不足的现象。

美国佶缔纳士机械有限公司生产的液环压缩机：

① 公司简介。氢气压缩机组液环压缩机是美国佶缔纳士机械有限公司生产的，减速机是 FLENDER（天津）生产的，电机是佳木斯防爆电机厂生产的。

佶缔纳士机械有限公司前身是西门子真空泵压缩机有限公司，为德国西门子公司于 1996 年 2 月在中国投资建立。

2002 年 10 月，原西门子公司 A&D/PU 部门与美国纳氏公司全球业务整合，成立 nash_elmo（纳西姆）工业公司，西门子真空泵压缩机有限公司更名为纳西姆工业（中国）有限公司。

2004 年 9 月，nash_elmo（纳西姆）工业公司整体加入成立于 1859 年的美国 Gardner Denver（佶缔）集团，组成佶缔纳西姆有限公司，为美国佶缔集团在中国的全资子公司，是佶缔 Nash 产品部面向全球的在亚太地区唯一的生产基地，专业生产销售液环式真空泵/压缩机、多级离心鼓风机/抽风机及成套机组，并提供相应的技术支持服务。

目前国内有许多纳西姆液环真空泵的供应商，例如西安格瑞特真空设备有限公司、淄博纳西姆机械制造有限公司、深圳市汉起科技有限公司等。所销售的型号有 2BV、2BE、2BW、2BQ 等系列液环真空泵。

② 纳西姆液环真空泵原理（以 2BE 型为例）。纳西姆液环真空泵和之前介绍的水环真空泵原理基本相同，图 3-19 是 2BE 型液环真空泵的原理和结构图。

③ 氢气压缩机组的流程（见图 3-20）。液环压缩机系列是回收和压缩碳氢化合物，以及压缩氢气、氯气和其他工艺气体的理想选择。氢气压缩机实物图见图 3-21。

气体：氢气压缩机组把上道工序的氢气气体 $[p_1=9.3\text{kPa}$（入口压）]经压缩机组后，以 $p_2=100\text{kPa}$（出口压）和工作液一起进入分离器，气液分离后氢气从分离器顶部排出。

工作液（脱盐水）：工作液通过补充管进入压缩机组。机组运行后，工作液从分离器底部靠压力差经冷却器返回压缩机。工作液的流量由孔板、工作液压力表进行调节。工作液的

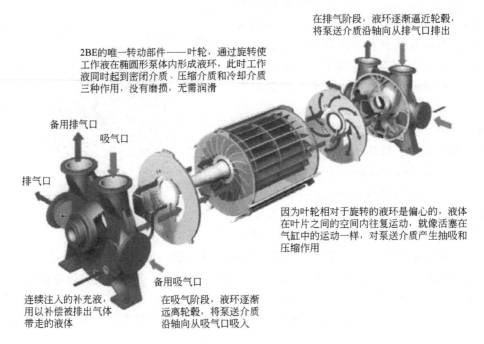

在排气阶段,液环逐渐逼近轮毂,将泵送介质沿轴向从排气口排出

2BE的唯一转动部件——叶轮,通过旋转使工作液在椭圆形泵体内形成液环,此时工作液同时起到密闭介质、压缩介质和冷却介质三种作用,没有磨损,无需润滑

备用排气口

吸气口

排气口

因为叶轮相对于旋转的液环是偏心的,液体在叶片之间的空间内往复运动,就像活塞在气缸中的运动一样,对泵送介质产生抽吸和压缩作用

备用吸气口

连续注入的补充液,用以补偿被排出气体带走的液体

在吸气阶段,液环逐渐远离轮毂,将泵送介质沿轴向从吸气口吸入

图 3-19 2BE 型液环真空泵的原理和结构图

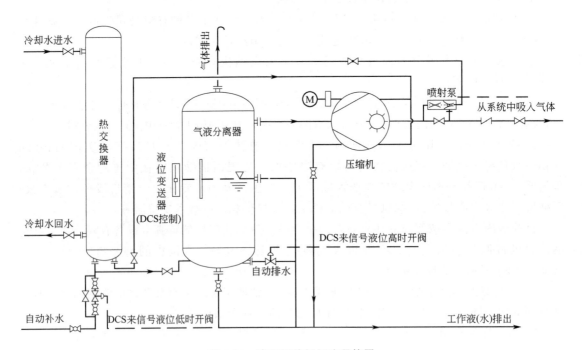

图 3-20 液环压缩机组流程简图

温度需要调节,工作液温度过高,会影响压缩机的气量。工作液温度通过调节冷却器的冷却水回水流量来实现。分离器液位需要调控。分离器液位变送器将信号送到 DCS,在 DCS 显示、报警,自动排液、补液。

工作液温度、吸入口压力、分离器液位均有现场显示。液位由变送器将信号送到 DCS,

在 DCS 实现显示、报警。

图 3-21　氢气压缩机实物图

4. 罗茨鼓风机

罗茨鼓风机结构如图 3-22 所示。它是一种容积式气体压缩机械，其特点是在最高设计压力范围内，管道阻力变化时流量变化很小，工作适应性强，故在流量要求稳定、阻力变动幅度较大的工作场合，可自动调节，且叶轮与机体之间具有一定间隙，不直接接触，结构简单，制造维护方便。罗茨鼓风机是靠一对互相啮合的等直径齿轮，以保证两个转子等速反向转动，达到输送气体的目的，在结构上分立式、卧式两种。罗茨鼓风机可用于输送气体和抽去系统内气体达到负压。

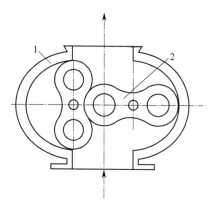

图 3-22　罗茨鼓风机结构
1—机壳；2—转子

当罗茨鼓风机运转时，气体进入由两个转子和机壳围成的空间内，与此同时，先前进入的气体由一个转子和机壳围在空间处，此时空间内的混合气体仅仅被围住，而没有被压缩或膨胀，随着转子的转动，转子顶部到达排气的边缘时，由于压差作用，排气口处的气体将扩散到围住的空间处，随着转子的进一步转动，空间内的混合气体将被送至排气口，转子连续不断地运转，更多的气体将被送至排气口。

四、正常开车操作

（一）氢处理开停车

① 给氢气洗涤塔加生产水或纯水至液位 65%，冷凝水收集槽加生产水至液位 65%，水雾捕集器加生产水至溢流处，氢水分离气加纯水至液位 40%。

② 打开洗涤液循环泵进口阀、回流阀、洗涤液冷却器进出口阀，启洗涤液循环泵，打开出口阀，调节回流阀稳定压力和流量，循环正常后，打开去一盐洗涤塔液位自控阀 LV-0601 前后手动阀，将 LV-0601 投入自动。

③ 打开氢气大回流 PV-0601、氢压机本机回流 PV-0604、氢气分配台排空 PV-0602 自动阀的前后手动阀，打开氢气大回流自动阀 PV-0601、氢压机本机回流自动阀 PV-0604。

④ 打开一条线进分配台阀门。

⑤ 塔前充氮气至 20～30kPa。

⑥ 联系调度和相关领导启氢压机。

⑦ 中控点允许启动，现场启氢压机，中控将氢压机分离器补液自动阀 LV-221、氢压机分离器排液自动阀 LV-241、冷凝水收集槽自动阀 LV-0602 投入自动。

⑧ 中控手动调节氢压机本机回流自动阀 PV-0604 直到关死，调节打开氢气大回流自动阀 PV-0601、氢气分配台排空自动 PV 0602 或单线氢气分配台排空自动阀 PV-0603-1/2，将塔前压力控制在 5～8kPa，机后压力控制在 90kPa。

(二) 正常操作

① 和电解切气，将塔前压力控制在 5kPa，方便电解送气，并气后缓慢关闭充氮阀，联系合成开分配台去合成阀门，合成放空，中控缓慢关闭单线氢气分配台排空自动阀 PV-0603-1/2。

② 氮中含氧指标＜0.2%。

③ 升电流，中控调节氢气大回流自动阀 PV-0601 调节塔前压力，直至将塔前压力稳定在 17kPa。

④ 随着氢气量的增加，根据氢气洗涤塔出口温度，调节洗涤液冷却器循环上水，控制洗涤液温度在 30～37℃，氢气洗涤塔出口氢气温度≤45℃。

⑤ 氢气流经Ⅰ段冷却器、Ⅱ段冷却器及时调节循环上水和冷冻上水，控制温度在 12～18℃范围内。

⑥ 氢气流经水雾捕集器时，观察水雾捕集器的脱水情况。

⑦ 每小时 1 次巡检，做好巡检记录，观察跑冒滴漏。

(三) 停车操作

① 接到停车通知后做好停车准备。

② 降电流中控调节氢气大回流自动阀 PV-0601 保证塔前压力稳定。

③ 当电流降到 3kA 时，联系合成关闭分配台去合成阀门、氢气分配台排空 PV-0602 放空阀或单线氢气排空自动阀 PV-0603，塔前充氮气。

④ 当电流降为 0 时，进行氮气置换。

⑤ 停氢压机。

⑥ 解除氢压机分离器补液自动阀 LV-221、氢压机分离器排液自动阀 LV-241、冷凝水收集槽自动阀 LV-0602，阀门自动切投，打手动控制。

⑦ 关闭冷凝液泵进口阀，停泵，关闭出口阀和回流阀。

⑧ 关闭所有冷却器的上回水阀门。

五、氢气处理的常见故障及排除方法

氢气处理工序常存在一些异常现象，这些故障的产生原因和排除方法如表 3-7 所示。

表 3-7　氢气处理的常见故障及排除方法

序号	异常情况	原因分析	处理方法
1	氢气进氢气压缩机温度高	循环水流量小	调节循环水量
2	氢气 U 形压力计波动	①电解 H_2 管至盐酸工序 H_2 管道及缓冲罐积水； ②氢气冷却塔水量太大或小出口堵塞； ③氢泵进水流量不稳定； ④回流阀失灵； ⑤压力太大, H_2 管水封鼓冒	①排放各处积水； ②减小 H_2 冷却水量或疏通水出口； ③稳定水量； ④换回流阀或开大入口阀； ⑤及时调节压力
3	氢气压力大	①氢泵能力下降； ②合成工序使用压力高； ③电解电流上升； ④氢气管内或设备水分冻结； ⑤回流阀失灵； ⑥入泵氢气温度过高； ⑦泵入口阀芯脱落	①调节氢泵进水量或换泵； ②联系合成工序处理； ③随即开大氢泵入口,联系整流工序； ④用蒸汽加热放出积水； ⑤换回流阀； ⑥加大氢气冷却上水量； ⑦停泵检修
4	氢泵入口压力波动	①氢泵抽力不稳； ②氢泵入口管路积水	①检查泵水,必要时倒泵检修； ②排出积水
5	氢泵运转发热电流不稳	①给水中断或不稳； ②泵的排水出口堵塞	③调整水量； ④清理
6	氢气排空管着火	①氢气排空时有火花； ②正常运行时,排空阀不严密、有火花	①打开氢气排空,灭火蒸汽灭火； ②关死排空阀
7	氢泵轴封漏氢气	盘根损坏	更换盘根

六、氢气处理案例分析

 [案例分析 1]

事故名称：$300m^3$ 湿式氢气柜爆炸。

发生日期：2000 年 12 月 18 日下午 2 点 20 分。

发生单位：吉化某厂。

1. 事故经过

化验员在气体取样分析时，发现氢气管道中的氧含量超标。其车间对 $300m^3$ 湿式氢气柜进行紧急充氮保护 10min 后，氢气脱氧塔管道发生爆鸣，随后 $300m^3$ 湿式氢气气柜发生爆炸事故，气柜钟罩上升 2m 左右（气柜底端未出水面）回落，导致钟罩严重损坏，氢气从钟罩的裂缝中泄漏出来并引发火灾。

2. 事故原因分析

根据事故现场及事故调查分析，认为引起 $300m^3$ 湿式氢气气柜爆炸事故的可能原因有两种。

第一种：$300m^3$ 湿式氢气气柜在 $180m^3$ 处钟罩导轮卡死，造成气柜不能自由升降。由于压缩机的运行造成气柜内形成负压，使气柜变形，导致钟罩焊缝处开裂，外界空气由钟罩的裂缝处进入气柜，在气柜局部形成氢氧混合气。由于脱氧塔还在工作，在脱氧塔催化剂的催化作用下发生剧烈的氧化反应，放出大量热量，致使干燥塔进口管道油漆被烤焦。当气柜氢气局部达到爆炸上限时，在脱氧塔点火源的作用下发生爆炸，造成气柜腾空损坏并引发火灾。

第二种：工艺系统中所用再生氮气质量不好，氮气含氧量超标，由于氢气干燥塔阀门关闭不严，造成氮气中所含氧气混入氢气系统形成氢氧混合气，在脱氧塔催化剂的催化作用下发生剧烈的氧化反应，放出大量热量，致使干燥塔进口管道油漆被烤焦。对车间进行检查，氢气气柜进行紧急充氮保护时，由于所用的氮气含氧量严重超标，致使气柜内氢气局部达到爆炸上限，在脱氧塔热源的作用下发生爆炸。

3. 防范措施

① 牢固树立"安全第一、预防为主、综合治理"的安全生产意识，建立包括安全思想教育、安全技术知识教育和安全管理知识教育在内的企业安全文化教育体系，提高企业全体员工的安全防范意识，这对于尽早发现事故隐患，降低事故发生概率，减少事故造成的生命财产损失具有重大的现实意义。

② 严格执行 ISO 9002 质量控制体系文件，加大安全投入，从在线检测和人工检测两方面提高氢氧车间安全监测水平。

③ 制订、修改、调整事故应急救援预案，并组织岗位职工培训，争取让事故在初始阶段得到有效控制和解决，防止事故扩大造成更大损失。

 [案例分析2]

事故名称：氢气爆炸事件。

发生日期：2001 年 2 月 27 日。

发生单位：江苏省某化工厂。

1. 事故经过

2 月 27 日 16 时 45 分，江苏省某化工厂合成车间管道突然破裂，随即氢气大量泄漏。厂领导立即命令操作工关闭主阀、副阀，全厂紧急停车。大约 5min 后，正当有关人员紧张讨论如何处理事故时，合成车间突然发生爆炸，在面积千余平方米的爆炸中心区，合成车间近 10m 高的厂房被炸成一片废墟，附近厂房数百扇窗户上的玻璃全部震碎，爆炸致使合成车间当场死亡 3 人，另有 2 人因伤势过重抢救无效死亡，26 人受伤。

2. 事故原因

在这起事故中，管道破裂大量氢气泄漏后，已经具备了爆炸的客观条件。根据爆炸理论，可燃气体在空气中燃爆必须具备以下条件：一是可燃气体与空气形成的混合物浓度达到爆炸极限，形成爆炸性混合气。管道破裂后，氢气大量泄漏，立即形成易燃易爆混合气体，并迅速扩散。氢气在空气中爆炸极限是 4%～75%，其浓度达到 18.3%～59% 就会发生爆炸。二是有能够点燃爆炸性混合气的点火源。当氢气从管道大量泄漏喷出时，氢气和管道破裂部位急剧摩擦，产生高静电压。当静电荷积聚到一定量时，就会击穿空气介质对接地体放电，产生静电火花，从而引起爆炸。

3. 事故教训及整改措施

这起事故的发生，主要在于设备、设施的安全管理存在缺陷，未能及时发现管道隐藏的事故隐患，也未能及时维护更换。在防范措施上要做到：

① 切实加强设备的安全管理，对容易造成腐蚀、破损的管道、阀门等，要定期进行技术分析和系统检漏，并利用设备周期大检修之际彻底检修。

② 在工厂防火防爆区内严禁明火，进入该区域人员应穿防静电服或纯棉工作服；在该区域内严禁使用手机等通信设备；防火防爆区内电气设施包括照明灯具、开关应为防爆型，电线绝缘良好、接头牢靠；防火防爆区内严禁存在暴露的热物体。

③ 加强相关安全技术知识的培训，提高职工对有关设备危险性的认识，建立健全各项规章制度，认真贯彻执行有关安全规程。

④ 制定应急预案，加强应急预案的演练，提高企业管理人员处理紧急情况的能力。在这起事故中，如果能及时撤出生产人员，就会减少人员伤亡。

一、教学准备/工具/仪器

图片、视频展示

详细的氢气处理的 PID 图

彩色的涂色笔

化工图样中的设备、仪表、阀门中字母所代表的含义

二、操作要点

流程识读：

根据附图 10 来完成，首先找出氢气的来源（来自电解的氢气），找到洗涤直接冷却、压缩输送、间接冷却、碱雾捕集四个阶段，规定相应的彩色准备涂色。

例如：氢气使用黑色的粗实线。

任务一：找到氢气处理的主流程，从前到后依次经过氢气洗涤塔、氢气压缩机、氢水分离器、氢气冷却器（两台）、氢气水雾捕集器至氯气分配台。

任务二：找到氢气洗涤水循环路线，并使用不同颜色的线表示出来。

任务三：根据氢气处理工序 PID 图（附图 10）的工艺流程简述，回顾氢气处理的原理、使用设备情况和各重点位置参数控制值。工艺流程简述如下：

由电解工序来的湿氢气，其温度约为 80℃，进入氢气洗涤塔，进行洗涤冷却，氢气中大部分杂质及蒸汽冷凝液被冷却，冷凝液通过冷凝液泵排走多余液体至一次盐水化盐保持塔内液位，并通过冷凝液换热器冷却后循环使用，氢气温度降至 45℃，进入氢气压缩机加压，加压后的氢气压力约 0.1MPa（G），温度约 55℃，再送入一段氢气冷却器用循环水间接进行冷却，冷却后的氢气再进入二段氢气冷却器用 5~7℃冷冻水间接进行冷却，冷却后的氢气温度约为 20℃。氢气中 80％的水分被冷凝下来，也有一部分冷凝水成雾滴状存在与氢气气流中，故氢气进入水雾捕集器捕集后送出至分配台再送往氯化氢合成工序。

为了使电解槽氢气压力保持稳定，在压力调节系统控制下，由氢气水雾捕集器出口管设一股回流氢气到氢气压缩机的进口总管。根据电解工序来的氢气总管压力的变化自动调节回流量，以保证电解工序及本工序氢气压力的稳定。

过剩的氢气以及当氯化氢合成单元氢气用量减少时，氢气则在 HV-0601-1、HV-0601-2 和 PV-0602 的控制下经放空管道和氢气阻火器，排入大气。

任务三　事故氯处理

任务目标　　　事故氯处理工序的目标是将装置内残存氯气、电解或者氯气处理工序的泄漏氯气等氯气，使用氢氧化钠吸收，以免污染环境。本任务目标是掌握氢氧化钠吸收氯气的反应方程式和原理，了解使用哪些设备，并且根据鄂尔多斯集团提供的 PID 图，熟练掌握工艺流程，明确主要控制指标的控制过程和正常范围，能够根据故障分析排除异常情况，熟悉开停车岗位操作步骤。

任务描述

　　事故氯工序的主要任务是及时处理装置内开、停车氯气及事故氯气，防止氯气污染环境。电解工序开、停车产生的不合格氯气以及氯气在输送、处理过程中，因供电、设备等故障有可能使氯气压力突然升高，使氯气从安全装置排出系统，此时就需及时处理这部分氯气。

　　本工序设备要求 24h 连续运转，因此本工序的一级碱液循环泵、二级碱液循环泵和风机均配有事故电源。本工序的生产控制指标如表 3-8 所示。

表 3-8　事故氯处理工序生产控制指标

检查项目	控制地点 (仪表位号)	正常控制范围	备注
一级碱液吸收塔进口氯气压力控制	变频调节器	$-0.5\sim-1.5$kPa(G)	
二级碱液吸收塔出口尾气压力指示	PI-0502	$-1\sim-3$ kPa(G)	
一级碱液吸收塔进塔循环液温度指示	TE-0501	$18\sim40℃$	
二级碱液吸收塔循环液进塔温度指示	TE-0503	$18\sim40℃$	
一级碱液循环 A 槽	LIA-0501A	60%	
一级碱液循环 B 槽	LIA-0501B	60%	
二级碱液循环 A 槽	LIA-0502A	60%	
二级碱液循环 B 槽	LIA-0502B	60%	

　知识链接

一、事故氯处理原理

　　事故氯气处理系统是氯气处理工艺过程中的应急处理系统，其作用是当遇到系统停车、各类事故及全厂突然停电后用碱液吸收氯气系统内的氯气，以防止氯气外泄。它是确保整个氯气处理工序、电解槽生产系统以及整个氯气管网系统安全运行的有效措施。

本工序采用烧碱吸收法来处理氯气，其反应原理如下：

$$Cl_2 + 2NaOH \xrightarrow{\quad\quad} NaClO + NaCl + H_2O + Q$$

由反应式可以看出反应是放热反应，因而必须及时通过换热器用循环冷却水移走反应热，否则会使吸收液温度上升，发生如下副反应：

$$3NaClO \xrightarrow{\quad\quad} NaClO_3 + 2NaCl$$

二、事故氯处理工艺流程

电解开停车时和各种事故状态时的氯气进入吸收塔的下部，与经过循环液冷却器被循环水冷却后的循环液逆流接触，进行吸收反应。从吸收塔顶部出来未反应完的含氯尾气再进入尾气吸收塔下部，与经过尾气塔冷却器被循环水冷却的预先配制好的15%~18%碱液反应，进一步除去其中的氯气，达到环保排放标准的尾气经风机排入大气中。为了保证电解开停车时电解排出氯气管有稳定的负压（－150mmH₂O），采用风机抽吸，通过补气阀进行调节。

1. 单台除害塔吸收氯气处理系统工艺流程

通用事故氯气处理系统工艺流程简图如图3-23所示。开车时的低浓度氯气、停车后系统内的氯气、事故氯气和全厂停电状态下系统内氯气等各种需要吸收的氯气由氯气处理塔（一般采用填料塔或喷淋塔）底部进入，在塔内与从塔顶流下的液碱充分接触，氯气与烧碱反应生成次氯酸钠；残留尾气从塔顶由风机抽出排入大气（要求含氯量≤1mg/m³）。吸收碱液由塔底流出至吸收碱液低位槽，再经吸收碱循环泵输送至吸收碱冷却器冷却，移走反应

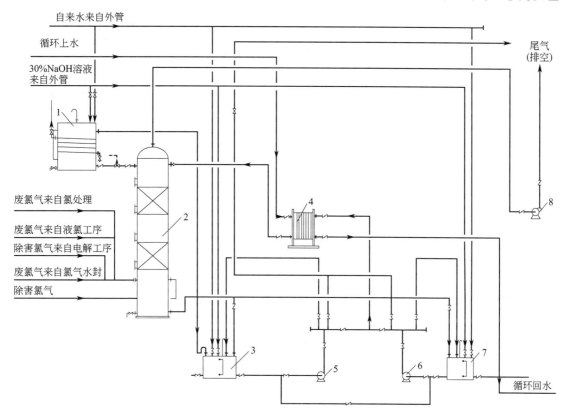

图3-23　单台除害塔吸收氯气处理系统工艺流程简图

1—吸收碱高位槽；2—除害塔；3，7—吸收碱低位槽；4—吸收碱冷却器；5，6—吸收碱循环泵；8—风机

热后，返回塔顶，进行下一轮吸收；直至吸收碱液达到次氯酸钠质量要求时，泵至次氯酸钠销售处包装外销；新配制的液碱补充至吸收碱低位槽（设置两台，交替使用），然后由吸收碱循环泵输入塔顶。

新配制的液碱还需送入吸收碱高位槽，当全厂突然停电时，或吸收碱循环泵故障无法供碱液时，吸收碱高位槽出口管线上的切断阀自动打开（在 DCS 系统中设置相应的联锁回路），碱液靠位差流入氯气处理塔顶，吸收氯气（氯气靠压差流入塔内）。吸收碱高位槽所储存的液碱量需满足全部吸收氯气系统内的氯气要求量。

氯气是有毒、有害的气体，杜绝氯气外泄是防止发生氯气中毒的最有效的手段。整个氯气处理工序设置有两套事故氯气处理装置。一套设置在电解槽出口，与湿氯气水封相连。另一套设置在氯气离心式压缩机出口，与机组排气管相连。

2. 两台除害塔吸收氯气处理工艺流程

两台除害塔吸收氯气处理工艺流程简图如图 3-24 所示。从一级废氯气吸收塔底部出来的吸收液流入一级碱液循环槽，由吸收塔循环泵送出经循环液冷却器冷却后返回吸收塔，与氯气继续反应，直到循环液中有效氯≥10％，然后进行循环槽切换，即当一台循环槽的吸收液有效氯≥10％后即停止循环，立即改用另一台循环槽的吸收液继续循环吸收氯气，接着将有效氯≥10％的循环槽的吸收液通过吸收塔循环泵送至罐区或本岗位销售，再向循环槽中补充新的碱液，准备下一次切换使用。

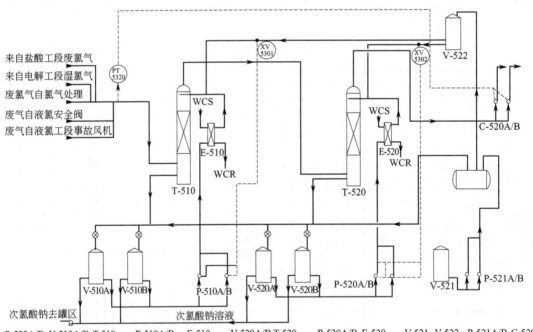

图 3-24　两台除害塔吸收氯气处理工艺流程简图

从二级废氯气吸收塔底部出来的吸收液流入二级碱液循环槽，由尾气塔循环泵送出经尾气塔冷却器冷却后返回尾气塔，与含氯尾气继续反应，当循环液中 NaOH 含量小于 9.15％后，需进行碱液循环槽的切换，接着将 NaOH 含量小于 9.15％的二级碱液循环槽的吸收液送至一级碱液循环槽，再向二级碱液循环槽中加入由电解送来的碱，再配入生产水配制成 $15\%\sim18\%$ 的碱液，准备下一次切换使用。

当遇到紧急情况或吸收塔和尾气吸收塔任意一台吸收塔出现过氯情况下，立即联系电解送碱进一级和二级任意一台吸收，进行吸收废氯气。

3. 电解槽出口/氯气离心式压缩机出口的事故氯气处理系统

电解槽出口/氯气离心式压缩机出口事故氯气处理系统装置如图3-25所示。设置在电解槽出口的事故氯气处理装置的运转启动与电槽氯气出口总管的压力联锁，即当电解槽氯气总管刚呈正压时，该处理装置的碱液循环泵及抽吸的鼓风机便自动开启。碱液（浓度为 $16\%\sim20\%$），经液下泵压送进入喷淋吸收塔中，在不同高度的截面上喷淋而下，与正压冲破湿氯气水封进入喷淋吸收塔、由下而上的氯气进行传质吸收，未能吸收的不含氯的尾气被鼓风机抽吸放空。

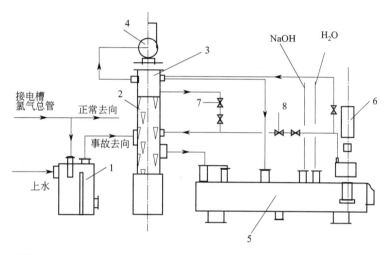

图3-25　电解槽出口/氯气离心式压缩机出口事故氯气处理系统装置

1—湿氯气水封；2—吸收塔；3—NaOH高位槽；4—鼓风机；5—NaOH循环槽；6—液下泵；7—截止阀；8—止逆阀

设置在氯气离心式压缩机出口的事故氯气处理装置的运转启动，与机组的停机讯号及与电槽直流供电系统联锁，即当机组因故停机时，该处理装置的碱液循环泵及抽吸鼓风机便自动开启，将氯气管网（输出）中倒回的氯气经排气管抽吸入事故氯气喷淋吸收塔进行吸收，惰性气体放空。

由此可见，确保事故氯气处理装置的完好，就能在紧急情况下迅速启动使用，由正压变为负压，从而能有效地防止氯气的外逸。这就需要在平时经常做各种联锁试验，以确保联锁灵敏可靠。另外保证碱液浓度合格，氯气的中毒事故便会得到有效的控制。

三、废气岗位开停车

（一）开车操作（加入启动风机操作）

① 给循环槽、配碱循环槽配 $15\%\sim18\%$ 的碱。

② 打开循环槽冷却器、尾气塔冷却器进出口阀，打开吸收塔循环泵、尾气塔循环泵进口阀，打开循环槽、配碱循环槽下液阀、回流阀，打开循环槽、配碱循环槽出口阀。

③ 打开吸收塔循环泵、尾气塔循环泵出口阀，调节回流阀，将吸收塔、尾气塔现场液位控制在 85cm、50cm。

④ 调节循环碱冷却器、尾气塔冷却器循环碱液的温度，保持温度在 18~40℃。

⑤ 及时做碱浓度检测。

（二）停车操作

① 联系调度和相关领导确认无氯气进入废气系统。

② 关闭出口阀，停吸收塔循环泵、尾气塔循环泵，关闭泵进口阀和回流阀。

③ 停风机，关进口。

④ 及时做碱浓度检测，方便下次开车使用。

四、事故氯处理的常见故障及排除方法

事故氯处理的常见故障及排除方法见表 3-9。

表 3-9 事故氯处理的常见故障及排除方法

序号	异常情况	原因分析	处理方法
1	碱液配制槽出口碱液浓度高	原料碱液和生产上水比例不适	①减少原料碱液量； ②增加生产上水加入量
2	碱液配制槽出口碱液浓度低	原料碱液和生产上水比例不适	①增加原料碱液量； ②减少生产上水加入量
3	冷却器出口循环液温度高	①冷却器所用循环上水量少； ②压力不够； ③换热器有污垢影响换热效果	①增大冷冻上水水量； ②联系升高循环上水压力； ③及时清理换热器内的污垢
4	循环液中逸出氯气	①循环液中过碱量小； ②有效氯分解	①切换循环槽； ②检查冷却系统
5	大量氯气外逸	①无过碱量； ②阀门管道泄漏； ③循环泵跳闸	①立即换新循环液或碱液； ②用氨水检查管道阀门并采取措施； ③重新开启循环泵
6	反应温度上升	①循环液中含碱量小； ②冷却器冷却效果差	①启用新的循环液； ②检查冷却器或加大循环水量
7	循环液中，析盐量多	①氯气温度过高； ②过碱量太低； ③碱液浓度太高	①控制循环液温度在指标内； ②切换循环槽； ③控制配碱浓度在 15%
8	循环液变棕红色	①原料碱含铁量高； ②循环液温度太高,引起次氯酸钠分解	①检查原料碱含铁量； ②控制循环液温度

五、氯气处理中安全事故案例

 ［案例分析］

事故名称：事故碱池跑氯事故。

发生日期：2010 年 1 月 12 日。

发生单位：某氯碱厂。

1. 事件经过

2010 年 1 月 12 日 11 点左右中二班老系统液氯岗位在充装完毕后排污，操作工陈某在排污时操作失误，阀门开度过大，导致大量氯气从事故碱池冒出，液氯厂房周围顿时一片黄烟滚滚，当时新系统尚未开车，外诡队因临时有事调离新液氯施工现场，而新液氯所有人员 5min 前刚从液氯槽区清扫储槽完毕回去休息，此次事故并未导致人员伤亡。

2. 事件原因

① 操作工陈某操作经验缺乏，导致操作不当，造成跑氯。

② 操作工陈某是新入厂员工，操作时无监护人。

3. 整改措施

① 加强班组培训，组织相关案例学习，提高班组员工操作水平和安全意识。

② 新工操作必须在岗位老师傅的监护下方能操作。

4. 事件教训

此次事故充分暴露出班组员工操作水平欠缺、责任心差，班组只有不断加强员工培训、提高员工操作水平和责任心才会杜绝类似事故的发生。

任务实施

一、教学准备/工具/仪器

图片、视频展示

详细的事故氯处理的 PID 图

彩色的涂色笔

化工图样中的设备、仪表、阀门中字母所代表的含义

二、操作要点

（一）流程识读

根据附图 11 来完成，首先找出氯气的来源（来自储槽放空各工序、系统开停车事故氯处理工序、倒压排氯气时事故氯处理工序等），找到氯气经过主要设备，规定相应的彩色准备涂色。

例如：氯气使用墨绿色的粗实线。

任务一：找到事故氯处理的主流程，从前到后依次经过氯气吸收塔、尾气吸收塔和钛风机。

任务二：找到吸收碱液循环路线，并使用不同颜色的线表示出来。

任务三：根据事故氯处理工序 PID 图（附图 11）的工艺流程简述，回顾事故氯处理的原理、使用设备情况和各重点位置参数控制值。

（二）知识回顾

（1）填空题

① 氯气紧急处理系统的作用是当遇到系统停车、各类事故及全厂突然停电后用碱液吸

收氯气系统内的氯气，以防止＿＿＿＿＿＿＿＿。

② 整个氯气处理工序设置有两套事故氯气处理装置，分别设置在＿＿＿＿＿＿＿＿和氯气离心式压缩机出口，与机组排气管相连。

（2）思考题

① 简述事故氯处理的作用。

② 为什么要在离子膜烧碱生产装置中设置含氯废气处理工序？

③ 简述含氯废气处理工艺流程，并绘制流程简图。

任务四　液氯生产

任务目标　液氯生产的目标是合成氯化氢气体，剩余的氯气利用起来，用以平衡生产。本任务目标是掌握液氯生产原理，了解使用哪些设备，并且根据鄂尔多斯集团提供的 PID 图，熟练掌握工艺流程，明确主要控制指标的控制过程和正常范围，能够根据故障分析排除异常情况。熟悉开停车岗位操作步骤。

任务描述

液氯岗位任务是将气态氯通过氟利昂冷却为液态氯，有利于提高氯气纯度；缩小氯气体积，便于储存和运输；缓冲平衡，保证氯碱生产的连续性，液氯销售给客户使用。液氯包装岗位的生产任务是按照"液氯生产安全技术规定"及"液氯钢瓶管理制度"中规定完成钢瓶验收、抽空、洗瓶、干燥、试压、充瓶等过程。

液氯岗位工艺控制指标见表 3-10。

表 3-10　液氯岗位工艺控制指标

序号	检测项目	指标	控制点	检测要求
1	液氯储槽压力	0.14～0.5MPa	PIA-0703A～D	1次/h
2	液氯泵出口液氯压力	≤1.0MPa	PIA-0704A/B	1次/h
3	尾气分配台压力	≤0.16MPa	PI-0705	1次/h
4	原氯压力	≤0.2MPa	PI-0701	1次/h
5	液氯储槽液位	500～1700mm	LI-0701a～d	1次/h
6	排污槽液位	≤1700mm	LI-0703	按需
7	钢瓶冲装量	1t 夏季～30kg 冬季～20kg 0.5t 夏季～20kg 冬季～15kg	磅秤称量	1次/瓶
8	液氯尾气纯度	≥80%		1次/班

知识链接

一、氯气液化的目的

1. 制取纯净氯气

在氯气液化的过程中，绝大多数氯气得到冷凝，难凝性的气体（氢气等）作为尾气排出，这样便可以得到纯度较高的液态氯。

2. 便于储存和运输

氯气液化以后，体积大大缩小。在0℃、0.1MPa下，1t气态氯的体积为311.14m³，而液态氯仅为0.68m³，前者是后者的457倍。因此，氯气液化后便于储存和长距离输送。

3. 用于平衡生产

由于氯碱企业的生产是连续的，当某一氯气用户无法正常消耗氯气时，电解槽的负荷就必须降低。而生产液氯就有了缓冲的余地，可以将用户减少的氯气液化后暂时储存起来，使电解槽不必降低负荷，从而使整个氯气供给网络更加平衡。

二、液氯生产原理

1. 温度和压力

温度的降低使分子的动能降低，从而减少了分子互相分离的趋势，压力的增大，分子间的距离减小，引力就增大。当压力增大、温度降低到一定程度时，气体分子便凝聚为液态。

① 把温度至少降低到一定的数值以下，气体才能液化，这个温度称为临界温度，用 T_c 表示。

② 增加压力。在临界温度下使气体液化必需的最小压力，称为气体的临界压力，用 p_c 表示。

2. 液化效率

由于氢气的沸点低（−255℃），不易被液化。随着氯气的液化，在尾气中氢气的含量就会不断升高，以至达到氯氢混合气体的爆炸范围。所以在液氯生产过程中，规定尾气中氢气的含量不能超过4%。因此氯气的液化程度就受到一定的限制。

氯气的液化程度通常称为液化效率。它是液氯生产中的一个主要控制指标，表示已被液化的氯气与原料中氯气的质量之比。液化效率常用 $\eta_{液化}$（%）表示：

$$\eta_{液化} = \frac{液氯的质量}{原料氯气中氯气的质量} \times 100\%$$

由于在尾气中除氢气外，还含有其他不凝性气体，很难计量。因此在实际生产中往往测定原料氯气及尾气中的氯气纯度，来计算液化效率。

$$\eta_{液化} = \frac{100(C_1 - C_2)}{C_1(100 - C_2)} \times 100\%$$

尾气中氯气的含量除可以直接测定外，还可以通过计算得到。根据道尔顿分压定律，尾气中氯气的体积分数应等于氯气的压力分数：

$$C_2(\%) = \frac{p_{Cl_2}}{p_{总}} \times 100\%$$

由于在液化槽内，液相氯与气相氯已达平衡，因此上式中，氯气的分压力即为液氯在该温度下的饱和蒸气压 p'，所以上式又可写成：

$$C_2(\%) = \frac{p'}{p_{总}} \times 100\%$$

3. 制冷剂

压力越低，液态制冷剂的沸点越低，更易汽化带走热量；压力越高，气态制冷剂的冷凝温度越高，更容易被液化。利用这一原理，使液态氨于低压下蒸发并吸取气态氯的热量，在氯气液化器中与氯气间接换热达到制冷的目的。压缩机将低温低压的气态氨压缩升压，使氨的温度升高到高于循环冷却水的温度（28～32℃），在冷凝器内氨被冷却水冷却而变为液态，过冷后再送至氯气液化器用以吸收热量，从而实现循环制冷。

在用氨作为制冷剂时，若操作不当，氨混入液氯中，很容易产生易爆的三氯化氮。另外，在国内很多氯碱企业采用氟利昂作为制冷剂，众所周知，氟利昂对臭氧层有极强的破坏作用，目前国家已经开始限制氟利昂的使用。因此，氯气液化技术也逐渐向高温高压法过渡。

三、氯气液化方法

常用的氯气液化生产液氯的方法有低温低压法、中温中压法和高温高压法。低温低压法又分为氨-氯化钙法和氟利昂法。国内早期液氯生产多采用氨-氯化钙低温低压法。由于该法以氯化钙盐水作冷媒，二次传热，致使其能耗高、设备体积庞大、腐蚀严重，逐渐被氟利昂直冷法替代。目前，国内仍有部分企业采用低温低压法工艺。最近十年，氯碱生产能力较上一个十年发展缓慢，烧碱产量从 2009 年的 2300 万吨达到 2019 年的 4346 万吨，10 年内只增长了将近 1 倍。液氯产量也有相应提高。部分氯碱企业自主开发了更为先进的中温中压法、高温高压法液氯生产工艺。

氯气液化的意义十分明显，液氯生产技术与操作水平的高低对整个氯碱生产过程的顺利程度、平衡氯碱生产系统氢气压力、避免氯气对环境污染，都会产生直接影响。

四、液氯岗位流程

（1）液氯生产工艺流程

由氯气处理工序送来的原料氯气进入原氯分配台，氯气从分配台进入氯气液化槽。在液化槽内氯气与氟利昂进行热交换，氟利昂汽化过程中通过间壁冷却氯气，氯气的热量被带走后温度降低，经气液分离器后，液氯进入液氯储罐，尾气去尾气分配台。分配台内的尾气一路配上一定量的原氯后一般去盐酸工序生产合成盐酸；另一路尾气去尾气吸收塔。液氯储罐内的液氯经屏蔽泵加压后送至充装岗位进行液氯充装。氯气液化机组工艺流程见图 3-26，液氯充装工艺流程见图 3-27。

（2）氟利昂制冷工艺流程

氟利昂储罐内的液氟经节流阀，充入氯气液化槽的壳程内，汽化后低压氟利昂被冷冻机加压后，送进氟利昂冷凝器内，被循环冷却水冷却降温，液化为高压液氟，流入氟储罐循环利用。

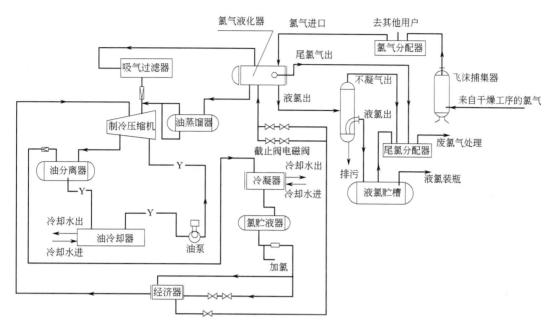

图 3-26 氯气液化机组工艺流程图

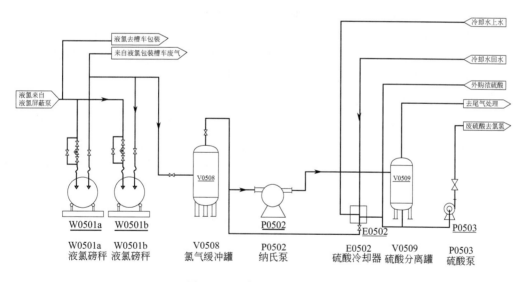

图 3-27 液氯充装工艺流程图

五、主要设备

氯气液化装置是氯气液化的主要设备，主要包括制冷用压缩冷凝机组、氯气液化器和氯的气液分离器三个独立部分。

氯气液化装置的工作原理为有一定压力的原料氯气从氯气液化器内流过，与液态制冷剂进行间接换热，使氯气降温液化，液氯再经气液分离器进一步将未液化的气体分离。

1. 螺杆制冷压缩机

（1）螺杆式制冷压缩机结构

本节所讲的螺杆式制冷压缩机系一种开启式双螺杆压缩机。一对相互啮合的按一定传动比反向旋转的螺旋形转子，水平且平行配置于机体内部，具有凸齿的转子为阳转子，通常它与原动机连接，功率由此输入。具有凹齿的转子为阴转子。在阴、阳转子的两端（吸气端和排气端）各有一只滚柱轴承承受径向力量，在两转子的排气端各有一只四点轴承，该轴承承受轴向推力。位于阳转子吸气端轴颈尾部的平衡活塞起平衡轴向力、减少四点轴承角带的作用。

在阴、阳转子的下部，装有一个由油缸内油活塞带动的能量调节滑阀，由电磁（或手动）换向阀控制，可以在15％～100％范围内实现制冷量的无级调节，并能保证压缩机处于低位启动，以达到小的启动扭矩，滑阀的工作位置可通过能量传感机构转换为能量百分数，并且在机组的控制盘上显示出来。

为了使螺杆压缩机运行时其外压比等于或接近机器的内压比，使机器耗功最小，压缩机内部设置了内容积比调节滑阀，由电磁（或手动）换向阀控制油缸内油的流动，推动油活塞，从而带动内容积比滑阀移动，其工作位置通过内容积比测定机构转换为内压力比值，在机组的控制盘上显示出来。

（2）螺杆式制冷压缩机工作原理

螺杆式制冷压缩机属于容积式制冷压缩机。它利用一对相互啮合的阴阳转子在机体内作回转运动，周期性地改变转子每对齿槽间的容积来完成吸气、压缩、排气过程。

① 吸气过程中转子转动时，齿槽容积随转子旋转而逐渐扩大，并和吸入口相连通，由蒸发系统来的气体通过孔口进入齿槽进行气体的吸入过程。在转子旋转到一定角度以后，齿间容积越过吸入孔口位置与吸入孔口断开，吸入过程结束。

② 压缩过程中转子继续转动时，机体、吸气端座和排气端座所封闭的齿槽内的气体，由于阴、阳转子的相互啮合和齿的相互填塞而被压向排气端，同时压力逐步升高进行压缩过程。

③ 排气过程。当转子转动到使齿槽空间与排气端座上的排气孔口相通时，气体被压出并自排气阀门口排出，完成排气过程。

由于每一齿槽的工作循环出现以上三个过程，在压缩机高速运转时，几对齿槽重复进行吸气、压缩和排气循环，从而使压缩机输送连续、平稳。

（3）压缩机的油分离系统

由于螺杆式制冷压缩机工作时喷入大量的润滑油与制冷剂蒸气一起排出，所以在压缩机与冷凝器之间设置了高效的卧式油分离器（见图3-28）。油分离器的作用是分离压缩机排气中携带的润滑油，使进入冷凝器的制冷剂纯净，避免润滑油进入冷凝器而降低冷凝器的效率。油分离器还有储油器的功能。本机组采用卧式油分离器，从压缩机排出的高压气体，通过排气管进入油分离器、降低流速，改变方向，向油分离器的另一端排去。在这个过程中，大量的润滑油因为惯性及重力的作用沉降到油分离器底部，剩余的含有微量冷冻机油的气体再通过油分离器滤芯，此微量冷冻机油被最后分离，通过油分离器底部的回油阀回到压缩机中，以确保挡油板之后的筒体底部尽量少存油。

靠近油分离器出口的过滤芯采用的是高分子复合材料，油分离效果可达10mg/kg。当分油效果不够理想时可更换。

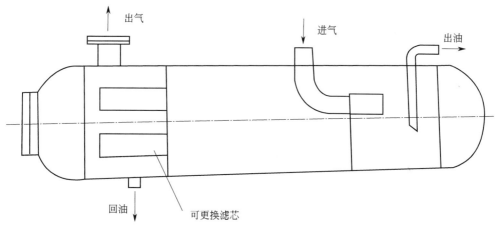

图 3-28　卧式油分离器

2. 液氯计量槽

液氯计量槽包括液氯计量设备和储存设备两个部分，结构如图 3-29 所示。液氯计量槽是一个圆柱形卧式设备，两端为椭圆形封头，筒体上部开有液氯进料口、包装液氯出口、加排压接口（用于增加槽内压力，以使液氯压至包装岗位）等。该设备使用温度≤50℃，材质为 Q345R。由于氯气处于液体状态，必须有准确的计量装置确保进入储槽的液氯不过量，有些企业采用磁性翻板液面计计量，还有将计量槽直接坐落于地中衡上，以防止超载而引起事故。

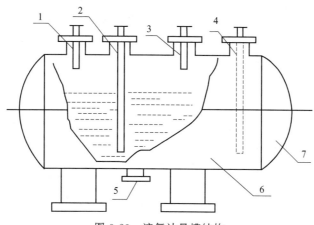

图 3-29　液氯计量槽结构

1—液氯进料接管；2—包装液氯出口接管；3—加排压插入管；
4—加排压液氯出口接管；5—排污口；6—壳体；7—封头

3. 液氯汽化器

（1）圆筒汽化器

液氯汽化器是液氯包装工艺中的主要设备，结构如图 3-30 所示。它为立式圆柱形结构，上下为椭圆形封头，外有钢质水夹套，胆材质采用 16MnDR。筒外装有磁性翻板液位计以判断进入的液氯量，上封头的人孔盖上开有进液氯管、排气管等。其工作原理是将来自计量槽的液氯在汽化器中经夹套内 80℃ 左右的热水加热汽化，产生 1.0MPa（表压）压力的氯气，借助此压力将计量槽内的液氯压入钢瓶中，进行计量包装工作。

由于三氯化氮沸点是 72℃，液氯沸点是 −34℃，如果在低于 72℃ 汽化，则有可能产生残余三氯化氮在液氯中积累的安全隐患，因此必须定期进行三氯化氮的检测和排放。

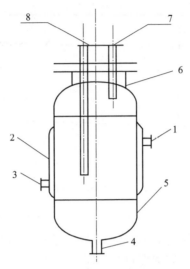

图 3-30　圆筒汽化器结构

1—热水出口；2—外夹套；3—热水进口；4—排污口；

5—筒体；6—人孔；7—排气口；8—进氯口

（2）盘管式汽化器

在中国氯碱行业中，有很多企业使用盘管式液氯汽化器，其结构如图 3-31 所示。此汽化器管程物料为液氯，壳程（热水箱）物料为热水，盘管浸没于热水箱中，设置热水温度计，控制热水温度为 75～80℃。盘管采用 DN50 无缝钢管，材质选用 16MnDR（−40℃）或 09MnD（−50℃），宜采用单程，以确保液氯全部汽化。

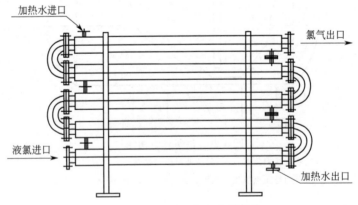

图 3-31　盘管式液氯汽化器结构

在操作过程中，须在液氯储槽或液氯气瓶来的液氯管路设置控制阀，严禁将液氯储槽的阀门或液氯气瓶瓶阀作为调节阀使用。盘管式液氯汽化器的特点是将液氯 100% 汽化，不存在残余液氯中三氯化氮的积累问题，是一种安全的工艺。

4. 液氯钢瓶

液氯钢瓶结构如图 3-32 所示。一般以 16MnR 制造，其外形为圆筒形，两端有封头，尾端上开孔并焊有内螺纹以装上易熔合金堵，另一端焊有钢瓶阀，并都用焊在瓶上的防护圈围住。钢瓶阀还专门有安全帽保护，瓶体外有两条橡胶防震圈。在钢瓶表面涂有国家标准规定的绿色漆及白色字样、色环。

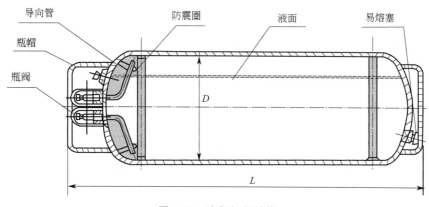

图 3-32　液氯钢瓶结构

六、岗位操作

1. 氯气液化开车前的准备工作

① 整个液化系统在开车前，必须试压试漏，做气密性试验，每台设备在清理后，也必须试压试漏，方能投入生产。如需做水压试验，在试水压后，任何设备管道必须干燥，以防腐蚀。

② 检查本岗位所属管线、阀门、设备、电器及仪表是否完好，所有试压盲板是否已拆除；水、电、蒸汽、氮气、压缩空气及仪表空气等公用工程供应是否正常。检查液氯储槽、液氯泵是否完好并试压合格，压力表是否齐全完好。

③ 检查所有安全阀的起跳压力是否正确。确认所有泵的电机运转方向正确。泵启动前，点动电机电源开关 5s 左右，检查声音和振动有无异常。以上各步骤如发现异常应及时处理，全系统阀门全部关闭，一切检查无误，报告调度室，待命开车。

2. 氯气液化开车前检查工作

① 检查压缩机是否处于备用状态。

② 检查液化器及其阀门开闭情况。

③ 检查液氯储槽阀门开闭情况。

④ 检查氯气分配台、尾气分配台各有关阀门开闭情况。

⑤ 检查各设备、管道、阀门、安全阀是否合乎要求。防护用品是否齐全，各连接部位是否可靠。

3. 氯气液化开车操作

① 接到调度通知后准备开车，提前 30min 将压缩机启动，启动后注意控制油温。

② 检查阀门开闭情况（开原氯分配台氯气总阀，开原氯分配台至尾氯分配台连通阀，关闭原氯至液化气氯气总阀，开准备运行分离器气相阀，开分离器至尾分台气相总管自控阀及旁通阀门，同时关闭分离器至尾氯分配台气相总阀，开分离器液氯出口阀，同时开准备运行液氯储槽进液阀及气相出口阀门。关闭储槽至尾氯分配台气相总阀，开尾氯分配台至氯化

氢合成尾氯总阀。然后关闭尾氯分配台连通阀门）。

③ 接到调度送气通知后，根据原氯分配台压力开尾氯分配台连通阀。经氯化氢合成工序将氯气送至废气装置进行置换。联系调度，通知分析做原氯分配台氯纯度检测。待氯气纯度达到90%以上开进液化器氯气阀，同时关闭尾氯分配台连通阀，开分离器至尾氯分配台气相总阀及液氯储槽至尾氯分配台气相阀。因原始开车，系统内经过打压试漏后首次通入氯气进行逐步试漏，如果发现漏点及时处理。观察气液分离器出液和液氯储槽下液情况，及液氯储槽压力、温度。

④ 认真观察原料氯气、不凝性尾气的压力波动，调节压力。

⑤ 根据氯气分配台压力调整压缩机能级，使其控制在合格的工艺指标范围内。联系分析做尾氯纯度检测，达到85%以上即可。

⑥ 当液氯储槽的液位达到50%~80%时，开启液氯包装罐液氯进口阀及液氯储槽液氯出口阀，启动液氯泵，开启出口阀，并调节压力至规定值。根据调度安排，将液氯送往包装工序。

⑦ 当使用的液氯储槽需要进行换槽时，检查即将使用的液氯储槽进出口阀门、管线，并打开排气阀和进料阀；若储槽内压力突然上升，须加以认真检查。

4. 螺杆压缩机开机前的准备工作

① 打开氟利昂冷凝器、油冷却器冷却水进出口阀。

② 打开油冷却器至粗油过滤器阀门，油泵进口至压缩机，油分至压缩机同油双阀、油泵恒压阀，油泵出口至油冷截止阀，开启精油过滤器至四通阀总阀，打开四通阀至机封、压缩机、滑阀供油阀门，并开启油分离器至油冷却器的阀门使之形成一个油路循环。

③ 打开油分排气总阀，氟冷凝器、储液器出液阀，氟冷至氟储均压双阀，氟储出口阀，将供液阀门组阀门打开，确认供液电磁阀门处于开启状态，打开液化器回气阀，略开冰机吸气阀1~2圈，使液体氟利昂到液化器形成一个通道。

④ 检查各安全阀前截止阀是否处于开启状态。

⑤ 检查各电气仪表是否处于良好工作状态。

⑥ 盘车，确认压缩机转动灵活。

5. 压缩机开车操作

① 旋动面板控制钮进行手动自动切换。因生产实际情况需要采用手动状态。

② 切换至手动状态后，按下SB2启油泵运行。调节恒压阀，将油压差控制在小于0.18MPa。稳定后再次按下控制面板启动键，启螺杆机主机运行。正常后将螺杆机油压差控制在指标范围内。

③ 开全压缩机吸气阀，根据生产需要调节负荷。

6. 压缩机正常停车操作

① 前后岗位都停车后，接分厂、调度通知停冷冻机。

② 将压缩机能级减至0%。

③ 关闭储液器出口阀，若排气压力过高则等压缩机停止后再关闭。

④ 按停机按钮停机，停止冰机运行。

⑤ 迅速关闭螺杆压缩机吸气阀，防止压缩机反转。

7. 氯气液化系统停车操作

① 接到调度通知，全系统准备停车，根据降电流情况和氯气分配台压力情况，调整压

缩机负荷直至负荷调整至 0%。

②待电解电流降至 3kA 时，氯处理岗位将氯气分配台至液氯的阀门关闭后，关闭氯气原氯分配台至原氯总阀，关闭分离器液氯出口，关闭尾氯分配台至合成总阀，联系废气处理系统可否送废气（如果能则开尾氯分配台至废气处理阀门，将系统压力泄至废气处理，如果不能则憋在系统内）。

8. 包装岗位钢瓶验收操作

① 新液氯钢瓶入场后经设备处和安技处验收后，交液氯工序验收，合格后投入使用。

② 必须有工厂合格证、产品质量证明书、劳动部门审计验收证书，合格证书上的必须与钢瓶名牌号一致。

③ 根据《气瓶安全监察规程》的要求检查外表，包括漆色、字样和标记。

④ 检查瓶嘴、瓶嘴保护帽、嘴盖、合金堵、防震圈等是否完好。

⑤ 检查瓶内有无其他物资，内壁是否有缺陷。

⑥ 钢瓶丝口是否完整，配合是否良好。

⑦ 重复使用的钢瓶，充装前应作气体分析化验，氯气含量 ≥95% 为合格。

⑧ 验收完毕，有关单位在验收单上签字盖章，不合格的钢瓶退回供应部门，合格钢瓶编号后使用。

9. 循环周转液氯钢瓶的验收操作

① 钢瓶外表漆色、字样是符合标准规定。

② 安全附件是否完好，有无损坏。

③ 检验期限是否超过 2 年。

④ 瓶内液氯不能用尽，必须保持余压。应保持 2～5kg 的余氯，且余氯纯度 ≥95%。

⑤ 不合格的钢瓶退回原单位。

⑥ 填写好原始记录。

10. 抽瓶操作法

① 启动氯泵，调节真空度为 -0.02～-0.08MPa，用瓶夹子接好瓶嘴，进行抽瓶，根据钢瓶外观结霜情况确定抽瓶时间，抽好钢瓶。

② 钢瓶内有液氯时，应将钢瓶接到紫铜管上，开导液阀，开抽瓶阀，倒掉液氯，然后关闭导液阀，开抽瓶阀，将瓶抽空。

③ 符合规格的钢瓶送去充装，报废钢瓶做出明确标记。

④ 填好抽瓶记录。

11. 定检岗位检验法

（1）试压

① 钢瓶每两年进行一次检验，检验时向瓶内注满清水试压。

② 将注满清水的钢瓶吊在实验台上，接通试压管，启动试压泵试压。

③ 试验压力由 0—0.98MPa—96MPa—94MPa—41MPa 间断进行，保持 5min 压力不下降。试压指标：半吨以下钢瓶 94MPa，1t 以下钢瓶 41MPa。

④ 用木棒敲击瓶体、焊缝，并目测是否变形及有无渗漏，若有则应报废。

（2）洗瓶

泄压至 0，卸去瓶嘴，合金堵，倒掉污水装上堵头，将钢瓶倾斜放在此平台上，重新加满水，然后通蒸汽加温，反复洗涤，直至出水温度达 80～100℃，水清澈为止。

（3）干燥

① 清洗好的钢瓶立吊起排水，然后放下，启动水环泵，抽除瓶内水分及蒸汽，抽完为止。

② 待钢瓶冷却后，以低压灯泡测瓶内部，看有无异物，内腐蚀情况如何，导管是否完好。

③ 称皮重并及时计算钢瓶重量损失率，公式为：

$$[(原皮重-实际重量)/原皮重]\times100\%$$

（4）钢瓶判报废标准

① 火灾烧过的钢瓶应报废。

② 重量损失＞5％者应报废。

③ 钢瓶的内丝口小于完整 5 牙者应报废。

④ 对使用年限超过 12 年的盛装腐蚀性气体的气瓶以及使用期限超过 20 年的盛装其他气体的气瓶按报废处理，登记后不予检验。

⑤ 瓶体存在裂纹、鼓包、结巴、折皱或加杂质等缺陷的气瓶应报废。

⑥ 瓶体磕伤、划伤、凹坑处的剩余壁厚小于设计壁厚90％的气瓶应判报废。

⑦ 瓶体凹陷深度超过 6mm 或大于凹陷短径的 1/10 的气瓶应报废。

⑧ 瓶体凹陷深度小于 6mm，凹陷内划伤或磕伤处壁厚小于设计壁厚的气瓶应报废。

⑨ 瓶体存在弧疤、焊迹或明火烧烤而使金属损伤的气瓶应报废。

⑩ 瓶体上孤立点腐蚀处的剩余壁厚小于设计壁厚 2/3 的气瓶应报废。

⑪ 瓶体线腐蚀或面腐蚀处的剩余壁厚小于设计壁厚的 90％的气瓶应报废。

⑫ 护罩或底座破裂、脱焊、磨损而失去作用或底座支撑与瓶底最低地之间距离小于10mm 的气瓶应报废。

⑬ 主体焊缝不符合下列规定的气瓶应报废。

a. 焊缝不允许咬边，焊缝和热影响区表面不得有裂纹、气孔、弧坑、凹陷和不规则的突变。

b. 主体焊缝上的划伤或磕伤经修磨后，焊缝不得低于母材。

c. 主体焊缝热影响区的划伤或磕伤经修磨后剩余壁厚不得小于设计壁厚。

d. 主体焊缝及其热影响区的凹陷最大深度不得大于 6mm。

⑭ 阀座活塞座有裂纹、倾斜、塌陷的气瓶应报废。

⑮ 内表面有裂纹、结疤、折皱、夹杂或凹坑等缺陷的气瓶应报废。

⑯ 现容积小于标准规定值的气瓶应报废。

⑰ 气瓶水压试验时，瓶体出现渗漏、明显变形或保压期间压力有回降现象的气瓶应报废。

⑱ 气瓶气密性试验时，对在试验压力下瓶体泄漏的气瓶应报废。

12. 充装岗位开车前的准备工作

① 检查电子秤的准确度、灵敏度，校正零点，保证计量准确。

② 确保总管压力表、真空压力表正常，行车运转正常。

③ 检查待装钢瓶的整瓶合格证，无整瓶合格证的钢瓶不得包装。

④ 确保钢瓶的安全帽、六角帽、防震圈等附加配件齐全、完好。

⑤ 确保纳氏泵已开启，真空度正常。

⑥ 通知次钠工序注意调节系统压力。

⑦ 将液氯钢瓶轻吊在电子秤上，核皮重。

13. 充装步骤

① 开控制面板电源，按"F1"键进入充装系统，按抽空键进行抽空操作。

② 取下待装钢瓶合格证并保存，将待装钢瓶轻放在电子秤上，校对皮重，并做好记录。若皮重与原核定不符，应查明原因，否则送洗瓶重新检查处理（防止钢瓶内有异物而发生爆炸）。

③ 在钢瓶阀头处接上铜管。

④ 打开瓶阀，抽瓶内至真空后关上（1～2min）。

⑤ 关好真空阀。

⑥ 按"充装"键打开液氯进口电子阀门开始灌装，此时左侧仪表显示液氯净重，右侧仪表显示钢瓶重量。时刻注意观察，如果真空管有结霜现象表明真空阀漏，应再关紧或停止灌装将其更换。

⑦ 液氯灌装过程中，发现瓶体温度有升高现象或超过常温时，应立即按"停止"键关闭液氯针阀，再开钢瓶气相针阀，停止灌装，开真空阀，降低钢瓶压力，将发热钢瓶迅速处理，并及时向有关部门汇报。

⑧ 充装系数为 25kg/L，严禁超装，当灌装系数达到额定的值时，电子秤上"灌装完成"黄灯亮，此时应注意重量变化，当灌装到达额定值时，电子秤上"灌装完成"黄灯灭，启动关闭充装系统，此时应迅速关闭充装阀，再关紧瓶体针型阀，打开真空阀，将包装余氯抽尽。

⑨ 卸下铜管，用氨水检查瓶嘴针阀等是否渗漏，如有渗漏现象，则须再次将渗漏阀门关紧，一切正常后上瓶帽、六角帽。

⑩ 填写好充装记录，并将实瓶复称调离。

14. 液氯鹤管装卸操作规程

① 装车前，装车操作人员联系好装车事宜，明确装车品种及装车量。

② 装车鹤管、静电接地线等装车工具齐全好用，设备完好无缺并做装车准备。

③ 槽车进入时，检查有关证件（包括液化气槽车使用证、押运员证和液化气槽车驾驶证），证件不全或超过检定有效期的槽车不得装车。

④ 认真检查车上各部附件：阀门、压力表、安全阀、液位计、人孔，保证齐全好用，确认是否有防火帽，车上是否配备干粉灭火器，灭火器是否在有效期，灭火器压力是否在规定范围内。

⑤ 遇到新槽车进站，应让其出示液化气槽车氧含量检测报告单，检查取样分析合格（氧含量小于 1%）后，才能允许装车。

⑥ 随车外来人员、操作人员进入装车区域，要检查其着装是否符合公司要求，是否穿化纤衣物、凉鞋、拖鞋、带钉子鞋进入包装区；检查是否把移动电话带入装车现场，是否带打火机、火柴或其他引火物和危险品进入岗位。

⑦ 上述检查过程必须有专人检查并填写"液氯槽车检查确认表"。

15. 装车操作过程

① 槽车接受检查后，由装车操作人员亲自引领槽车进到指定装车鹤管位置。

② 液氯槽车必须保持余压不小于 0.05MPa，如有必要取样分析槽车内氯气纯度。

③ 确认槽车充装台上抽空阀和连通阀是否处于关闭状态。

④ 打开内臂锁紧，分别牵引气相、液相垂管；展开内、外臂使垂管接口正对罐车接口。

⑤ 取下快速接口封头或法兰盲板，分别将气、液相管接头或法兰与槽车接口使用四氟垫片连接并上紧，利用槽车内的余压回顶试连接处是否有泄漏（用氨水试漏）。

⑥ 装车过程中由操作人员仔细检查装车系统有无泄漏，快速接头有无泄漏并做相关的充装原始记录，发现异常应立即关闭相关阀门，停止装液。

⑦ 充装过程中经常检查槽车液氯液位计以及槽车表面温度变化，严格控制液氯充装速度（充装压力<0.9MPa）和充装量（充装量<80%，夏季尤为重要），严禁超装。

⑧ 罐车充装完毕后，先关闭液相管球阀，再关闭气相管球阀，然后包装管进行抽空，包装管抽空 5～10min，抽空完毕后，检查负压表是否显示在－0.02～－0.08MPa，再从罐车接口取下快速接头或法兰，装上封头或盲板。

⑨ 收回内、外臂，锁上内臂锁紧，使整机处于收容状态。

⑩ 槽车充装时异常现象及处理方法如表 3-11 所示。

表 3-11　槽车充装时异常现象及处理方法

序号	异常现象	原因	处理方法
1	包装时重量增加很慢	(1)压力不足； (2)槽内温度较高,槽内液氯汽化压力大； (3)管路或阀门堵塞	(1)保持泵压压力≤0MPa； (2)用抽气管抽出氯气,抽一段时间后再进液氯； (3)检查疏通
2	包装时槽体发热	槽内可能存在有机物或其他能与氯气反应发热的物质	立即停止充装并抽气后,卸下短接待检查处理

16. 安全注意事项

① 液氯槽车在灌装过程中，发现罐体温度升高或超过常温时，应立即"停止"充装；关闭充装进口阀及槽车进液阀，打开液氯槽车气相阀，停止灌装，打开真空阀抽空置换。

② 按充装系数灌装，严禁超装，当灌装系数达到额定值时，迅速停液氯液下泵，此时应注意液位变化，当灌装达到额定值时，应迅速关闭进口阀门。关闭液氯槽车进口阀，再关闭鹤管上的球阀，打开真空阀，将充装管内余氯抽尽。

③ 卸下槽车上的连接法兰，用氨水检查阀门等是否有渗漏，如有渗漏现象，则须再次将阀门关紧，一切正常后加上盲板。

④ 填写好充装记录，并张贴合格证。

⑤ 每次装卸操作前先检查各系统是否正常。

⑥ 操作过程中，外臂上、下角度不得超过包装线图中规定极限角度。

⑦ 操作外臂时，不要用力过猛，应均匀用力。

⑧ 操作过程中不要把平衡装置或锁紧装置作为使力位置。

⑨ 装卸臂的接口未与罐车接好，不允许将工艺管线的阀门打开。

⑩ 在不了解工作原理和操作步骤的情况下，请不要随意启动装卸系统，特别是控制系统。

七、液氯生产的常见故障及排除方法

液氯生产中常见故障及处理方法见表 3-12。

表 3-12　液氯生产中常见故障及处理方法

序号	故障现象	产生原因	处理方法
1	原氯压力突然升高（包括系统压力）	①原氯纯度低。 ②氟利昂温度突然升高。 ③废气系统压力比较高。 ④液氯泵回流到储槽的压力高	①和调度或氯氢工序联系。 ②通知冷冻检查原因,把氟利昂温度降低。 ③检查液氯储槽的压力。 ④调节回流管压力
2	液化尾气压力正常,原料氯压力逐渐升高	①液氯储槽进料关或阀门堵塞。 ②尾气阀未开或阀芯脱落	①换用其他液氯储槽,检查尾气阀门。 ②检查尾气阀门
3	原料氯压力偏高,尾气压力正常,产量下降	液化器有堵塞现象	切换液化器
4	液化效率低	①原氯纯度低。 ②氟利昂温度高。 ③液氯分离器尾气阀或液氯储槽废气阀开太大。 ④液化器因结垢、结冰等形成传热效果不好	①与调度联系改善原氯纯度。 ②通知冷冻工序检查机组操作情况,降低氟利昂温度。 ③关小阀门。 ④停车清洗
5	液氯设备爆炸	①三氯化氮含量高于 60g/L,受光照、振动即分解爆炸,温度达 95℃时自燃。 ②停车时管内存有液氯,外界温度高时,压力过大而爆炸。 ③液氯钢瓶内混有有机物。 ④液氯钢瓶及其他设备长期使用后,受腐蚀机械强度下降或在包装过程中超装受热气化,压力增高而发生爆炸	①应定时、按期排污。 ②停车时应仔细检查管道、设备及阀门是否存在液氯。 ③新包装前必须洗净,旧瓶如发现不正常现象也应处理。 ④定期检测液氯钢瓶等设备、装备,包装不能超过规定,对没有档案或过期的钢瓶不得使用
6	管道或设备漏氯气及液氯	①氯中含水量超标而腐蚀设备、管道造成漏氯。 ②钢瓶在热水淋洗时,将易熔塞溶化造成跑氯。 ③液氯钢瓶钢材质量差,内部有裂缝,经长期使用受腐蚀或受压疲劳产生裂缝	①严格控制氯中含水量,不得超过规定值。 ②不允许用高于 60℃的热水冲瓶,也不允许卸下易熔塞清洗钢瓶。 ③停车补焊,若是液氯储槽则立即在设备外淋水换槽
7	液化尾气压力高	①液化量小,氢纯度低。 ②原料氯气压力高。 ③尾气用户用氢减少	①与前工序联系。 ②按原料氯压力高处理。 ③与调度联系,改变氯平衡状况
8	尾气管道出现液氯	使用液氯储槽未开进料阀或废氯阀	检查相关管线及阀门进行处理
9	包装时重量增加很慢	①压力不足。 ②槽内温度较高,槽内液氯汽化压力大。 ③管路或阀门堵塞	①保持泵压力≤1.0MPa。 ②用抽气管抽出氯气,抽一段时间后再进液氯。 ③检查疏通
10	包装时槽体发热	槽内可能存在有机物或其他能与氯气反应发热的物质	立即停止充装并抽气后,卸下短接待检查处理

八、液氯工序安全防范

1. 安全生产基本原则

液氯生产具有低温、剧毒、腐蚀性强的特点,这就要求有一套行之有效的安全管理规章制度和技术规程,为现代化生产作保证。在操作过程中每一个岗位操作人员都必须认真执行操作规程,在安全生产过程中遵守"不伤害自己,不伤害他人,不被他人伤害"的原则,只有这样,才能保证装置安全平稳运行。

2. 液氯工段危险源

① 由于液氯压力高，易汽化，若发生泄漏且处理不及时，往往造成重大人员中毒事故。

② 离子膜法生产的氯气纯度很高，一般 H_2/Cl_2 比很低，但随着氯气的液化，原氯中的氢气等不凝气体将会在尾气中富集，导致 H_2/Cl_2 比升高，有可能达到爆炸极限。

③ 在电解槽阳极室中产生的三氯化氮，随氯气一同进入氯气处理系统，氯气首先冷冻加压变为液氯，当由汽化器升温进行液氯灌装时，较氯气难挥发的三氯化氮便在液氯汽化器中逐步浓缩，当浓度达到一定值时，就存在爆炸危险。

④ 充装液氯的汽车槽车、液氯钢瓶属压力容器，灌装前要认真检查其是否达到质量要求，灌装时要严格遵守操作规程。液氯气瓶若存在设计、制造、材质缺陷，或因疲劳、腐蚀致强度降低，或运输方式、存放位置不当，或碰撞致使气瓶安全附件损坏，均可造成爆炸事故。

⑤ 氯气泄漏，人员未穿防护服或防护不当，身体带汗或被水淋湿的情况下接触氯气可引起化学灼伤。

3. 防中毒窒息措施

① 在有中毒及窒息危险的环境下作业，必须指派监护人，且必须佩戴可靠的劳动防护用品。

② 各类有毒物品和防毒器具必须有专人管理，并定期检查。

③ 有毒有害物质的设备、仪器要定期检查、校验，保持完好。

④ 氯气密度比空气大，出现漏氯现象时，没有防毒面具时应该屏住呼吸，在口鼻处放一湿毛巾，绕过污染区域和低洼地，向上风方向跑去。

 [案例分析 1]

事故名称：液氯钢瓶泄漏。

发生日期：2004 年 6 月 11 日 10 时 30 分左右。

发生单位：山东某厂。

1. 事故经过

该厂物流中心化学品仓库值班室的固定式氯气报警仪突然发生声光报警，液氯气瓶发生泄漏。空气中弥漫着氯气特有的刺激性气味。化学品仓库的操作人员迅速佩戴好正压自给式空气呼吸器，火速赶到现场查找泄漏气瓶，进行堵漏处理。一次堵漏不成功，氯气在常压下迅速汽化，没有浓度减少的迹象。操作人员迅速将泄漏的液氯气瓶推进碱吸收池中。大量气泡从碱吸收池中冒出，险情没有解除。通知救助气体防护站（以下简称气防站）。气防站人员迅速赶到现场，启动化学事故应急救援预案（现场勘查、侦毒、隔离区与疏散区确定、人员疏散、现场检测、成功堵漏、空气中毒物的稀释和消除等），在对环境、人员没有造成危害的情况下，于 15 时 20 分堵漏成功，工厂解除警戒，恢复正常生产。

原因分析：液氯在充装时过量，环境温度较高导致钢瓶内压力急剧升高，最终钢瓶易熔塞破裂，液氯大量泄漏。

2. 防范措施

① 液氯计量槽依靠计量装置（地中衡、硅性翻板液位计或其他计量装置）严格控制液氯进料量。

② 灌装用的地中衡应有严格的管理制度，计量衡器的最大称量值应为常用称量的 1.5～3 倍，计量衡器的校验期限最长不得超过三个月。

③ 设立整瓶岗位。为确保钢瓶的安全使用，须设置钢瓶整修岗位，负责对进厂所有钢瓶进行必要的检查和校验。

④ 液氯钢瓶的灌装重量误差为±1％，为确保充装准确，除有专用的灌装地中衡并定期校验外，专设重复称量的地中衡，每次灌装后，有专人重复称量，层层把关以确保安全。

 [案例分析 2]

事故名称：液氯汽化器爆炸。

发生日期：2004 年 4 月 15 日。

发生单位：吉林某厂。

1. 事故经过

液氯工段液化岗位 1♯汽化器突然发生猛烈爆炸。爆炸时先见弧光，紧接着一股白烟腾空而起，随后冒出一片黄油（氯气）。1♯热交换器一端的平封头钢板（重 58kg）飞出了 42m；另一端（重 80kg）飞出 76m，加热室的一个封头盖（重 184kg）飞出后，先与管架相撞，再飞出 15m，另一个封头盖（重 148kg）飞出 21m，有一重 14kg 的弯管飞出 86m。测算估计，当时的爆炸瞬间压力在 70MPa 左右。由于恰逢凌晨，事故造成 1 人死亡、2 人重伤、1 人轻伤。

2. 原因分析

① 该厂在盐水精制过程中，曾使用含有氨（约 20g/L）的废碱液配制盐水。由于盐水氨味太大，加入盐酸中和，故盐水中含有大量氯化铵。氯化铵随盐水进入电解槽，在阳极室内与氯气反应生成大量三氯化氮。

② 三氯化氮沸点为 72℃（液氯沸点为−34℃），当温度升高液氯汽化时，三氯化氮仍留在 1♯汽化器内。1♯汽化器由于数月未排污，三氯化氮累积严重超标。

3. 教训

① 严格控制入电解槽盐水无机铵含量≤1mg/L，总铵含量≤4mg/L；

② 液氯计量槽、汽化器等设备必须按操作规程定期排污；

③ 建议在氯总管中增加一套冷却装置，预先将三氯化氮冷凝捕集，并加以处理。

 [案例分析 3]

事故名称：三氯化氮爆炸。

发生日期：2001 年 3 月 18 日。

发生单位：山东某厂。

1. 事故经过

3 月 18 日下午液氯包装岗位对液氯汽化器进行排污。17 时 45 分，拆汽化器底部一根无缝钢管。卸完管子两头法兰螺栓，往外抽时，这根钢管突然粉碎性爆炸，造成 1 人死亡，2 人重伤，1 人轻伤。液氯汽化器因三氯化氮爆炸事故，其他生产厂也曾发生多起。

2. 原因分析

① 该厂使用盐卤定量超标，造成三氯化氮在汽化器处积聚，卸管时振动，使三氯化氮爆炸。

② 该厂不设置排污阀，采用拆管子方式排污不合理。

③ 排污不及时，汽化器内含三氯化氮最高，加温时使三氯化氮分解，引起爆炸。

④ 原料盐及化盐用水总氨、无机氨的含量超标，致液氯中三氯化氮过高，当汽化器的液氯汽化后，三氯化氮的积聚达到爆炸极限，受外来影响而发生爆炸。

⑤ 三氯化氮极不稳定，达到一定浓度后，遇光、振动等易分解爆炸。

3. 教训总结

① 选用液相除氨法，在盐水中加次氯酸钠，降低水中含氨量；

② 应采用锦西化工研究院"高效催化分解氯气中三氯化氮"的新工艺；

③ 增加用液氯残渣生产次氯酸钠工序，彻底排除隐患；

④ 改进三氯化氮的排污方法。

 [案例分析 4]

事故名称：三氯化氮爆炸。

发生日期：2004 年 4 月 16 日。

发生单位：重庆天原化工总厂。

1. 事故经过

2004 年 4 月 15 日下午，处于重庆主城区的重庆天原化工总厂氯氢分厂 2 号氯冷凝器出现穿孔，有氯气泄漏。16 日 1 时左右，列管发生爆炸；凌晨 4 时左右，再次发生局部爆炸，大量氯气向周围弥漫。由于附近民居和单位较多，重庆市连夜组织人员疏散居民。16 日 17 时 57 分，5 个装有液氯的氯罐在抢险处置过程中突然发生爆炸，当场造成 9 人死亡。

为避免剩余氯罐产生更大危害，现场指挥部和专家研究决定引爆氯罐。18 日，存在危险的汽化器和储槽罐终于被全部销毁。

此次液氯泄漏事故，导致江北区、渝中区、沙坪坝区近 15 万人疏散，引起了中共中央、国务院和重庆市委、市政府的高度重视。

2. 事故原因

(1) 直接原因

① 设备腐蚀穿孔导致盐水泄漏，是造成三氯化氮形成和聚集的重要原因。根据重庆大学的技术鉴定和专家的分析，造成氯气泄漏和盐水流失的原因是氯冷凝器列管腐蚀穿孔。腐蚀穿孔的原因主要有 5 个方面：一是氯气、液氯、氯化钙冷却盐水对氯冷凝器存在普遍的腐蚀作用；二是列管中的水分对碳钢的腐蚀；三是列管外盐水中由于离子电位差对管材发生电化学腐蚀和点腐蚀；四是列管与管板焊接处应力腐蚀；五是使用时间已长达 8 年并未进行耐压试验处的应力现象未能在明显腐蚀穿孔前及时发现。

② 液氯生产过程中会副产极少量三氯化氮，通过排污罐定时排放，采用稀碱液吸收可以避免发生爆炸。但 1992 年和 2004 年 1 月，该液氯冷冻岗位的氨蒸发器系统曾发生泄漏，造成大量的氨进入盐水，生成了含高浓度铵的氯化钙盐水（经抽取事故现场氯化钙盐水测定，盐水中含有氨和铵离子的总量为 17.64g/L）。由于 1 号氯冷凝器列管腐蚀穿孔，导致含高浓度铵的氯化钙盐水进入液氯系统，生成了约 486kg（理论计算值）的三氯化氮爆炸物，

为正常生产情况下的 2600 余倍，是 16 日凌晨排污罐和盐水泵相继爆炸以及 16 日下午抢险过程中演变为爆炸事故的内在原因。

③ 三氯化氮富集达到爆炸浓度和启动事故氯处理装置造成振动，是引起三氯化氮爆炸的直接原因。经调查证实，该厂现场处理人员未经指挥部同意为加快氯气处理的速度，在对三氯化氮富集爆炸危险性认识不足的情况下急于求成，判断失误，凭借以前的操作处理经验，自行启动了事故氯处理装置，对 4 号、5 号、6 号液氯储罐及 1 号、2 号、3 号汽化器进行抽吸处理。在抽吸过程中事故氯处理装置水封处的三氯化氮因与空气接触和震动而首先发生爆炸，爆炸形成的巨大能量通过管道传递到液氯储罐内，使罐内的三氯化氮振动，导致 5 号、6 号液氯储槽内的三氯化氮爆炸。

（2）间接原因

① 压力容器日常管理差，检测检验不规范，设备更新投入不足。国家质量技术监督局《压力容器安全技术监察规程》第 117 条明确规定："压力容器的使用单位，必须建立压力容器技术档案并由管理部门统一保管"。但该厂设备技术档案资料不全，近两年无维修、保养、检查记录，压力容器等设备管理混乱。《压力容器安全技术监察规程》第 132、第 133 条分别规定："压力容器投用后首次使用内外部检查期间内，至少进行 1 次耐压实验"。但该厂和重庆化工节能计量压力容器监测所没有按该规定对压力容器进行首检和耐压实验，2002 年 2 月进行复检，2 次检验都未提出耐压实验要求，也没有做耐压实验，致使设备腐蚀现象未能在明显腐蚀和腐蚀穿孔前及时发现，留下重大事故隐患。该厂设备陈旧老化现象十分普遍，压力容器等设备腐蚀严重，设备更新投入不足。

② 生产责任制落实不到位，安全生产管理能力不足。2004 年 2 月 12 日，重庆化医控股（集团）公司与该厂签订安全生产责任书以后，该厂未按规定将目标责任分到厂属各单位和签订安全目标责任书，没有将安全责任落实到基层和工作岗位，安全管理责任不到位。安全管理人员配备不合理，安全生产管理能力不足，重庆化医控股（集团）公司分管领导和厂长等安全生产管理人员不熟悉化工行业的安全管理工作。

③ 事故隐患督促检查不力。重庆天原化工总厂对自身存在的事故隐患整改不力，特别是该厂"2.14"氯化氢泄漏事故后，引起市领导的高度重视，市委、市政府领导对此作出了重要批示，为此，重庆化医控股（集团）公司和该厂虽然采取了一些措施，但是没有从管理上查找事故的原因和总结教训，在责任追究上以经济处罚代替行政处分，因而没有让有关责任人员从中吸取事故的深刻教训，整改措施不到位，督促检查力度不够，以至于在安全方面存在的问题没有得到有效的整改。"2.14"事故后，本应增添盐酸合成尾气和四氯化碳尾气的监控系统，但直到"4.16"事故发生时仍未配备。

④ 对三氯化氮爆炸的机理和条件研究不成熟，相关安全技术规定不完善。国家有关权威专家在《关于重庆天原化工总厂"4.16"事故原因分析报告的意见》中指出："目前国内对三氯化氮爆炸的机理、爆炸的条件缺乏相关的技术资料，对如何避免三氯化氮爆件的相关技术标准尚不够完善"，"因含高浓度的氯化钙盐水泄漏到液氯系统，导致爆炸的事故在我国尚属首例"。这表明此次事故对氯化氮的处理方面的确存在很大的复杂性、不确定性和不可预见性。这次事故是氯碱行业现有技术难以预测的，没有先例的事故，人为因素不占主导作用。同时，全国氯碱行业尚无对氯化钙盐水中铵含量定期分析的规定，该厂氯化钙盐水 10 余年未更换和检测，造成盐水的铵不断富集，为生成大量的三氯化氮创造了条件，并为爆炸的发生埋下重大的潜在隐患。

3. 事故教训与整改措施

重庆天原化工总厂"4.16"事故的发生，留下了深刻的、沉痛的教训，对氯碱行业具有普遍的警示作用。

① 天原化工总厂有关人员对氯冷凝器的运行状况缺乏监控。有关人员对 4 月 15 日夜里氯干燥工段氯气输送泵出口压力一直偏高和液氯储罐液面管不结霜的原因，缺乏及时准确的判断，没能在短时间内发现氯气液化系统的异常情况，最终因氯冷凝器氯气管渗漏扩大，使大量冷冻盐水进入氯气液化系统。这个教训应该认真总结，有关企业应引以为戒。

② 目前大多数氯碱企业均用液氨冷却氯化钙盐水的传统工艺生产，尚未对盐水含铵量引起足够重视。有必要对冷冻盐水中含铵量进行监控或添置自动报警装置。

③ 完善安全管理制度和各种操作规程并严格执行。加强设备管理，加快设备更新步伐，尤其要加强压力容器与压力管道的检查和管理，杜绝泄漏。对在用的关键压力容器，应增加安全附件设施和检测频率，减少设备缺陷所造成的安全隐患。

④ 尽量采用新型制冷剂取代液氨制冷的传统工艺，提高液氯生产的本质安全水平。

⑤ 从技术上进行探索，尽快形成一个安全、成熟、可靠的预防和处理三氯化氮的应急预案和方法，并在氯碱行业推广。

⑥ 加紧对三氯化氮的深入研究，完全弄清其物理和化学性质、爆炸机理，使整个氯碱行业对三氯化氮有更充分的认识。

 [案例分析5]

事故名称：氯气泄漏事故。

发生日期：2002 年 10 月 27 日。

发生单位：乌海某厂。

事故经过：

2002 年 10 月 27 日，液氯车间计量槽氯气管道因法兰垫破裂发生氯气泄漏事故。此次事故致使 1 人当场中毒死亡，40 多人不同程度中毒，上千人有刺激性反应，600 多头（只）家禽牲畜中毒死亡。

据调查，此次液氯的泄漏点正是两节管道的接口处，接口法兰有 8 个用于固定对接的螺口，只拧了 4 个螺栓。而其他四周管道的接口点，没有发现这种情况。而且，这一改造工程没有向有关部门报批，无施工图纸和施工合同，工程改造完以后，又未按规定对压力管道进行打压试验。

"4 个螺栓"问题也反映了企业的生产管理存在严重问题。无论是企业没有发现安装公司留下的这一明显的生产安全隐患，还是发现了没有引起重视，都可见这个企业缺乏科学严谨的生产管理意识和措施。事故发生时，液氯车间只有一个值班工人、一个氧气瓶，值班工人上去抢险时因氧气不够只得中途退了回来调用附近企业的氧气瓶，结果本来用不了 10min 就能堵住泄漏管道花了 20 多分钟才堵住。这是一起重大安全生产责任事故，归根到底，这起事故祸起企业粗放的管理。

 任务实施

一、教学准备/工具/仪器

图片、视频展示

详细的液氯生产的 PID 图

彩色的涂色笔

化工图样中的设备、仪表、阀门中字母所代表的含义

二、操作要点

流程识读：

根据附图 12 来完成，首先找出氯气通过液化器被液化的过程，再找到液氯包装所经过的主要设备，并使用相应的彩色准备涂色。

例如：液氯使用棕色的粗实线，稀酸为粉色等。

任务一：找到液氯生产的主流程，从前到后依次经过液化器、气液分离器、液氯储槽和液氯钢瓶。

任务二：根据液氯生产工序 PID 图（附图 13）的工艺流程简述，回顾液氯生产的原理、使用设备情况和各重点位置参数控制值。

工艺流程简述如下：

原料氯气来自氯氢处理氯气分配台，大部分氯气去"二合一"炉合成氯化氢，小部分氯气送至液化器由压缩机送来的氟利昂冷却，大部分的氯气被液化。未冷凝气体经气液分离器通过尾气分配台送至氯化氢合成工序。从气液分离器分离出的液氯进入液氯储槽，再由液氯储槽流入液氯泵。由液环泵加压至 0.8～1.0MPa 送入包装。液氯泵和运行分离器每周两次排污，排至排污槽。排污液至中和槽与中和槽配制的碱液中和。中和后的碱液经中和液输送泵输送至废气处理碱液循环槽。

任务五　电解水制氢

任务目标　　电解水制氢目标平衡氢和氯的配比，使它们的配比正好满足生产氯化氢的需要。本节任务目标是掌握碱性电解水制氢的生产原理和优点，熟练并掌握工艺流程，明确主要控制指标的控制过程和正常范围，能够根据故障分析排除异常情况。熟悉开停车岗位操作步骤。

任务描述

在氯碱行业聚氯乙烯生产中为确保氯乙烯生产的安全，必须控制氯化氢中不含游离氯，因而在氯化氢生产中通常控制氯气与氢气的配比为 $1:(1.05\sim1.1)$。而电解氯化钠溶液生产的氯气和氢气是等物质的量的，因此，聚氯乙烯生产企业都存在氯气过量、氢气不足的困扰，通常为平衡氯气，会副产部分液氯或其他耗氯产品。添加本工序的目的就是基本替代液氯生产，因为液氯的储存和运输危险性比较大，价格也很便宜，所以将多余的氯都转化为氯化氢更具经济价值。

本工序的控制指标如表 3-13 所示。

表 3-13 电解水制氢工序的岗位控制指标

名称	控制指标	名称	控制指标
氧气纯度分析	≥98.5%	出 V-1403 氢水分离器氢气的压力	1.6MPa
氢气纯度分析	≥99.9%	出整流纯水换热器的纯水温度	32℃
V-1402 氧分离器液位	0~10kPa	V-0412 整流纯水泵出口纯水温度	37℃
V-1402 氧分离器液位	$L=500mm$	电解槽阳极侧槽温	≤90℃
V-1401 氢分离器液位	0~10kPa	电解槽阴极侧槽温	≤90℃
V-1401 氢分离器液位	$L=500mm$	过滤器出口的碱液进槽温度	≤75℃
V-0412 整流纯水槽液位	$L=400mm$	过滤器出口的碱液进槽流量	约 $24m^3/h$
V-0412 整流纯水泵出口压力	0.3MPa	V-1405 氧水分离器出口氧气温度	≤50℃
出整流纯水换热器纯水的压力	0.2MPa	V-1403 氢水分离器出口氢气温度	≤50℃
出 V-1405 氧水分离器氧气的压力	1.6MPa		

 知识链接

一、电解水制氢岗位生产原理

所谓电解就是借助直流电的作用，将溶解在水中的电解质分解成新物质的过程。而在一些电解质水溶液中通入直流电时，分解出的物质与原来的电解质完全没有关系，被分解的是作为溶剂的水，原来的电解质仍然留在水中。例如硫酸、氢氧化钠、氢氧化钾等均属于这类电解质。

在电解水时，由于纯水的电离度很小，导电能力低，属于典型的弱电解质，所以需要加入前述电解质，以增加溶液的导电能力，使水能够顺利地电解成为氢气和氧气。

氢氧化钾等电解质不会被电解，现以氢氧化钾为例说明：

① 氢氧化钾是强电解质，溶于水后即发生如下电离过程：

$$KOH \longrightarrow K^+ + OH^-$$

于是水溶液中就存在大量的 K^+ 和 OH^-。

② 金属离子在水溶液中的活泼性不同，可按活泼性大小顺序排列如下：

K＞Na＞Mg＞Al＞Mn＞Zn＞Fe＞Ni＞Sn＞Pb＞H＞Cu＞Hg＞Ag＞Au

在上面的排列中，前面的金属比后面的活泼。

③ 在金属活泼性顺序排列中，越活泼的金属越容易失去电子，否则反之。从电化学理论上看，容易得到电子的金属离子的电极电位高，而排在前面金属的金属离子，由于其电极电位低而难以得到电子变成原子。氢离子的电极电位为 $-1.71V$，而钾离子的电极电位为 $-66V$，所以，在水溶液中同时存在氢离子和钾离子时，氢离子将在阴极上首先得到电子而变成氢气，而钾离子则仍留在溶液中。

④ 水是一种弱电解质，难以电离，而当水中溶有氢氧化钾时，在电离的钾离子周围则围绕着极性的水分子而成为水合钾离子，而且因钾离子的作用使水分子有了极性方向。在直流电作用下，钾离子与带有极性方向的水合分子一同迁向阴极，这时氢离子首先得到电子而成为氢气。因此在以氢氧化钾为电解质的电解过程中，实际上是水被电解，产生氢气和氧气，而氢氧化钾只起运载电荷的作用。

⑤ 在水电解制氢的生产中，采用 KOH 水溶液作为电解液，在直流电场的作用下，水分子在电解槽中发生电化学反应，最终生成氢气和氧气。其电极反应为：

阴极：$2H_2O+2e \longrightarrow H_2+2OH^-$

阳极：$2OH^- -2e \longrightarrow H_2O+1/2O_2$

总反应：$H_2O \longrightarrow H_2+1/2O_2$

在电解水制氢的过程中每产生 I 标准立方米的氢气需要消耗 1kg 纯水，为了补充电解过程中消耗的纯水，正常情况下，根据氢、氧分离器液位的高低，补水泵自动补入纯水。

二、电解水制氢工艺流程简述

1. 氢气系统

在直流电场的作用下，氢气在水电解槽的阴极室生成。夹带有产品氢气的电解液通过电解槽气道环及连接管道流入氢分离器中。在此利用气液两相的密度差进行重力分离，氢气向上进入氢综合塔，经原料水洗涤、冷却及除沫后，由氢薄膜调节阀调节输入用户，不合格氢气则经旁路阻火器排空。

2. 氧气系统

氧气在水电解槽的阳极室生成后，夹带有电解液的氧气进入氧分离器中，在此利用气液两相的密度差进行重力分离，氧气向上进入氧综合塔，经原料水洗涤、冷却及除沫后，由氧薄膜调节阀调节输入用户，不合格氧气则经旁路阻火器排空。

3. 碱液循环系统

① 传送电解过程中产生的氢气和氧气，使之进入分离器中进行分离。

② 除去电解反应产生的废热，由冷却水冷却碱液而除去。

③ 补充消耗的原料水，通过碱液循环而带入电解小室。

④ 对电极区进行"搅拌"，以减少浓差极化，从而降低电极超电位。

两个分离器的碱液，由碱液泵经连通管吸入，再经泵出口管线上碱液冷却器、碱液过滤器后进入各电解小室中，电解槽中的碱液随生成的产品氢气、氧气、带入氢、氧分离器，如此循环往返。

4. 原料水系统

在水电解制氢过程中，唯一消耗的是原料水，一方面因水电解而消耗掉，另一方面产品氢气和氧气在排出系统时总会夹带少量的水雾和水汽，因此必须不断地给系统补充原料水，以维持两分离器液位和电解液浓度的稳定。

水箱中原料水由补水泵抽取后送到氢、氧综合塔的洗涤段，以洗掉产品气夹带的碱雾，在重力的作用下，降落到氢氧分离器中，通过碱液的循环作用最终回到电解槽中。

5. 冷却水系统

在直流电的作用下，水被电解生成氢气和氧气，同时有部分电能转化成了热能，这部分热量必须除去，否则热量的积聚会使电解系统的温度越来越高，最终使生产无法继续下去。为了使系统运行处于最佳状态，电解槽的运行温度必须加以控制，一般在 80～90℃，温度过高会使电极及隔膜的腐蚀变得十分严重，从而影响设备的寿命。

厂区供应循环冷却水经过冷却水调节阀进入碱液循环回路的碱液冷却器，返回到循环回水系统。厂区供应的 7℃冷却水直接进入氢气、氧气冷却器，返回到冷却水系统。

6. 其他

主要包括充氮和排污系统，前者用于开车前的吹扫和试压，后者是排除排污系统各装置内的污水，如电解槽、过滤器、水箱、碱箱等装置上都设置了排污口，详见流程图。

三、电解水制氢岗位原始开车操作

1. 开车前的准备

开车前的检查：

① 按照工艺流程检查设备、阀门、管道连接是否正确，确认设备、阀门、管道、铜排、电线电缆及其他材料是否符合设计要求。

② 检查并确认各阀门、法兰及支撑点连接是否牢固可靠。

③ 检查所有设备外壳接地是否正确、牢固。

④ 检查并确认铜排连接是否牢固，正负极连接是否正确；电线电缆连接是否正确，牢固、可靠。

⑤ 检查各容器内有无遗留工具、杂物，并清扫干净。

⑥ 检查各极框之间、正负极铜排间有无短路或金属导体，发现后必须排除。

⑦ 检查补水泵的润滑油是否加注。

⑧ 确认整流变压器、整流控制柜已处于备用状态。

⑨ 检查确认氢氧放空管出口距离满足条件，管口有防雨措施。

⑩ 检查及试验各报警仪是否灵敏可靠。

⑪ 氢中氧、氧中氢的调试。

⑫ 检查各消防设施、器材是否完备，是否处于备用状态。

⑬ 检查劳动防护用品是否已备好，包括 2% 硼酸溶液、护目镜、橡胶手套、口罩、胶靴、雨衣。

⑭ 确认由公用工程提供合格的脱盐水、冷却水、氮气及仪表空气处于工作状态。

⑮ 气动部分的检查与准备（电气、自控人员配合）。

2. 制氢系统的清洗

（1）电解制氢设备清洗

电解制氢设备在正式投入运行前应对系统进行清洗，以去除加工过程中存留在各部件内部的机械杂质。

（2）原料水箱清洗

用原料水冲刷箱体表面，将箱内的污物和杂质（如铁锈、焊渣、油污及泥沙等）冲下，并通过排污口排掉，如果油垢洗不净时，应用洗涤剂擦洗，直至从箱体及罐体内排出的原料水洁净为宜。箱体外表面可用普通水冲刷。

（3）电解槽及框架的清洗

① 该过程是借助碱液泵循环来完成，补水泵的启动转换为手动挡。

② 清洗水箱，保证原料水达到要求后进行以下步骤：

a. 开启原料水箱注水电磁阀，自动将原料水箱内注满原料水。所有阀门均处于关闭状态。

b. 先开碱箱进水阀、出水阀，再开进碱阀 V128、碱液泵进出口阀 V123a（或 V123b）和 V124a（或 V124b）、过滤器进口阀 V126、出口阀 V125，然后启动碱液泵，缓缓地打开电解槽进碱阀 V122，将原料水打入电解槽及框架Ⅰ中，直到液位达到分离器液位计中部（35～45cm）时停泵。

c. 开碱液连通管的进碱阀 V121，关进碱阀 V128，启动碱液泵，进行内循环，直到流量达到最大。通过如此循环洗涤上述系统，3～4h 后停泵，打开电解槽排污阀 V185a、V185b，打开过滤器排污阀 V186，将污水排净。

d. 重复以上操作 2～3 次，直到排出液干净为止。

e. 清洗合格后，关闭阀 V185a、V185b、V186。

3. 气密检验

① 参照上述步骤，向电解槽及框架 I 内注入原料水，液位到分离器中部，然后关掉所有外连阀门，打开全部内联阀门。

② 通过氮充灌阀 V120 向系统内充满工业纯以上的氮气，压力达 0.5MPa 时，关闭 V120，检查管路、阀门及仪表等连接部位有无泄漏，如有应予以消除。然后继续充灌氮气，升压至 1.0MPa，再检查泄漏情况，最终至 1.6MPa，检查气密泄漏情况，并消除漏点。最后系统保压 12h，泄漏量每小时不超过 5‰为合格。

③ 气密试验合格后，启动碱液泵循环 1～2h 后停泵，并通过差压变送器放液阀 V182a、V182b 缓缓泄压。再开启电解槽及过滤器排污阀，利用氮气余压排污，排净后关闭上述阀门。

4. 冷却水检漏

通以 0.2～0.4MPa 循环冷却水，检漏合格。

5. 自控系统

自控系统准备完毕。

6. 整流系统

整流系统准备完毕。

7. 电解液的配制

（1）稀碱溶液（15％）的配制

① 根据本型号 DQ-500/1.6 电解槽及分离器的规格，需配制 20％KOH 溶液约 9800L（需用分析纯固体 KOH 约 2100kg），按照上述步骤，将碱箱中配制好的稀碱，通过碱液泵打入电解槽及框架 I 中，液位到分离器中部，再关碱液箱出口阀，开内循环阀 V128、关 V120 开启碱液泵，循环量控制在 11～15m^3/h，循环 2h 左右后停泵，用量筒取碱液，待温度降至 30℃时测相对密度为 1.18 则为合格，如相对密度不够，则将碱液退回至碱液箱，补加 KOH，反之加水，直至相对密度合格为止。溶液配制好后，将碱箱盖好，防止空气中的 CO_2 进入，待用。

② 操作运行步骤。接通整流柜及控制柜电源及控制柜气源，并将系统工作压力设定在 0.4MPa，补水泵开关置于手动挡，液位联锁开关在解除联锁挡，使控制柜处于正常工作状态。

开启充氮阀 V140，向系统内充氮，至 0.3MPa 时关闭 V140，同时开启碱液泵打内循环，循环量控制在 10m^3/h 左右。

整流柜设置在稳流挡，启动整流柜，使直流电压在 220V 左右。此时随着槽温的上升直流电流输出也逐渐上升，直至接近额定值。此时将液位上下限联锁转换开关置于联锁挡，补水泵置于自动加水挡，此时补水进水阀应确保处于开启状态。

运行 1h 后，温升至 60℃时开启冷却水进口阀以控制槽温，同时开启氢、氧分析仪的取样阀 V172a、V172b，分析氢气、氧气纯度。待槽温升到 80℃后，应观察槽温变化趋势，重新整定循环碱温的给定值，使槽温稳定在 80～90℃。运行 3～4h 后，可逐步提高工作压力给定值，直至 1.6MPa。在保持直流电压不超过 220V 的前提下，尽可能提高直流电流，直至接近额定 8200A。稀碱运行 48h 后，循环量自行下降，则应考虑清洗过滤器。

稀碱运行 48h 后停机，停机步骤见后。停机后从电解槽及过滤器排污阀 V185a、V185b、V186 将废碱液排尽，同时系统内注入原料水，循环 2～3 遍后排掉，并清洗过滤器，准备下一步操作。

（2）浓碱溶液（30%）的配制

① 配制方法同上，固体 KOH 的加入量约为 3800kg，30℃时的相对密度为 1.281，同时加入化学纯以上的五氧化二钒（V_2O_5）约 8kg。

② 浓碱操作运行步骤。操作运行步骤详见稀碱运行一节，注意额定总电流为 8200A，工作温度为 80~90℃。

额定状态下运行稳定且产品气纯度合格后，可将氢供气阀 Vt1 调至供气状态，每隔 2h 做一次对工作参数如槽温、槽压、直流电流、直流电压、气体纯度及运行情况记录，每周测一次小室电压。

8. 正常运行

① 装置运行过程中，操作人员应在上位机上认真、仔细地监控设备运行情况，并不断进行画面切换，对每台运行中的设备都要监控。观察各数据变化是否在规定的范围内，检查上位机上的状态显示画面与现场是否相符。

② 当装置正常运行后，操作人员应注意观察装置的运转情况，并按规定的参数条件进行观察与操作，每小时记录一次数据。

③ 注意报警，及时、准确地发现并处理运行过程中的异常情况。

④ 根据用氢量的需要情况，及时调节整流柜的输出电流，在电流手动调节过程中，对电位器旋转时不能过猛，以防产生过流故障损坏快速熔断器或可控硅元件。也可以通过微机系统进行远程控制调节。

⑤ 注意观察电解槽极框间的密封材料氟塑料有无变形挤出和泄漏情况，适量挤出属正常现象，如密封不良引起渗碱或气体纯度下降，应紧固拉紧螺母，以消除上述缺陷。

⑥ 定期检查冷却系统，如发现换热效果不佳，应对换热器及冷却水质进行检查，及时清除换热器内的污垢，泥沙等异物，保持水流畅通，换热良好。如冷却水质不符合要求，应更换水源。

⑦ 保持电解槽及其他设备的整洁、干净。特别是电解槽，要防止金属件落其上而引起短路，设备接口、管件、阀门及仪表等应加强检查，如有漏点，及时消除。

⑧ 通过手动调节阀调节碱液循环量，注意循环量不能过大或过小，过大会导致氢气纯度下降，过小会使电解槽温度过高而降低隔膜的使用寿命（在正常情况下，调整好后，不再进行调整）。

⑨ 碱液过滤器必须定期清洗。

a. 清洗过滤器应在停机时进行，操作人员穿戴好劳动防护用品，准备好拆卸清洗工具。

b. 先关闭过滤器进出口阀门，通过排空阀对过滤器泄压，再通过排污阀排掉其中碱液。

c. 拆开压盖，取出滤芯清洗（可先用循环水清洗，再用脱盐水清洗），如发现镍丝网损坏，则需更换。

d. 清洗过的滤芯装好，并压紧压盖。

e. 稍微打开过滤器进口阀，打开排气阀，直到有碱液排出为止，并用量筒接一定量的碱液用来测量碱液的密度，关闭排气阀。注意观察有无漏碱漏气现象。

f. 全开过滤器进出口阀，清洗完成。

g. 做好清洗记录和碱液密度测量记录。

h. 制氢、氧分离液位在 330～350mm，注意观察自动补水是否正常。

9. 停车操作

① 在控制柜上，将补水泵启动开关置于手动挡，液位联锁转换开关置于联锁消除挡。

② 切断分析仪电源，分析气样流量调至零。

③ 关闭氢、氧侧旁通阀 V111a、V111b，将氢侧的二位三通气动球阀切换至排空状态，使氢、氧两侧液位基本保持平衡。

④ 调循环碱温给定为零。

⑤ 待槽温降至 50℃ 以下时，开氢氧侧保压阀 V110a、V110b，使给定压力缓缓降至零，使系统卸压至零。

⑥ 碱液泵继续运行 1～2h 后停泵。

⑦ 切断电源、气源、冷却水之后，可关各阀，停车完成。

10. 紧急停车

① 紧急停车但无其他故障情况，应将整流电流给定降到零。切断补水泵、分析仪电源，关上氢、氧输气阀，关闭氢、氧分析仪取样阀 V172a、V172b，开氢、氧排水器阀 V184a、V184b，并注意氢、氧两侧液位应基本平衡。使系统处于保压状态。如短时间恢复供电，可打开氢、氧旁通阀 V111a、V111b，再通过自控系统按正常开车步骤开车。待产品气合格后恢复供气。如长时间停电，需开启氢、氧排空阀，在维持两侧液位基本平衡情况下卸压，其他操作同上。

② 紧急故障引起的紧急停车要求泄压时，则将压力调节的压力给定调为零，使系统自动泄压，或直接开启氢、氧排空阀，通过阻火器排放。

③ 做好停车记录供事后分析处理，如设备故障，应分析产生的原因并排除它，经调试正常后方可投入使用。

四、常见异常情况及处理方法

电解水制氢常见异常情况及处理方法见表 3-14。

表 3-14　电解水制氢常见异常情况及处理方法

故障情况	产生原因	排除方法
1. 直流总电压过高	①电解槽太脏,导致小室极框上进碱槽、出气槽阻塞,从而引起电解液电阻增大。 ②碱液浓度过低。 ③槽温太低。 ④添加剂 V_2O_5 失效。 ⑤碱液循环量过低	①急剧升降电流和碱液循环量,将阻塞物冲开,或停车冲洗电解槽。 ②调整碱液浓度。 ③槽温提高到 80～90℃ ④从碱液过滤器补加 V_2O_5 ⑤增加循环量
2. 槽压不稳定	①压力或差压变送器零点飘移。 ②压力或差压变送器内有积液。 ③参数整定不合理。 ④气体管路有漏点	①调整零点弹簧。 ②开排污阀,排去积液。 ③调整比例积分参数。 ④消除漏点
3. 槽温过高	①碱液冷却器冷却水量不足或冷却水温度过高。 ②冷却水压低。 ③温度自控失灵。 ④碱液循环量偏小	①增加冷却水量,降低冷却水温。 ②增大冷却水压。 ③检查自控系统并排除故障。 ④清洗过滤器,增大循环量

故障情况	产生原因	排除方法
4. 槽温与碱温的温差小	①碱液冷却器换热效果差。 ②碱液冷却器冷却管内结垢。 ③碱液循环量过大。 ④温度控制失灵	①增加冷却水量,降低冷却水入口温度。 ②用机械法或化学法除垢。 ③调整循环碱量。 ④检查温控系统,排除故障
5. 氢氧两侧液位差过大	①差压变送器的引讯接头堵塞。 ②气动薄膜调节阀阀芯磨损。 ③差压系统管路漏气	①拆下引讯接头,清除堵物。 ②调整阀芯位置或更换薄膜调节阀。 ③消除漏点
6. 碱液循环量下降	①碱液过滤器滤芯堵塞。 ②循环量调节阀开度太小。 ③循环泵损坏。 ④循环泵内有气体。 ⑤流量计指示不准	①清洗过滤器滤网。 ②增加开度,保持运行的循环量。 ③更换损坏件或启用备用泵。 ④向循环泵内注入原料水以排除积气。 ⑤校准流量计
7. 气体纯度下降	①电解槽内部密封不良,串气。 ②碱液循环量过大。 ③两分离器液位过低。 ④原料水或碱液纯度不合格。 ⑤碱液浓度过高或过低。 ⑥电解槽内部气、液道阻塞。 ⑦隔膜石棉布穿孔。 ⑧分析仪不准	①适当地压紧电解槽。 ②调整循环量在要求的范围内。 ③补充原料水至正常液位。 ④更换原料水或碱液。 ⑤调整碱液浓度至给定值。 ⑥清洗电解槽或大修。 ⑦大修电解槽,更换损坏件。 ⑧检查分析仪,重校零点
8. 电解槽左、右侧电流偏差大	①小室的个别进液槽或出气槽阻塞,造成电解槽左、右两侧的电阻差异。 ②输电铜排与分流器及中间极板、端极板接触不良	①清洗电解槽及碱液过滤器,或急剧改变电流、循环量来冲刷阻塞物。 ②将接触面打磨干净并紧固牢
9. 产品气含湿量大	①系统运行压力低。 ②气体冷却的不够。 ③除沫器除沫效果差。 ④气体管道中有冷凝水。 ⑤运行压力、温度等波动太大	①提高运行压力。 ②加大气体冷却器的冷却水压力。 ③检查除沫器,重新安装除沫丝网。 ④通过排水器排放。 ⑤改善运行状态

任务六　氯化氢合成

任务目标　　氯化氢工序的目标是将氯气和氢气在合成炉中进行化合反应生成氯化氢气体。本任务目标是掌握氯化氢合成反应方程式和原理,了解使用哪些设备,并且根据鄂尔多斯集团提供的 PID 图,熟练掌握工艺流程,明确主要控制指标的控制过程和正常范围,能够根据故障分析、排除异常情况,熟悉开停车岗位操作步骤。

将氯氢处理工序送来的合格的氯气及液氯送来的液化尾气与氢气在氯化氢合成炉内燃烧，生成氯化氢气体，将大部分合格的氯化氢供应给氯乙烯单体岗位。另外的目的是平衡氯气，保证全厂正常生产。通过学习氯化氢合成的工艺原理、绘制工艺流程和熟悉主要设备结构及原理、了解岗位操作内容、分析异常情况原因并掌握处理方法等，达到能够识读氯化氢合成 PID 图和了解反应原理、掌握重要生产指标的目的。氯化氢合成工序的生产控制指标如表 3-15 所示。

表 3-15 氯化氢合成工序的生产控制指标

控制项目	控制指标	检 测 点	备注
混合氯气纯度	≥95％	S0802	
液化尾气纯度	≥80％	S0803	
氯含氢	≤0.5％	S0802	
氢气纯度	≥99.5％	S0801	
氢含氧	≤200mg/kg	S0801	
氯气总管压力	0.10～0.20MPa	PT-0801	
氢气总管压力	0.085～0.095MPa	PT-0802	
氯化氢总管Ⅰ压力	＜65kPa	PT-0805	
总管Ⅰ氯化氢纯度	95％～96％(A)	S0804	
盐酸浓度	≥31％(A)	S0808	
游离氯	≤50mg/kg	AIZS-0801	
出氯化氢冷却器氯化氢温度	≤40℃	TI0807a～g	
点火前氢气纯度	≥99.5％	S0801	
点火前氯气纯度	≥80％	S0803	
点火前氯含氢	≤0.5％	S0802	
点火前炉内含氢	≤0.067％	S0810a～g	
一级降膜吸收器出口酸温度	≤55℃	TI-0802	
高纯盐酸中间槽液位	0～80％	LI0804ab	
循环液罐液位	30％～80％	LI0803	
冷凝水罐液位	70％～90％	LI0808	
循环回水罐液位	40％～80％	LI0812	
冷凝酸罐液位	10％～90％	LI0807	
盐酸液封罐液位、指示、调节报警	10％～40％	LICA0805	
事故盐酸液封罐液位指示、调节、报警	10％～40％	LICA0810	
合成炉顶热水液位指示、调节、报警	40％～80％	LICA0801a～g	
出成品氯化氢冷却器氯化氢温度	≤12℃	TIA-0805	
合成炉顶低压蒸汽压力指示、调节	0.15～0.25MPa(G)	PIC-0810a～g	
尾气吸收塔出口总管压力指示、调节、报警	－0.001～0.002MPa(G)	PICA-0812	
事故尾气吸收塔出口总管压力指示、调节、报警	－0.02～－0.03MPa(G)	PICA-0813	

知识链接

一、合成氯化氢的工艺原理

1. 氯化氢的性质及用途

（1）性质

氯化氢的化学式为 HCl，常温下为无色、有刺激性气味的气体，其熔点为 $-114.6℃$，沸点为 $-84.1℃$，相对密度为 1.3，极易溶于水，并在溶解过程中强烈放热，氯化氢的水溶液又称为盐酸，是最常用的无机强酸之一。氯化氢与潮湿空气中的水分生成白色的烟雾。在干燥的状态下氯化氢几乎不与金属反应，但在含水或溶于水时，由于其具有酸的性能，腐蚀性很强，能与大多数金属反应生成相应的盐类。

（2）用途

① 主要用于制染料、香料、药物、各种氯化物及腐蚀抑制剂等，还用于大规模集成电路的生产。

② 氯化氢是制造合成材料的主要原料，可用来制造聚氯乙烯和氯丁橡胶等。

③ 化学上可用来配制标准溶液对碱性物质进行滴定。

2. 氯化氢常用合成方法

通常氯气和氢气的合成反应在常温和散射光线下进行得很慢，但当在强光（直射的阳光或镁焰等）照射或高温下会非常迅速地发生剧烈的反应，还会发生爆炸。氯和氢所进行的反应是由许多单个阶段构成的"连锁反应"。

氯化氢的合成过程受温度、水分、催化剂、氯氢的分子比等因素影响极大。目前工业生产氯化氢的方法有直接合成法和其他多种方法。

直接化合法制备氯化氢是由氯气（氧化剂）和氢气（还原剂）作原料在点燃下合成的，反应如下：

$$Cl_2 + H_2 = 2HCl + Q$$

（氯气）（氢气）（氯化氢气体）（放热）

此反应若在低温、常压和没有光照的条件下进行，其反应速率非常缓慢，但在点火燃烧下，反应非常迅速，并且放出大量热。

点燃前需控制合成炉中氢气含量（抽真空和氮气置换使 H_2 的含量<1.0%）。先用空气（大气中）与氢气（胶管喷出）点燃，让胶管接入燃烧器使氢气在灯头燃烧（空气由炉门进入或用管通入），燃烧正常后再用氯气置换空气（通氯气、关炉门或停止通空气），于是氯气与氢气开始反应。反应中控制氯氢分子比，氯气与氢气大部分能在灯头完成燃烧反应，其余在炉腔中继续燃烧。灯头附近温度为 2000℃左右，炉膛温度则在 400~500℃。

氯气与氢气在合成炉中先混合再点燃，会发生爆炸。

3. 氯化氢合成反应机理

生产氯化氢及盐酸其主要反应是氯气与氢气的化合反应，氯气与氢气在适宜的条件下（如光、燃烧及催化剂）会迅速化合，发生连锁反应，其反应式如下：

$$Cl_2 + H_2 = 2HCl + 18.42kJ/mol$$

（1）链的生成

在化合氯化氢生产过程中，一个氯分子吸收光子后，被离解成两个游离的氯原子（Cl·）

即活性氯原子。

$$Cl_2 + h\gamma \longrightarrow 2Cl\cdot$$

（2）链的传递

一个活性氯原子再与一个氢分子作用，生成一个氯化氢分子和一个游离氢原子（H·），这个活性的氢原子又与一个氯分子作用，生成一个氯化氢分子和一个游离的氯原子（Cl·），如此循环构成一个连锁性反应。

$$Cl\cdot + H_2 \longrightarrow HCl + H\cdot$$
$$H\cdot + Cl_2 \longrightarrow HCl + Cl\cdot$$
$$Cl\cdot + H_2 \longrightarrow HCl + H\cdot$$
$$......$$

（3）链的终止

在连锁反应过程中，如果外来因素阻止 H· 和 Cl· 化合，则连锁反应即被破坏，使链传递终止，外来因素包括：

① 在反应过程中，由于元素的自身结合也可以使链锁终止。

$$H\cdot + H\cdot \longrightarrow H_2$$
$$Cl\cdot + Cl\cdot \longrightarrow Cl_2$$
$$Cl\cdot + H\cdot \longrightarrow HCl$$

② 在合成炉中，当有氧气存在时，就能破坏 H· 的活性而使连锁反应中断。如：

$$H\cdot + O_2 =\!=\!= HO_2$$
$$Cl\cdot + O_2 =\!=\!= ClO_2$$

③ 反应过程中，由于游离氯原子或游离氢原子在运动的过程中，与设备的内壁发生碰撞，或与设备内存在的惰性物质分子碰撞，使活化的氯、氢失去过剩的能量而变成非活化分子，使链反应终止。

④ 反应过程中，改变封闭系统中任何物质的浓度都可使链传递终止，另外如果存在负催化剂的作用，也可以使链中断。

总之，每一次链的中断，都会减少反应继续发展的可能性，如果存在不利条件时，还可能会使反应完全终止。

在氯碱企业的实际生产中，氯气与氢气在燃烧前并不混合（否则会发生爆炸反应），而是通过一种特殊的设备"灯头"使氯与氢达到均衡燃烧，生成的活化氯原子和活化氢原子的浓度相对来说是极其微小的，所以不会出现链终止的现象。

4. 影响氯化氢合成的因素

（1）温度的影响

氯气与氢气在常温常压、无光条件下的反应速率是非常缓慢的，但在 440℃ 以上却迅速化合，所以，一般在温度高的情况下可以发生反应，但如果高于 500℃ 时，就有显著的热分解现象，因此，合成温度控制在 400～500℃。氯与氢的反应是放热反应，有大量的热量产生，这种热量使生成的氯化氢气温升高。因此必须设法把合成过程中产生的热量移出，反应才能向有利于生成氯化氢的方向移动，所以合成炉采用夹套式冷却移走反应热。

（2）水分和其他催化剂的影响

绝对干燥的氢气和氯气是很难起反应的，当有微量的水分存在时，往往可以加快反应速率，所以水分是促进氯气与氢气化合的媒介，但如果水分含量超过 0.005％ 时对提高反应速率效果不大，同时加剧反应器腐蚀，因而含水量选择 0.005%。

当有海绵状的铂金、木炭等多孔物质或石英、泥土等矿物质存在时也可以起催化剂的作用，促使反应速率提高。

（3）原料纯度

原料为氯气和氢气。氯气来源有两处，一是来自氯气处理岗位。其中 $Cl_2 \geqslant 98.5\%$（体积分数）、$H_2O \leqslant 50mg/kg$、$O_2 \leqslant 1.0\%$（体积分数）；二是来自液氯岗位的未液化的氯气，其中 $Cl_2 \geqslant 85.1\%$（体积分数）、$H_2O \leqslant 0.5\%$（质量分数）、$O_2 \leqslant 13.0\%$（体积分数）、$H_2 \leqslant 0.53\%$（体积分数）、$N_2 \leqslant 1.36\%$（体积分数）。要求氯气纯度不小于 65%，其中含氢量不大于 3%（防止点燃爆炸）。

氢气来自氢处理岗位。要求氢气纯度不小于 98%，其中含氧量不大于 0.4%（防止氧气与氢气混合，遇火爆炸）。某企业氯化氢合成工序原料控制指标如表 3-16 所示。

表 3-16 氯化氢合成工序原料控制指标

名称	规格	备注
原料氯气	$Cl_2 \geqslant 98.5\%$（体积分数）	来自氯处理工序
液化尾氯	$Cl_2 \geqslant 80\% \sim 90\%$（体积分数）$H_2 \leqslant 0.5\%$（体积分数）	来自液氯工序
原料氢气	$H_2 \geqslant 99.5\%$（体积分数）$O_2 \leqslant 200mg/kg$	来自氢处理工序
纯水	Ca^{2+}、Mg^{2+} 0.0%（体积分数）Fe 含量 $\leqslant 0.5mg/kg$	来自纯水工序

（4）氯氢分子比

理论上，氯气与氢气是按 1:1 分子比进行反应，但实际生产中为防止氯残余，有意让氢气稍过量，但氢气过量太多（超过 20%）有爆炸危险。氢气过量一般控制在 5%~10%，即分子比为氯气:氢气=1:（1.05~1.1）。该比例的氯氢混合气在灯头处点燃，呈现青色（或淡青色）火焰。

若火焰呈白色，则氢气在灯头处多了（或氯气少了），有氢气爆炸危险。

若火焰呈黄色、红色，则氯气在灯头处多了，导致氯化氢气体中氯气含量高，影响氯化氢气体质量，在盐酸生产中也影响盐酸质量，导致盐酸生产尾气中氯气含量过高并引发安全事故。

二、氯化氢合成工序工艺流程

对于氯化氢的合成工艺，目前有两种方法。一种是钢制合成炉或石墨合成炉合成氯化氢，另一种是盐酸脱吸方法。这两种方法各有优缺点，在氯碱企业都有所应用。

1. 钢制合成炉法生产氯化氢工艺流程

合成法生产氯化氢工艺流程见图 3-33。由电解装置输氢泵送来的氢气，经过氢气柜缓冲及阻火器 1，进入钢制合成炉 3 底部的燃烧器（俗称石英灯头）点火燃烧。由电解装置氯干燥岗位送来的氯气，经缓冲器后按摩尔比 $[n(H_2):n(Cl_2)=(1.05 \sim 1.1):1]$ 进入合成炉灯头的内管，经石英灯头上的斜孔均匀地和外套等的氢气混合燃烧，燃烧时放出大量的热，火焰温度达到 2000℃左右，正常火焰呈青白色。合成后的氯化氢气体，借炉身夹套冷却水或散热翅片散热，到炉顶出口时，温度降到 400~600℃，经铸铁制空气冷却管 4 冷却到 100~150℃，再进入上盖带冷却水箱的石墨冷却器 5，用冷却水将氯化氢气体冷却到 40~

50℃，由下底盖排出，经阀门控制进入缓冲器6（或送到膜式或绝热式吸收塔生产盐酸，合成炉开停车时，纯度低的氯化氢也送至吸收塔生产盐酸），再送入串联的石墨冷却器7，用－25℃左右的冷冻盐水，将气体冷却到－18～－12℃后，进入酸雾分离器8，分离器内装浸渍有机硅（最好用含氟硅油）的玻璃棉，气体中夹带的40%盐酸雾沫被捕集下来，排入冷凝酸储槽。分离器出口的干燥氯化氢气体经缓冲器9进入纳氏泵10压缩，纳氏泵内介质为浓度为93%以上的硫酸。硫酸随氯化氢排至气液分离器11，自下部流入硫酸冷却器12，经水冷却后循环吸入纳氏泵；分离器出口的干燥氯化氢经缓冲器送至氯乙烯合成装置。

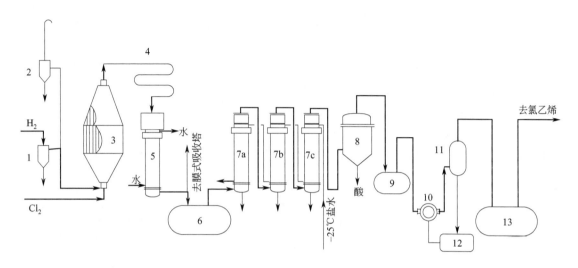

图 3-33　合成法生产氯化氢工艺流程

1—阻火器；2—放空阻火器；3—钢制合成炉；4—空气冷却管；5—石墨冷却器；
6，9，13—缓冲器；7a，7b，7c—石墨冷却器；8—酸雾分离器；10—纳氏泵；11—气液分离器；12—硫酸冷却器

上述生产流程较适用于氯化氢装置和电解装置距离较近，而和氯乙烯装置较远的场合。因合成炉在微正压下操作，反应生成的氯化氢须经纳氏泵升压后送氯乙烯装置。对于氯化氢装置和电解装置较远，而和氯乙烯装置较近的场合，则氢气和氯气宜采用加压输送，即合成炉为加压操作，产品氯化氢可不再加压，直接送至氯乙烯工序。

一般来说，氯乙烯工序中含有混合冷冻脱水环节，若此，氯化氢气体可不过分除水，即在氯化氢合成流程中，可省去冷冻盐水的石墨冷凝器部分，只需借循环冷却水将氯化氢冷到室温以上（以防输送管中有过多冷凝酸），直接送至氯乙烯工序。但输送管道则需要考虑排冷凝酸措施，并采用耐湿氯化氢腐蚀的材料（如硬聚氯乙烯管或外包玻璃钢增强）。用本工艺流程生产的氯化氢纯度较低（90%～96%），但随着国内石墨设备加工水平的提高，石墨HCl"二合一"合成炉已逐渐大型化，国内大型氯化氢生产装置以"二合一"合成炉为多。

2. 盐酸脱吸法生产氯化氢

盐酸脱吸法生产氯化氢工艺流程见图 3-34。

来自电解装置的氢气，经阻火器1进入石墨合成炉3底部的燃烧器（石英或石墨灯头）点火燃烧。来自电解装置氯干燥岗位的氯气，按一定配比 $[n(H_2):n(Cl_2)=(1.05\sim1.1):1]$ 进入合成炉灯头的内管，与外套管中的氢气混合燃烧。合成反应放出热量借炉外壁的冷却水喷淋冷却，气体到炉顶部的温度降至 350～400℃，经水喷淋的石墨冷却导管4，气体被冷

却到 100℃左右，进入膜式吸收塔 5 顶部。气体在塔中石墨管内自上而下流动，与来自尾部塔 6 的沿管壁呈膜状流下的稀酸，进行顺（并）流接触吸收，底部排出的酸浓度可达到31％～36％，酸进入浓酸储槽供解吸用。未被吸收的气体由底部排入尾部塔 6（为填料塔），残留 HCl 气体被解吸系统的稀酸泵 10 送来的 20％～22％的稀酸吸收，未吸收的尾气（主要为氢气）借水流泵抽出，经水洗后放空，洗水送污水处理系统。

上述浓盐酸经浓酸泵 9 送入填料式或板式解吸塔 13 进行氯化氢的脱吸。解吸塔底下接有再沸器 14，借蒸汽加热，使物料中的氯化氢和少量水蒸气蒸发上升，与塔顶向下流动的浓盐酸进行热量和质量的交换，将酸中的氯化氢气脱吸出来。脱除的氯化氢气体由塔顶进入石墨第一冷却器 15，由管外冷却水冷却至室温，再进入石墨第二冷却器 16，由冷冻盐水冷却到 −18～−12℃，并经酸雾过滤器 17 除去夹带的酸雾后，纯度 99.5％以上的干燥氯化氢气体送至氯乙烯装置。解吸塔底部出来的稀酸是浓度为 20％～22％的氯化氢与水的恒沸物，经稀酸冷却塔 12 或与浓酸热交换后，冷却至 40℃以下，进入稀酸槽 11，由稀酸泵 10 送入尾部塔 6 以供再吸收制取浓酸用。

在小型盐酸脱吸装置中，也有采用"三合一"盐酸合成炉，以代替合成炉、冷却管、膜式吸收塔和尾部塔等四台设备的流程，或尾部塔置于膜式吸收塔上方的"二合一"设备。

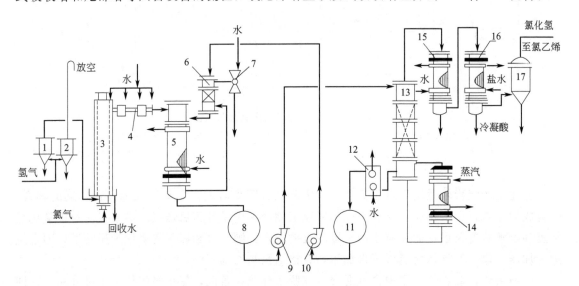

图 3-34　盐酸脱析法生产氯化氢工艺流程

1—阻火器；2—放空阻火器；3—石墨合成炉；4—冷却导管；5—膜式吸收塔；6—尾部塔；7—水流泵；8—浓酸槽；
9—浓酸泵；10—稀酸泵；11—稀酸槽；12—稀酸冷却塔；13—解吸塔；14—再沸器；
15—第一冷却器；16—第二冷却器；17—酸雾过滤器

三、主要设备

（一）氢气气柜的作用与结构

1. 氢气气柜的作用

在盐酸生产中，为使氢气供给持续、稳定，往往将罗茨鼓风机或水环泵送来的氢气储存于气柜之中。气柜的作用是调节和平衡用量，即在供给氢气量多于正常合成炉使用所需的量时，可将多余部分暂储存于气柜中；若发生氯化氢或盐酸流量增加时，气柜中的氢气会自动供给合成炉。一旦进入氯化氢合成岗位的氢气输送发生临时故障，气柜内的氢气足以维持其最低流量的供给，防止被迫停炉情况发生。气柜送出气体的压力基本稳定。

2. 氢气气柜的结构

气柜由圆筒体、支架和钟罩三部分组成，气柜的结构如图 3-35 所示。

圆筒体为圆形柱状，周围有压铁固定，侧面下部有放水或清理内部用的人孔；支架是一种焊在圆筒体顶部的钢架结构，支架的柱上均安装滑轮以方便钟罩上下移动，每根柱的顶端均用槽钢或角钢相互连接固定；钟罩是一种类似圆锥接圆筒体的钢制盖状物（即带盖的内圆筒体），罩顶有人孔，罩内周围吊有铁压块，罩顶四周也设有压块以增重加压。

（二）气液分离器的作用与结构

1. 气液分离器的作用

气液分离器一般安装于氢气气柜的出口，其作用是通过气液分离，除去氢气中的大部分水分。因为电解槽阴极出来的氢气会夹带碱雾和大量饱和水蒸气，经过氢气处理后进入氢气气柜，其中仍可能夹带一定量的游离水，游离水被带入合成炉就与生成的氯化氢气体为伴，一旦合成炉中温度低于 108.65℃ 的露点温度必然产生大量冷凝盐酸，冷凝盐酸加剧腐蚀、使钢制合成炉使用寿命缩短，所以氢气中游离水必须借助气液分离器除去。

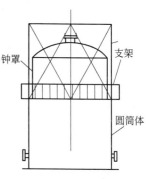

图 3-35　氢气气柜的结构

2. 气液分离器的结构

气液分离器的结构如图 3-36 所示。气液分离器是由圆筒体接下锥体和上端盖组成，圆筒体底部有分布板，板上乱堆瓷环填料，下锥体底部有排液口。

（三）合成炉的分类与钢制合成炉结构

1. 合成炉的分类

合成炉是氯化氢合成的重要设备。按其制作材质，合成炉可分为三类，即钢制合成炉、石墨夹套合成炉（非金属）和石英合成炉（非金属）；按其实际功能，合成炉也可分为三类，即钢制翅片空气冷却合成炉、钢制夹套热水冷却合成炉，以及石墨制集合成、冷却、吸收于一体的"三合一"炉或"二合一"炉（没有吸收功能）。

目前应用较多的合成炉是钢制炉和石墨炉。钢制炉具有容量大、生产能力大、价格相对低廉，但氯化氢产物纯度偏低等特点，一般用于规模较大的氯化氢合成，如为 VCM 生产提供氯化氢的装置。石墨炉具有结构紧凑、功能多等特点，一般用于规模较小的氯化氢合成，尤其适合为生产高纯盐酸提供氯化氢的装置，若采用"三合一"炉（具有合成、冷却、吸收三种功能），并利用高纯水吸收，则在三合一炉中可直接得到高纯盐酸产品。

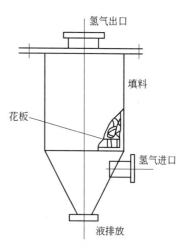

图 3-36　气液分离器的结构

2. 钢制合成炉结构

钢制翅片空气冷却合成炉充分利用空气对流传热、辐射传热等方式散热，其炉体较高温度部位在中、上部，因此在中、上部装有散热翅片；炉体的底部装有石英玻璃燃烧器或钢制燃烧器（当氢气非常干燥——经低温冷却脱水和固碱干燥时，可以采用钢制燃烧器）；其顶部装有防爆膜，以耐温、耐腐蚀的材料制作而成。

图 3-37 是大型空气冷却式钢制合成炉的结构（日产 100t，各容积 32m³），炉体 2 是由上下双锥形和中间圆柱筒体构成，外壳均匀地焊有 32 条散热翅片，以加大空气冷却面积。炉底装有氯气和氢气灯头（混合燃烧的石英灯头 4 与 5），氯气的石英分配管靠上端的地方，均匀设置 30 个宽度为 18mm 的长孔，以使氢气均匀地与氯气混合燃烧。靠灯头处设置有快开式点火手孔及观察火焰的视镜。炉顶部设置防爆孔，防爆膜用石棉高压纸板材料制成，为利于散热，合成炉一般露天操作，由下肢体上的四只支耳安装于钢架上。

3. 钢制夹套热水冷却合成炉

钢制夹套热水冷却合成炉的结构，如图 3-38 所示。

钢制夹套热水冷却合成炉的炉体形状与钢制翅片空气冷却合成炉的形状相近，其优点：由于水的导热效果比空气好，可提高生产能力 1/3 左右；在不降低炉温的条件下，可延长炉子的使用寿命（至少 3～5 年）；而且能以蒸汽形式回收氯化氢合成中产生的热量。该合成炉的炉体中、上部装有夹套，以方便通热水冷却，热水在夹套中获得热量成为中压汽水混合物，到蒸汽蒸发罐中闪蒸可以产生低压蒸汽；该合成炉的炉体底部装有石英玻璃燃烧器或钢制燃烧器，而顶部装有防爆膜。

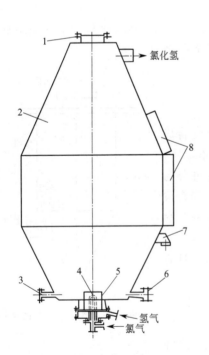

图 3-37 空气冷却式钢制合成炉结构图

1—防爆膜；2—炉体；3—点火口；4—氯气灯头；
5—氢气灯头；6—视镜；7—支座；8—散热片

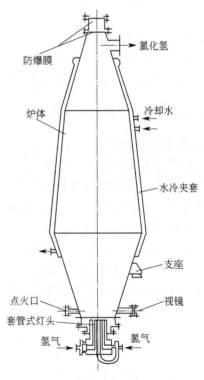

图 3-38 钢制夹套热水冷却
合成炉结构图

4. "二合一"组合式蒸汽炉

（1）"二合一"组合式蒸汽炉的作用

当合格的 H_2 和 Cl_2 通过阻火器按一定的比例进入石墨合成炉内后，在石英灯头上进行燃烧，从石墨合成炉的上端将生成的氯化氢气体通过合成段的换热块进行换热，使合成炉夹套的纯水产生蒸汽，经过换热后的 HCl 气体再通入炉顶的石墨冷却器，由炉顶石墨冷却器内的循环水将其冷却至 $\leqslant 45℃$，从出口输出，送入氯化氢缓冲罐，送至氯乙烯装置或去吸收系统制成盐酸。

（2）"二合一"组合式蒸汽炉使用原理及结构

来自氯氢处理岗位的合格的 H_2 和 Cl_2 经阻火器按一定的配比进入石墨合成炉，在石英灯头上燃烧，生成的氯化氢气体从石墨合成炉合成段往上，经合成段换热块换热后，使合成炉合成段夹套软水升温沸腾从而产生蒸汽，副产的蒸汽由合成炉顶的蒸汽出口排出放空或者并入系统蒸汽管网。通过换热后的 HCl 气体再进入氯化氢冷却水槽经石墨列管冷却后再进入氯化氢石墨冷却器，经石墨冷却器夹套冷却水冷却至 $\leqslant 40℃$，从氯化氢出口输出，供PVC 或去吸收工序制成盐酸。

该炉由钢衬四氟灯头座、石英灯头、石墨合成段、合成段换热块、蒸汽室、气水分离器过滤网、氯化氢冷却水槽、氯化氢石墨冷却器和钢制外壳等部分组成。具有占地面积小、结构紧凑、便于操作等优点。

（3）合成炉石墨块结构简图及材质性能

如图 3-39 所示炉体石墨块由七部分 8 大块组成，从炉顶到炉底依次是：合成炉上气室、石墨换热块、合成炉下气室、合成炉上筒体、合成炉中间筒体（2 块）、合成炉下筒体、合成炉石墨底盘。

炉体采用石墨材质的优点是耐高温和耐腐蚀，材料来源广制造成本低；不足之处是如果炉温变化大就容易导致石墨材质碎裂，因此生产操作要求温度和压力变化幅度不宜过大。

① 合成炉体附件介绍。如图 3-39 所示，上气室部分有两个正对出口，一个是防爆膜出口，一个是氯化氢出口。石墨下筒体部分包括：石英灯头安装口、炉底排酸口、上下观火视镜（其中上视镜为现场观火，下视镜为视频监控观火）、炉门口左右火焰探测口（即利用可见光特定波段进行火焰监控）。

② 炉体水相流动换热。合成炉中氯化氢反应属于放热反应，因此必须使用液态水移走反应热才更有利于反应继续进行。为防止水中杂质离子在高温下氧化结垢，合成炉采用的是去离子水（又叫脱盐水或纯水）进行换热。副产出低压蒸汽供电解和一次盐水使用。

如图 3-39 所示，由炉底加入纯水，溢流至炉顶。淹没炉体石墨结构（液位在 $30\% \sim 45\%$），合成炉高度为 15.6m，待水温逐渐上升，炉体上下端温差会很大，为了减小温差，通过加装平衡管促使上下端冷热水对流，从而避免温差过大造成石墨块损坏。

另外，由于炉体较高，石墨承重能力有限，故石墨筒体较厚，为缓解石墨筒体外侧和内部较大温差，故在水相一侧石墨筒壁上开有许多对流小孔，来缓解内外较大温差从而避免石墨块损坏。

③ 石墨块及下气室结构。石墨换热块中包括横向走水的孔径和纵向走气的孔径。两者交错但不相通，其目的是增大氯化氢和水汽的接触面积，增强换热效率。

下气室呈"凹"型结构，下端也是石墨换热块，上端向上延伸出筒体部分。下端的石墨

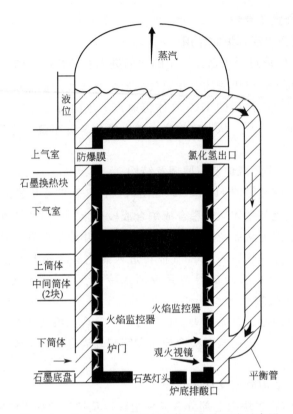

图 3-39 "二合一"蒸汽炉炉体石墨块组成示意图

块中心为实体石墨，这是因为这部分处于炉底灯头火焰正上方，受热温度较高，为加强石墨块体强度，防止高温烧裂。周围是水平走水和垂直走气，相互交错但不相通，起到加强换热的目的。

④ 石英灯头。如图 3-40 所示，合成炉灯头是用两层耐高温石英玻璃和钢衬四氟底座组装而成，通过氢气包裹氯气进行反应合成。另外还有三层玻璃套管，即外层和里层氢气包裹中层氯气进行燃烧反应。

与三层套管石英灯头相比，两层套管石英灯头的优点是：原料氢气侧携带的杂质不容易在灯头出口边缘结垢，从而避免堵塞灯头影响生产。另外氯气侧出口采用孔洞形状将氯气向周围分散开来，加大了氯气与氢气接触面积，提高了合成效率。

不足之处：氯气侧的孔洞在气流的作用下容易产生噪声，有的孔洞分布不均匀还可能形成共振影响设备正常生产。

为避免此类不良因素，需杜绝使用劣质材料和加工不精细的灯头玻璃。

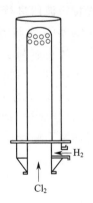

图 3-40 石墨炉石英
灯头结构示意图

5. 石墨冷却器的作用与结构

（1）石墨冷却器的类型与作用

常见的石墨冷却器有石墨列管式冷却器、石墨圆块孔式冷却器以及石墨矩形块孔式冷却器等三类，前两类常被采用。石墨冷却器的主要作用是冷却合成气氯化氢至常温，以便制酸或冷冻脱水干燥。

（2）石墨列管式冷却器的结构

石墨列管式冷却器的上封头一般采用圆块式封盖，外接水箱，封盖内高温氯化氢气体通过块状石墨可与冷却水换热而被冷却。若不采用块封盖过渡，而直接让高温气体接触冷却器的上管板，则上管板（石墨）与列管（石墨）交接处的胶黏部分会因材料热膨胀系数差异而胀裂损坏，导致冷却水涌入气相、石墨冷却器气相出口被封堵，甚至合成炉熄火，另外当发生冷却水来源中断，与上管板相连的石墨列管也极容易烧坏。而圆块式封盖可以承受短时间的断水（水箱中存有冷却水），一旦恢复供水，可照常工作。石墨列管式冷却器的冷却段由管板（石墨）、列管（石墨）和壳体（钢材）构成，冷却水自下而上走壳程、气体自上而下走管程，两者以逆流方式通过管壁传热，气相被冷却。石墨列管式冷却器的下封头由钢衬胶或玻璃钢制成，保证有极好的防腐蚀性能。列管式冷却器，其壳程许用压力仅为 0.2MPa，其冷却效果不如块孔式。石墨列管式冷却器的结构如图 3-41 所示。

（3）石墨圆块孔式冷却器的结构

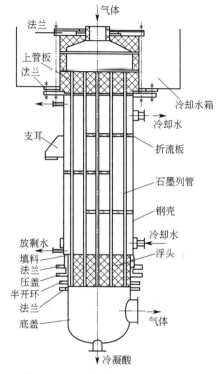

图 3-41　石墨列管式冷却器的结构

石墨圆块孔式冷却器的结构包括上封头、冷却段和下封头，上封头和下封头的结构相对简单。冷却段是整个砌块，是用酚醛树脂浸渍处理过的不透性石墨制成，具有极好的耐腐蚀和耐高温性能，因此完全能够承受较高温度。冷却段中，冷却水从径向管内通过，而气相则由纵向管内通过，冷却效果很好；与石墨列管式冷却器相比，石墨圆块孔式冷却器更能经受压力冲击，更能耐高温而不损坏；可以承受短时间的断水，一旦恢复供水，可照常工作。许用温度为 $-20\sim165℃$，许用纵向压力为 0.4MPa、径向压力为 0.4～0.6MPa。石墨圆块孔式冷却器的结构，如图 3-42 所示。

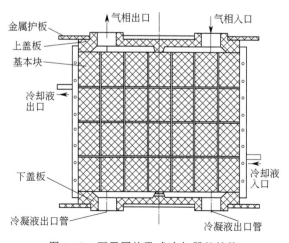

图 3-42　石墨圆块孔式冷却器的结构

6. 陶瓷尾气鼓风机的作用与结构

（1）陶瓷尾气鼓风机的作用

陶瓷尾气鼓风机的作用在于将来自尾气吸收塔的合格尾气进行抽吸排空，与水喷射泵的作用相近。其特点是耐腐蚀、运行稳定、作用可靠。在其进口处配有蝶阀或闸板以调节风量，另外在进出口管间可装上回流管。

（2）陶瓷尾气鼓风机的结构

陶瓷尾气鼓风机的结构如图 3-43 所示。其外壳为钢制外壳，内衬陶瓷，叶轮材料过去用陶瓷现改为玻璃钢。前端有塑料压盖，并有八颗压盖螺钉固定；机身置于支座上，用底脚螺栓固定住；叶轮用止动螺栓固定在悬臂梁上。

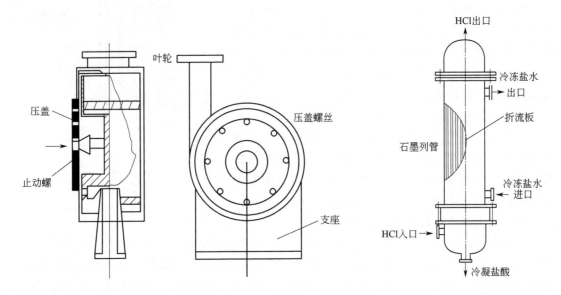

图 3-43　陶瓷尾气鼓风机的结构　　　　图 3-44　石墨列管式冷冻塔的结构

7. 石墨列管式冷冻塔的作用与结构

（1）石墨列管式冷冻塔的作用

石墨列管式冷冻塔是氯化氢干燥压缩岗位重要设备，一般由两组（方便置换工作）各三个石墨列管式冷冻塔组成串联塔组使用。其作用是用 −25℃ 的冷冻氯化钙溶液将氯化氢气体进行冷冻脱水，使其成为含水量小于 0.06% 的干燥氯化氢气体，便于压缩输送。

（2）石墨列管式冷冻塔的结构

石墨列管式冷冻塔的结构如图 3-44 所示。其基本构造与降膜吸收塔相同，所不同的是其顶部分布板上并没有分液管。

四、岗位操作

（一）开车前的准备工作

① 开车前应该做好一切设备、管道、阀门、工具、劳保用品的检查及准备工作。

② 设备及管道的检查：按流程的顺序从氯气、氢气系统开始详细检查各管道、阀门、炉体、防爆膜、合成炉视镜、冷却器、吸收塔、冷凝酸收集罐、循环液槽、各种泵是否正

常，检查各仪表是否完好，确认系统各阀门关闭。

③ 与调度、氯氢处理、液氯工序、分析室、VCM 等有关单位及本单位有关岗位联系好。

④ 开启循环液泵。

a. 打开循环液槽出口阀、循环液泵入口阀。

b. 开启电机。

c. 打开循环液泵出口阀及去循环液槽打循环的阀门。

⑤ 开启冷凝水泵。

a. 打开冷凝水槽出口阀、冷凝水循环泵入口阀。

b. 开启电机。

c. 打开回流阀。

d. 打开去合成炉夹套的自动阀（LV0801）及自动阀前后的手动阀，关小泵回流阀，给合成炉夹套供水，当合成炉纯水液位达到 40%～50% 时，开大泵回流阀，关闭合成炉夹套补水阀（LV0801）。

⑥ 首先打开炉门，开氯化氢总管上去吸收的阀门，用氮气或装置空气置换炉内残余气体，置换 15min 以上。

⑦ 依次打开氯化氢冷却器、一级吸收器、二级吸收器的冷却循环水阀门（冬季为常流水），并调节到最佳状态准备开车。

⑧ 分析炉前 H_2 和 Cl_2 纯度，使之达到控制指标（如系统在正常运行，点其中一台合成炉时，不需要再分析炉前 H_2 和 Cl_2 纯度，可直接点火，但必须分析炉内含 H_2 量）。

要求：氢气纯度≥99.5%（体积分数）、O_2≤200ppm，压力为 0.06～0.0850MPa；氯气纯度为 80%～90%，氯含氢≤0.5%，压力为 0.10～0.20MPa，炉内含氢≤0.067% 方可准备点炉。

⑨ 不合格的氢气由排空管排空，不合格的氯气送至事故氯处理。

⑩ 当各项准备工作均达到开车要求，向调度汇报，接到正式开车通知后进行合成炉点火操作。

⑪ 打开各炉调节阀前后手动阀。

（二）正常开车操作

① 缓慢关闭氢气排空阀，使氢气达到一定的压力要求。

② 打开氢气切断阀（XC-0809）调节阀（FIC-0801），再稍开氢气管道短路阀（DN50）。

③ 点火操作由两人进行，一人配合，一人需要戴好面罩，点燃氢气软管，避开点火孔正面，将氢气软管插入合成炉灯头氢气进口，并用铁丝绑紧，点火时人应站在上风头，切不可面对炉门。

④ 待 H_2 燃烧正常后，打开氯气切断阀（XC-0808）及调节阀（FIC-0801），再打开氯气管道短路阀（DN50），缓慢调节，待炉内火焰呈青白色后，关闭炉门。

⑤ 缓慢调节氯氢流量，控制氯氢配比在 1:（1.05～1.10），使火焰燃烧正常（当氢气及氯气管道短路调节阀 DN50 开启量达到 60% 以上，支管压力下降后，改用 DN200 管道调节阀调节）。

⑥ 随时观察合成炉石墨列管温度、氯化氢出口温度（不得高于 40℃），逐渐加大氯气、

氢气流量，直到达到生产要求。

⑦ 点火时如炉内发生爆鸣或一次点火不成功使火熄灭时，迅速关闭氯气及氢气的切断阀及调节阀，查明原因，并用氮气置换约 20min 后，重新作样分析炉内含氢，分析合格后方可进行二次点火。

⑧ 随时观察火焰颜色是否正常，切忌炉火发黄、发红，控制各项工艺指标符合生产控制要求。

⑨ 开车之初氯化氢走吸收系统，待合成炉氯氢配比稳定后，应及时分析氯化氢纯度，当纯度为 90%～93% 且无游离氯时，请示调度给 VCM 工序供氯化氢气体。

氯化氢气体走吸收系统步骤如下：

a. 接到正式开车通知。

b. 打开吸收液进尾气吸收塔阀门。

c. 打开一级降膜吸收器进盐酸液封槽阀门。

d. 合成炉开车后，根据盐酸浓度逐渐调整吸收液流量，保证盐酸浓度在 31%。

⑩接到可以往 VCM 工序送氯化氢气体的指令后，首先打开成品氯化氢冷却器进、出口手阀，根据 VCM 工序的需要情况，缓慢开启送气调节阀，缓慢关闭酸调节阀，根据合成炉压力两阀相互配合至一定开度，同时缓慢关闭向吸收塔去的阀门。

⑪当去吸收塔的阀门关闭后，关闭吸收水阀，停吸收水，并关闭去吸收器的冷却水阀门。

⑫当合成炉蒸汽压力≥0.15kPa 时，打开合成炉蒸汽出口阀（PV0810）进入蒸汽总管并入低压蒸汽管网。

（三）正常操作

① 严密注视火焰变化，调节 H_2 和 Cl_2 配比，使火焰稳定为青白色，保持微量过氢条件下 HCl 的合成反应。

② 随时注意 Cl_2、H_2 压力，压力控制在 Cl_2 为 0.10～0.20MPa，H_2 为 0.085～0.012MPa，HCl 总管压力控制在＜0.065MPa。

③ 随时注意并调节吸收水流量，分析 HCl 气体纯度、吸收酸浓度。

④ 根据盐酸的浓度来决定吸收水流量的大小。

⑤ 密切注意吸收器出酸温度的变化，及时调节吸收水流量。

⑥ 加强巡回检查，发现异常现象及时处理，若影响生产，及时向调度及分厂汇报，确保安全生产。

⑦ 在 HCl 气体生产过程中，严禁系统超温超压。

⑧ 每班接班后，及时排放氢气管道的积水，以防氢气管道和设备积水形成液封，影响氢气压力的稳定。

⑨ 巡检从一楼到顶楼依次对设备进行检查，及时排放冷凝酸，以及观察合成炉液位和储槽的液位。

（四）正常停车

① 停炉前应与调度及氯氢处理岗位联系并准备好工具，倒好吸收系统阀门，并开启冷

却水、开启风机。

② 接到调度停车通知后，逐渐关闭向 VCM 工序供气的阀门，同时缓慢开启去吸收系统的阀门，并给吸收系统供吸收水。

③ 按比例逐渐减少进气量，先降 Cl_2 后降 H_2 至最小比例，并保持火焰为青白色。

④ 进气量最小时，迅速关闭氯气调节阀及氯气切断阀，同时关闭氢气调节阀及氢气切断阀，再观察炉内是否有火及炉压是否为零或负压。

⑤ 注意调节氢气排空阀、排氯阀、保持好氯气、氢气压力。

⑥ 关闭吸收水阀。

⑦ 停炉后，开炉前冲氮阀，用氮气置换系统，置换完后关闭冲氮阀。

⑧ 关合成炉夹套冷却水阀门，关闭蒸汽阀门。停合成炉冷却器、吸收器冷却水。

⑨ 待炉温降到 100℃ 以下时（约 30min）打开炉门（注意：炉内正压时严禁打开炉门）。

⑩ 冬季停车，注意将合成炉夹套冷却水放净（或常流水），以防冻结。

（五）紧急停车

紧急停车条件：符合下列条件经请示调度后可进行紧急停车。

① H_2 压力突然大幅度下降。

② H_2 纯度<96％，含氧≥2％。

③ Cl_2 含氢>3％。

④ 炉内冷凝酸急剧增多。

⑤ 冷却水压过低，突然断水。

⑥ 突然停动力电、直流电。

（六）操作工决定停车条件

遇到下列特殊情况，又不能及时通知调度的情况下，当班操作工有权决定停车，停车后立即报告调度室。

① 正常运行时突然发生石墨合成炉防爆膜炸裂或其他恶性事故，设备部分或全部损坏时。

② 尾气系统起火或爆炸。

③ 吸收塔石墨冷却孔道损坏，大量酸外溢无法排除，吸收酸浓度不够。

④ HCl 气体游离氯严重超标，需马上停送 VCM 工序 HCl 气体，并告知 VCM 工序，改为生产盐酸。

⑤ 氢气总管突然断氢，火焰临近熄灭，马上停送 HCl 气体，然后停车。

⑥ 火焰跳动频繁，虽经努力，仍然原因不明，导致熄火。

⑦ 氢气和氯气压力有一个降到零时。

⑧ 氢气纯度低于96％，非本岗位原因造成炉内火焰迅速变黄红紫色等，氢气管内有爆鸣声，管道或阀门表面油漆有烧焦现象时。

⑨ 其他意外情况。

（七）紧急停车步骤

① 紧急情况和接紧急停车通知后，先关 Cl_2 阀，然后关 H_2 阀。

② 按正常停车处理。

③ 停车完毕，迅速告知调度停车原因及情况。在供 VCM 工序氯化氢气体时，应与 VCM 工序联系，并说明情况。

五、常见异常现象及处理方法

氯化氢合成工序实际生产中会遇到许多异常情况，这些情况的原因分析和处理方法如表 3-17 所示。合成炉汽包不正常原因及处理方法见表 3-18。

表 3-17　氯化氢工序异常现象及处理方法

异常现象	产生的后果	原因	处理方法
火焰发红发亮	产生游离氯，发生事故损坏合成炉，造成过氯，不利于后系统安全生产	氢气纯度低，含氯高有杂质落在灯头上，灯头破	①立即分析纯度，与氯氢处理岗位联系，严重时停车处理；②请示调度，停车处理
火焰发黄发暗		氯气过量	减小氯气流量或加大氢气流量
火焰发白且有烟雾	产生爆炸混合性气体，发生爆炸事故	①氢气过量太多；②氯气纯度低；③H₂ 水分多	①减小氢气流量或加大氯气流量；②通知调度提高电解 Cl₂ 纯度；③排水
火焰突然发白	产生爆炸混合性气体，发生爆炸事故	①由氢气泵来的氢气流量突涨；②氢气放空管堵塞	①调节氢进炉量，增加氢放空量；②立即疏通放空管或有其他地方放空
焰发红或发黑	产生游离氯，发生事故损坏合成炉，造成过氯，不利于后系统安全生产。	①直流电突降使氢进炉量减少；②氢气纯度低下	关小氢气排空阀，调节氯气进炉量，迅速与调度联系
点炉时点火孔喷大火	烫伤操作人员，产生闪爆	氢气量开的过大	调节氢气阀门
火焰发黄发红	产生游离氯，发生事故损坏合成炉，造成过氯，不利于后系统安全生产	①升电流；②其他用氯单位减少用氯量	①视情况增加氢气或减少氯气；②与调度联系平衡氯用量
废氯管子结霜，氯气压力波动，压力增高，火焰发红发黄	造成系统停车，损坏设备	液氯进入废气管道	视情况迅速关小氯气调节阀调节火焰，同调度联系或紧急停车
炉内有爆鸣声	造成系统停车，损坏设备	氢气纯度低，含氧高或氯气含氢高	请示后立即停车，待提高纯度后开车
炉内压力高或波动频繁	造成系统波动，影响前系统压力，严重时造成前系统跳车	①冷却器 HCl 出口液封；②HCl 用户或原料氯氢处理调节幅度大	①检查冷却器排放冷凝酸；②与有关岗位联系
炉压突然下降	造成系统波动，影响前系统压力，严重时造成前系统跳车	①防爆膜炸破；②炉后设备泄漏	①更换防爆膜；②停车处理
H₂ 压力波动频繁	造成系统波动，影响前系统压力，严重时造成前系统跳车	①氢气管道或设备积水堵塞；②直流电波动；③氢气压缩机操作问题	①检查排除积水；②与调度联系稳定电流；③与氢气泵联系稳定压力

续表

异常现象	产生的后果	原因	处理方法
氯气、氢气加不进去	造成系统波动,影响前系统压力,严重时造成前系统跳车。氢气加不进去还可能造成系统过氯	①氯化氢管道堵塞; ②氯氢支管堵塞; ③合成炉灯头损坏或堵塞	①压力太高,停炉处理; ②停炉处理; ③停炉处理,清洁或更换灯头
氢气流量计上流量加大	造成错误判断,影响操作人员,可能引起误操作	孔板堵塞	轻轻敲打孔板附近管道使堵塞孔板的铁锈落掉
HCl送VCM工序总管与炉内压差大	造成合成炉憋压,防爆膜破裂	石墨冷却器堵塞	停车清洗冷却器
出现游离氯	容易引起后系统混合器爆炸,造成人员、设备、财产损失	①H_2和Cl_2配比不当,氯过量; ②H_2和Cl_2压力波动大,调节不及时; ③H_2纯度低; ④灯头烧坏,反应不好; ⑤炉温低,反应不完全	①调节氯气量或氢气量; ②及时调节; ③提高H_2流量并通知H_2处理岗位; ④更换灯头; ⑤提高炉温,必要时停炉处理
防爆膜破裂	污染环境,造成现场操作人员中毒,处理不及时引起全系统跳车	①炉温过高,炉压过高; ②防爆膜使用时间太长; ③点炉时因炉内含氢过高,形成爆炸性气体; ④H_2含氧高,形成爆炸性气体; ⑤防爆膜材质较差	及时停炉更换
供VCM工序氯化氢压力波动较大	系统憋压,影响原料气压,前系统和后系统均出现压力波动,严重的造成系统停车	①冷凝器下封头有凝酸; ②管道内有凝酸	①排除凝酸; ②排除凝酸
点炉时,炉内有爆鸣声	损坏合成炉灯头,造成合成炉事故,燃烧不完全影响氯化氢产量	①炉前分析不准确; ②氢气阀门不严,氢气漏入炉内	①复样; ②检查氢气截止阀、调节阀

表 3-18　合成炉汽包不正常原因及处理方法

异常现象	产生的后果	原因	处理方法
给水泵体发热或响声过大	高温状态下容易损坏机泵零件,单台泵运行时又增加了运行隐患	①无软水输送; ②泵进口阀关闭	①检查软水来源是否断水; ②检查泵进口水阀是否关闭
给水泵电机发热	电机在高温作用下极容易被烧毁,单台泵运行时又增加了运行隐患	①超负荷转动; ②电机长期失修	①检查给水输送系统,严禁超负荷运转; ②保持电机定期维修
给水泵出口压力小,打不上压力	出口压力关乎合成炉补水量及补水速度,一旦补水量跟不上,合成炉极易因缺水造成烧干锅现象	①泵出口循环水阀开得太大; ②泵体叶轮磨损严重或坏了	①关小泵出口循环水阀; ②停泵检修,更换磨损件

异常现象	产生的后果	原因	处理方法
泵体漏水		①密封轴盖松； ②轴填料磨损严重	①定期检查轴盖； ②定期适当加填料
安全阀启动时不排汽	安全阀不工作则汽包压力无法排出，压力达到一定大小时对设备本身造成损害，也不利于安全生产	①安全阀出口处结垢； ②拉杆手柄螺钉断裂	①定期对安全阀检查维修； ②更换手柄螺钉
安全阀启动后不停汽	开启后压力下降极快，无法及时关闭造成汽包失压，总管压力倒回合成炉夹套，无法保证蒸汽用户压力，造成二次事故	①压杆弹簧松，腐蚀严重，失去弹力； ②安全阀出口处有异物堵塞； ③已超压操作； ④蒸汽输送阀芯脱落	①停车更换安全阀； ②停车清除异物； ③降压输送系统压力； ④停车更换阀门
汽包液面计液面静止	无法判断合成炉实际液位，使操作者不能正确进行操作，容易产生二次事故	①液面计连通管堵塞； ②液面计进出口阀关闭	①停车清洗连通管； ②打开进出口阀
汽包液面计无显示	无法判断合成炉实际液位，使操作者不能正确进行操作，容易产生二次事故	①锅炉干锅； ②排污时间太长，水循环被破坏； ③液面计连通管堵塞； ④液面计进出口阀关闭	①若发现的确是干锅，必须采取紧急停炉，严禁匆忙加水； ②排污时间缩短； ③清除连通管内堵塞物； ④开启液面计进出口阀

六、安全与防护

1. 混合气体的爆炸性

氢气：和氯气、氧气、空气以及氯化氢的混合气均能形成爆炸性混合物。注意"氯内含氢"和"氢内含氧"，氯内氢<0.5％，防止氢中混入空气。

（1）乙炔与氯化氢中游离氯反应起火爆炸原因

① 在合成氯化氢时，氯与氢配比不当。

② 氢气站发生故障造成氢气突然中断或压力不够。

③ 氯氢纯度、压力发生变化，造成配比不当。

（2）防止措施

① 严格操作控制，根据火焰颜色或氯化氢纯度调整氯氢比为1:1.1。

② 最好安有氢气压力低压报警装置，以便及时调整配比。

③ 混合器温度应安报警装置，混合器温度升高时，应采用应急措施。

④ 某些单位采用氯化氢脱氯罐，内装活性炭，以吸附游离的氯。

⑤ 尽量使氯气、氢气压力、纯度保持稳定，最好安装自动纯度分析仪等设备。

⑥ 某些单位通过氯化氢合成炉上视镜观察火焰颜色。

（3）安全操作规程

① 岗位人员务必严格遵守各项安全规章制度，进入本岗位的人员，必须受过三级安全教育，严格执行工艺规程、操作规程。

② 岗位人员在接班时，必须穿戴好劳动护具，备好防毒面罩，严格执行交接班制度，上班前4h以及上班时不准喝酒。

③ 氯化氢合成炉，必须装有防爆膜，并要求安全可靠。

④ 氢气总管及各支管线，以及氢气对上空排放管线上，必须装有阻火器。

⑤ 氯化氢合成反应，必须严格控制氢过量值≤5%。

⑥ 氯化氢停车后，去 PVC 合成工序的胶膜阀必须关闭，氯化氢生产系统内，不得积存和倒入爆炸性混合气体。

⑦ 开合成炉时，应注意的事项。

（4）有害有毒物质

① 氯气，见氯气处理安全防护。

② 氯化氢和盐酸。

危害：因为盐酸（氯化氢）极易溶于水，所以它对眼结膜及上呼吸道有强烈的刺激作用。在夏天，由于出汗多，空气中的氯化氢不断溶解在汗液中，使皮肤干燥发痒。氯化氢的水溶液（盐酸）对皮肤有烧伤作用，溅在皮肤上如不及时冲洗，可引起不同程度的腐蚀伤，痊愈比较慢。长期接触可发生不同程度的牙齿酸蚀等。

急性中毒：流泪、鼻腔酸辣、咽部热痛及咳嗽、结膜充血、胸痛、呕吐等。

慢性中毒：可引起慢性鼻炎、支气管炎等，皮肤在冬天易发生皲裂，牙齿发生酸蚀症。车间空气中，氯化氢的最高允许浓度为 15mg/m³。

防护：凡是生产或使用浓盐酸的生产设备，都应适当密闭，或在通风柜内进行。盐酸的出料、分装等，要辅以必要的抽风设备。备有防毒面具、防护眼镜、橡胶鞋及橡胶手套；防止皮肤直接接触，车间内应安装方便的冲洗设备，以便污染后及时冲洗。吸入时应立即将患者移至新鲜空气处，必要时进行输氧；发生氯化氢中毒主要是对症治疗。具体治疗方法可参照氯气中毒治疗。皮肤或眼睑溅上盐酸时，应立即用温水冲洗并辅以 5% 碳酸氢钠油膏等，按一般伤口处理。

③ 硫酸，见氯气处理工序安全防护。

2. 氯化氢合成工序事故案例分析

 ［案例分析1］

事故名称：合成炉爆炸事故。

发生日期：2011 年 12 月 29 日。

发生单位：某氯碱厂。

（1）事故发生经过和应急情况

2011 年 12 月 29 日下午，氯碱厂一线开车，二线降电流。20：13 二线降停时，DCS 操作员将位于氢气分配台自一、二线共用的氢气放空阀 PV423 设为自动，设定值设定为25kPa。随后，氢气分配台压力从 143kPa 骤降至 110kPa 时，当班调度果断通知合成工序紧急停炉两台（L 炉停炉时间：20：14；E 炉停炉时间：20：15），与此同时向公司总调汇报氯化氢中游离氯可能超标。20：15 当班人员发现氢气分配台放空阀 PV423 开度为 100%，并关闭，此时氢气分配台压力降至 60kPa。20：20：53VCM 工序全线停车。

氯碱厂当班调度当即安排一线电流从 14.2kA 降至 9kA，后又于 20：25 紧急停一期电槽 A、B、C，其间灭合成炉 3 台（A 炉：20：21；B 炉：20：23；I 炉：20：28）。

由于 VCM 紧急退量，大量的氯化氢无法吸收，从循环槽排空口溢出。合成工序将熄灭的炉子充氮阀关闭，去吸收系统的阀门关闭，于 21：48，B 炉防爆膜爆破，紧接着 B 炉内发生爆炸。

（2）事故原因分析

① 一线产生的氢气从二线放空，氢气分配台压力骤降、氯化氢中游离氯超标。

a. DCS 操作员与现场员工沟通不充分。一线电解产生的氢气与二线电解产生的氢气在位于氢处理的氢气分配台处汇合送至合成工序。二线电流降至 0kA 时，DCS 操作员通知现场员工关闭二线至分配台手动阀门后，未与现场员工确认二线至分配台阀门是否关闭，将一、二线在进入分配台前共用的放空侧阀 PV423 设定为 25kPa，改为自动状态，而此时现场员工并未将二线进入分配台的手动阀关闭，使一线产生的氢气进入分配台后通过二线进入分配台的管线从 PV423 放空，分配台压力骤降，合成炉内氯氢配比失调，导致氯化氢内游离氯超标。

b. DCS 操作员依赖于习惯性操作。DCS 操作员习惯性地在停车后，将 PV423 设定值设定为 25kPa，改为自动后，未多加关注操作后的结果是否正确，导致事故的发生。

② 合成炉氢气阀内漏，且未充分置换，导致合成炉 B 炉炉内氯氢混合爆炸。

合成炉 B 炉由于停炉后，吸收系统压力高，而未进行充分置换将充氮气阀门关闭，去吸收系统阀门关闭，而进入合成炉的氢气阀一直在内漏，使氯氢恰在爆炸范围内，且氢气与管道摩擦产生静电，引发爆炸。

（3）事故防范及整改措施

① 如果一线运行另一线停车时，在两线共用系统分开时，PV423 压力设定值为 150kPa，在确认系统彻底切开后，缓慢降低 PV423 设定值至 25kPa。

② 合成炉停炉后。

a. 充氮气置换时间大于 10min。

b. 充氮气置换合格后，将位于二楼氯气/氢气自控阀前后手动阀全部关闭；位于一楼操作室内进炉氢气/氯气手动阀全部关闭；将进炉的氢气胶管拔下，使氢气与合成炉彻底隔断。

c. 在吸收系统压力高，影响停下来的炉子充氮置换的时候，与调度协商降低产酸负荷。

③ 在 2012 年第一季度，着力于 DCS 人员对与操作自控阀相关的现场手动阀位置的培训，并对主要自控阀的开启组织进行 HAZOP 分析。

 ［案例分析 2］

事故名称：循环槽爆炸事故。

发生日期：2009 年 1 月 23 日。

发生单位：某氯碱厂。

1. 事故经过

当时的气温为 −20℃，操作人员发现循环槽冒氯气，并发现氯化氢合成炉火焰呈黄色，明显过氯。操作人员及时降氯。共经 3 次上述调整，但每次调整 2～3s 后氯化氢合成炉火焰又变黄；同时，发现氢气流量计 FE-02 显示流量逐步减小，由 $1545m^3/h$ 降至 $730m^3/h$；PI-05 显示进合成炉的氢气压力正在下降；氢气分配台排空阀 PV-01 的开度在增加。岗位操作人员立即用蒸汽加热氢气调节阀 FV-02，却同时发现循环槽仍在跑氯。于是，要求 DCS 操作人员降氯增氢。氯气流量由 $1565m^3/h$ 降到最低值 $310m^3/h$。在降氯的过程中同时开启氢气阀 FV-02，8min 后，循环槽发生爆炸。随后，操作人员马上通知分厂调度和总调度进行停车处理。停车后，经检查没有人员伤亡，只有循环槽炸开，原 4m 高罐，只剩下约1.5m 高，两个水力喷射器损坏。

2. 事故原因分析

① 氢气管路调节阀结冰堵塞。由于天气寒冷，氢气中的水进入合成装置时，调节阀冻结，进合成炉的氢气流量减少，造成进合成炉的氯气和氢气配比不当。

② 循环槽内有排空管线，可将过量的氯气和氢气及时排到外部，不应发生爆炸，但爆炸还是发生了。分析其原因，过量的氯气和氢气都堆积在循环槽内，没有顺利地通过放空烟囱排走，具备了爆炸条件，才造成事故。

3. 技改措施

(1) 解决氢气管路结冰堵塞的 2 种方法

① 降低氢气含水量。来自电解的氢气首先经洗涤，再压缩，然后进行冷却。氢气冷却分 2 段进行：1 段冷却是用循环水冷却至 40℃ 以下；2 段冷却再用 8℃ 冷冻水冷却到约18℃。1t 氢气含水约 10kg，冷却除水后的氢气送至氯化氢合成工序。

② 提高氢气温度。增加氢气管路伴热，提高进合成炉的氢气温度，杜绝调节阀冻结、堵塞。

(2) 循环液槽排空管改造

循环液放空管线配置要求：必须保证不积水，因此循环液槽放空管线安装须垂直或倾斜度大于 45° 以保证冷凝水不停留在管路中间冻结堵塞管路。

 [案例分析3]

事故名称：氯化氢气体泄漏。

发生日期：2008 年 2 月 15 日。

发生单位：某氯碱厂。

1. 事故经过

2008 年 2 月 15 日 8：50，因 VCM 装置水洗塔温度升高而紧急停车，8：52 信息首先反馈至氯碱厂值班长，该值班长立即通知分厂中央控制室指令降电流，并向公司调度报告情况，协调降电流事宜，并停送 VCM 氯化氢气体，切换到吸收工序，而操作工在投吸收工序时，发现四台吸收塔只有两台可用，其他两台无法正常投用，结果到 9：02 虽然电流降到7000A，进而又降到 6000A，但氯化氢气体从水喷泵入循环水罐处大量冒出，直到 9：32 分仍无法控制，采用停炉处理才将泄漏终止。

事故造成氯化氢气体泄漏、造成环境事故，使操作工邱某在应急操作中受到灼伤，幸好伤势不重经门诊治疗后康复。

2. 事故原因分析

(1) 调度未能及时采取果断措施终止泄漏

在氯化氢送 VCM 转化突然停止后，处理系统不能完全处理，应果断采取降电流甚至停电作业措施。而调度人员怕在本班停车承担责任，没有采取上述措施来终止泄漏。

(2) 工艺设备存在缺陷，不具备应急功能

供吸收的塔共四台，而当真正需投用的时候，却仅仅有两台能正常投用，其他两台因管线配置原因无法投用，致使吸收系统不能发挥最大作用，氯化氢气体大量泄漏。

以上（1）、（2）条是造成事故的主要原因。

（3）应急处理措施和工艺操作规程存在缺陷，不能有效指导应急

从分厂的现场应急措施来看，没有关于氯化氢气体泄漏、VCM或其他设备紧急停车后明确的应急手段，造成值班长在选择停炉或降低电解负荷，乃至采取停电解工序这一果断措施时，缺乏工艺技术规范依据，心中无底。

（4）分厂设备管理存在不足

基层管理人员对设备状况不及时向分厂主要负责人汇报，主要负责人也未了解其实际情况，造成设备状况不能满足应急需要，设备未处于热备状态。

（5）分厂领导、运行指挥人员没有真正确立"以人为本"的观念

在氯化氢大量泄漏时，可能危及员工生命健康周边人群、环境安全的情况下，没有首先考虑到停炉，甚至停电解，而是竭力想保生产、保运行，未采取果断措施。

3. 经验教训和预防措施

① 制定统一的规范、切合实际的工艺操作规程及生产调度管理规程，明确各级调度人员在特定情况下应采取的行之有效的调度手段和相应权限。

② 分厂应制定合乎实际、能正确指导应对突发事故的现场应急处理方案，并进行培训、学习、演练，不仅要提高管理指挥人员的指挥、调度水平，而且要提高每个员工的自我保护、主动积极的应急实践操作水平和响应能力。

③ 分厂要加强设备管理，吸收系统的应急工艺设备必须持续保持在良好状态下，随时能以最佳的功效投入应急行动中。

任务实施

一、教学准备/工具/仪器

图片、视频展示

详细的氯化氢合成的 PID 图

彩色的涂色笔

化工图样中的设备、仪表、阀门中字母所代表的含义

二、操作要点

流程识读：

根据附图 13 来完成，首先找出氯气和氢气，找到氯化氢合成经过的主要设备，规定相应的彩色准备涂色。

例如：氯气使用墨绿色的粗实线；氯化氢使用红色的粗实线等。

任务一：找到氯化氢合成的主流程，从前到后依次经过氯气缓冲罐、氢气缓冲罐、氯化氢合成炉、石墨冷却器和石墨列管式冷冻塔。

任务二：根据氯化氢合成工序 PID 图（附图 13）的工艺流程简述，回顾氯化氢合成的原理、使用设备情况和各重点位置参数控制值。

工艺流程简述如下所示：

原料（H_2）由氢处理工序用氢气压缩机送过来，经过氢气缓冲罐，进入氢气缓冲罐出

口氢气总管，经孔板流量计计量后，经过截止阀、调节阀、炉前阻火器、进入"二合一"石墨合成炉灯头。氢气压力是通过氢气缓冲罐上的压力自动调节阀自动调节的，放空氢气经过氢气放空阻火器后放空。

原料（Cl_2）由氯处理工序用氯气透平压缩机送过来、液氯尾气（废氯）由液氯工序送过来，分别进入氯气缓冲罐，混合后的氯气经孔板流量计计量后经截止阀、调节阀分别进入阻火器，进入合成炉灯头。氯气压力是通过进氯气缓冲罐前的压力自动调节阀自动调节的，开停车的废氯气送回废气处理工序。

混合氯气、氢气在合成炉灯头按 1：（1.05～1.1）的比例混合燃烧，生成的氯化氢由合成炉上部送出，经浸没在氯化氢冷却水槽中的石墨列管分别进入石墨冷却器冷却后，一部分通过氯化氢总管 1，经成品氯化氢冷却器，按需求量送往 VCM 工序；一部分进入氯化氢总管 2 或氯化氢总管 3 送往吸收系统用于生产高纯盐酸。

在氯化氢冷却器、成品氯化氢冷却器中冷凝下来的冷凝酸从底部流入冷凝酸排放槽，然后经冷凝酸泵打入盐酸中间槽，或经冷凝酸回收泵送至 VCM 装置。

脱盐水及溴化锂系统的冷凝液进入冷凝水循环槽，冷凝水再经冷凝液泵加压后送入"二合一"石墨合成炉夹套的下部，自下而上流动冷却合成炉，在合成炉夹套顶部产出低压蒸汽，经闸阀及压力自动调节阀送入低压蒸气管道供氯碱厂、溴化锂机组、聚合岗位自用或通过稳压阀自动排空，如生产出现异常则外网蒸汽通过蒸汽压力自动调节阀送入低压蒸汽管道供用户使用。

氯化氢冷却器用来自公用工程循环水冷却，循环回水进入循环回水总管后进入循坏回水槽，经循环回水泵加压后送入循环回水管网，降膜吸收器用来自循环水站的循环水冷却，循环回水直接进入循环回水管网，成品氯化氢冷却器用来自冷冻站的7℃冷冻水冷却，冷冻回水回到冷冻站。

系统的纯水进入循环液槽，用循环液泵或事故吸收泵从循环液槽将纯水送出，一部分经流量计计量后进入尾气吸收塔制酸；另一部分送入水流喷射器对盐酸中间槽及冷凝酸槽逸出的 HCl 气体进行吸收，生成的酸性水再流回循环液槽中循环使用。成品酸流入盐酸中间槽，分析合格后用高纯酸泵送去成品罐区及一次盐水工序、电解工序、污水处理工序、离心母液工序、纯水站自用。

任务七　高纯盐酸工序

任务目标　　高纯盐酸制备工序的目标是将合成的氯化氢气体使用纯水吸收制备 31% 以上的高纯盐酸。本任务目标是掌握制备盐酸反应原理，了解使用哪些设备，并且根据鄂尔多斯集团提供的 PID 图，熟练掌握工艺流程，明确主要控制指标的控制过程和正常范围，能够根据故障分析排除异常情况。熟悉开停车岗位操作步骤。

任务描述

本工序的岗位任务是先将来自氯化氢合成工序合成的氯化氢气体经工业盐酸和高纯盐酸两次洗涤除去杂质，之后再用去离子水吸收，获得31%以上高纯盐酸，供离子膜电解车间使用或外销。通过学习高纯盐酸的用途、生产原理、工艺流程和主要设备情况，最终熟悉高纯盐酸制备的理论知识和技能，目的是为今后从事本工序工作提供理论依据。

知识链接

一、高纯盐酸的用途与规格

高纯盐酸是离子膜制碱工艺不可缺少的化学品之一。它主要用于调整离子膜电解中二次精盐水的 pH 值，用于二次盐水精制中螯合树脂的再生以及脱氯淡盐水的酸化。高纯盐酸的质量规格，如表 3-19 所示。

高纯盐酸除了上述用于离子膜制碱工艺外，还可以稍加处理制成试剂级盐酸。由于它的纯度高，在制作高品位的调味粉、酱油等食品工业及电子工业中有着广泛的应用。此外，它可以和普通盐酸一样应用在化学工业中，如生产无机氯化物、有机氯化物等；在纺织工业中，作织物漂白液的分解促进剂；在造纸工业、冶金工业、医药工业中应用也很广泛。

表 3-19 高纯盐酸的质量规格（参考值）

项目	含量	项目	含量	项目	含量	项目	含量
$HCl/\%$（质量分数）	$\geqslant 31$	$Mg^{2+}/(mg/L)$	$\leqslant 0.07$	硫酸盐（SO_4^{2+} 计）/(mg/L)	$\leqslant 70$	游离氯/(mg/L)	$\leqslant 60$
$Ca^{2+}/(mg/L)$	$\leqslant 0.3$	$Fe^{3+}/(mg/L)$	$\leqslant 0.1$	灼烧残渣/(mg/L)	$\leqslant 25$		

二、盐酸的生成机理

合成的氯化氢气体，用水进行吸收，即生成盐酸。当用水吸收氯化氢时，伴随着溶解的进行，将释放出大量的溶解热，热量会使盐酸温度升高，不利于对氯化氢气体的吸收，因为当氯化氢纯度一定时，溶液温度越高，氯化氢气体的溶解度越低，也就是制得的盐酸浓度越低。

根据化学平衡移动的原理，必须移走这部分热量，才可以使溶液向有利于生成盐酸的方向进行，在化工生产中，一般采用两段降膜式吸收法生产盐酸。

降膜式吸收法就是溶液与氯化氢气体在膜式吸收塔管内并流式吸收，吸收过程中放出热量，与管间的冷却介质（水）发生热交换，由冷却介质带走反应热以制得盐酸，这种方法的生产能力较大。

不论是合成氯化氢的过程，还是氯化氢溶于水制成盐酸的过程，均为放热反应，为了使反应向有利于生产氯化氢或盐酸的方向进行，必须设法将反应热移去。

氯氢纯度、流量、冷却水量、氯化氢纯度等要素都对氯化氢及盐酸的生产过程有很大影响。

三、高纯盐酸制备常用方法

1. "二合一"合成炉法

"二合一"炉制取盐酸时，氯气和氢气由合成炉的下部送入，采用向上燃烧的方式。从合成炉顶出来的氯化氢气体进入石墨冷却槽进一步冷却后，进入石墨吸收塔吸收成合格盐酸送入盐酸储槽。

"二合一"合成炉，冷却在炉体内完成，吸收在炉体外进行。既可以得到氯化氢气体，又可以部分吸收生产盐酸，可以满足不同的需要，具有广阔的应用前景。

2. "三合一"合成炉法

"三合一"炉制取盐酸时，原料气体由合成炉的上部送入，燃烧方向为向下燃烧。生成的氯化氢气体立刻在下部的吸收段被水顺流吸收，成品盐酸由下部排出。未被吸收的氯化氢气体在尾部塔中进行逆流高效吸收，惰性气体等废气由水流泵抽出经处理后排空。

石墨"三合一"炉具有结构紧凑、传热效率高、拆装检修方便、使用寿命长、操作弹性强、盐酸质量好等优点，被广泛采用。

3. 盐酸脱吸法

在铁制合成炉中生成的 HCl 气体进入膜吸收器，用 $20\%\sim21\%$ 的稀盐酸吸收制成 35% 的浓盐酸，通过酸泵将 35% 的浓盐酸送到解吸塔顶部喷淋而下，与从再沸器过来的高温 HCl 气体和水蒸气进行逆流传质和传热，在塔顶得到含饱和水蒸气的 HCl，然后 HCl 气体经冷却后进入石墨吸收器，用高纯水吸收制得 31% 的高纯盐酸，入储槽以供使用。

由于铁制合成炉法制成的 HCl 含铁量偏高，制取的盐酸颜色发黄而影响产品质量，盐酸脱吸法利用解吸原理可得到纯度较高的 HCl 气体，从而制得质量合格的高纯盐酸。根据经验，用这种方法生产的盐酸一般含铁都能达到 $0.2mg/L$ 以下，但达到 $0.1mg/L$ 以下较困难，这对于要求含铁小于 $1mg/L$ 的离子膜来说足够了。

四、洗涤膜式吸收法高纯盐酸的生产

1. 工艺流程

高纯盐酸生产流程如图 3-45 所示。来自氯化氢合成工序（温度降至 $60℃$ 以下）的 HCl 气体，进入湍流板塔的底部，在界区尾部水力喷射泵作用下从塔底流向塔顶；同时，31% 的工业盐酸从塔顶喷淋而下，对自下而上的 HCl 气体进行洗涤，洗涤液在洗涤同时再吸收部分 HCl 而成为高浓度盐酸（浓度可达 36% 以上），收集在浓酸罐。洗涤后的 HCl 再进入洗涤罐。该罐内盛有成品酸（高纯盐酸）并放有很多聚丙烯小球，HCl 在洗涤罐内以鼓泡的方式被进一步洗涤。经两次洗涤的 HCl 通过丝网除雾器进入一级降膜吸收塔与稀盐酸逆流接触，稀盐酸吸收 HCl 后成为 31% 的高纯盐酸进入成品酸罐；未被吸收的 HCl 气体进入二级降膜吸收塔，用尾部吸收塔底部来的淡盐酸进行吸收，由于吸收过程为放热，因此降膜吸收塔均需用冷却水进行间接冷却；从二级降膜吸收器出来的未被吸收的 HCl 进入尾部吸收塔，用去离子水吸收，成为淡盐酸后进入二级降膜吸收塔，从尾部吸收塔顶部出来未被吸收的少量 HCl 气体进入水力喷射泵，在工业水的流体作用下再次被吸收，废水进入酸性水储槽，然后排入酸性水池进行处理，少量不凝气体直接放空。

2. 生产控制点

氯化氢纯度：$\geqslant70\%$。空冷后温度：$120\sim180℃$。石墨冷却器冷后温度：$\leqslant60℃$。稀酸

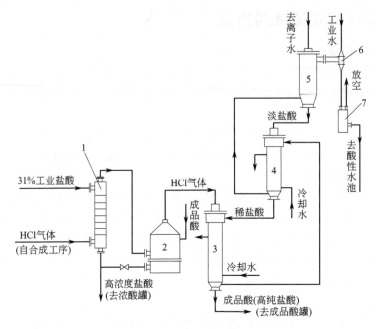

图 3-45　高纯盐酸生产流程图

1—湍流板塔；2—洗涤罐；3——级降膜吸收塔；4—二级降膜吸收塔；

5—尾部吸收塔；6—水力喷射泵；7—酸性水储槽

温度：≤60℃。高纯盐酸浓度：≥31％。

3. 操作要点及注意事项

① 进入界区的氯化氢温度≤60℃。

② 调节吸收水的流量，保证成品酸浓度≥31％。

③ 每班更换一次洗涤罐内的洗涤酸。如果鼓泡洗涤罐内的洗涤酸更换不及时，洗涤效果就会不佳，同样会造成成品酸含铁不合格。

五、主要设备

1. "三合一"组合式石墨炉

（1）石墨合成炉的结构

合成炉通常由钢衬四氟灯头座、石英灯头、石墨合成段、合成段换热块、炉顶石墨冷却器、蒸汽室、气水分离器过滤网和钢制外壳等部分组成。这种合成炉具有占地面积小、结构紧凑、便于操作等优点。其剖面结构如图 3-46 所示。

合成炉的内部石墨块主要包括（按从下至上的顺序）：石墨底盘、下节石墨筒体、中节石墨筒体（2 节）、上节石墨筒体、下换热块、上换热块、下气室、冷却换热块（5 块）、上气室共 14 块石墨块。石墨底盘和筒体实物图见图 3-47。

（2）"三合一"石墨合成炉制备高纯盐酸原理

按一定的比例进入"三合一"炉顶部的石英灯头。氯气走石英灯头的内层，氢气走石英灯头的外层，二者在石英灯头燃烧，稀酸由合成炉顶部进入，呈膜状沿合成炉壁下流至吸收段，再经分酸环流入块孔式石墨吸收段的轴向孔，与氯化氢一起顺流而下。与此同时，氯化氢不断地被稀酸吸收，气体浓度变得越来越低，而酸浓度越来越高，最后未被吸收的氯化氢

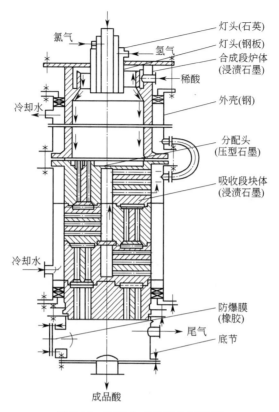

图 3-46 石墨合成炉结构剖面图

(a)

(b)

图 3-47 石墨底盘（a）和石墨筒体（b）

经"三合一"炉底部的分离段，进行气液分离，制得浓盐酸。"三合一"炉内生成氯化氢反应的燃烧热和氯化氢溶于水的溶解热被冷却水带走。

2. 降膜式吸收塔

降膜式吸收塔如图 3-48 所示。主要由上封头、下封头、防爆膜、换热块、分液管及钢制外壳组成。上封头是个圆柱形的衬胶筒体，在上管板的每根管端设置有吸收液的分配器，在分配器内，由尾气吸收塔来的吸收液经过环形的分布环及分配管再分配，当进入处于同一水平面的分液管 V 形切口时，吸收液呈螺旋线状形成自上而下的液膜（又称降膜），以达到对氯化氢气体充分的吸收。

降膜式吸收塔是由不透性石墨制作的，是取代绝热填料吸收塔的换代升级设备。其作用在于将经过冷却至常温的氯化氢气体用水或稀盐酸吸收，成为一定浓度的合格盐酸。降膜式吸收塔之所以优于绝热式填料吸收塔，是因为氯化氢气体溶于水所释放的溶解热可以经过石墨管壁传给冷却水带走，因而吸收温度较低，吸收效率较高，一般可以达到 $85\%\sim90\%$，甚至可达 95% 以上，所以出酸浓度相应较高。而填料塔的吸收效率仅为 $60\%\sim70\%$。

其技术特性：

许用温度：气体进口温度不得超过 $250℃$。

许用压力：壳程 $0.3MPa$，管程 $0.1MPa$。

3. 尾气吸收塔

尾气吸收塔如图 3-49 所示。尾气吸收塔可分为三个部分：上部为吸收液分布段，采用同一水平面高的玻璃管插入橡皮塞中，直通吸收段填料层上部以实现吸收液的均匀分布；中部为圆柱形筒体的吸收段，内部填充有瓷环以增大接触面积；底部是带有挡液器的圆柱体，并开有稀酸出口和尾气入口。

尾气吸收塔的作用在于将膜式吸收塔未吸收的氯化氢气体再次吸收，使气相成为达标的合格尾气，吸收液是一次水或脱吸后的稀酸。因为尾气中含氯化氢量不多，采用绝热吸收就可以将这部分氯化氢气体吸收掉。

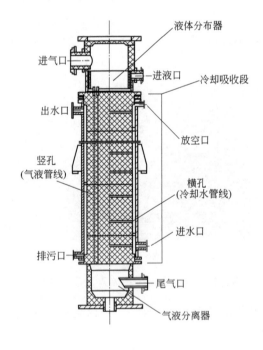

图 3-48　降膜式吸收塔

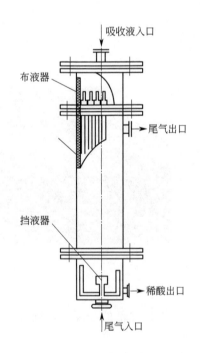

图 3-49　尾气吸收塔

六、盐酸岗位操作

岗位操作详见氯化氢合成岗位操作。

七、高纯盐酸生产异常情况及处理方法

高纯盐酸工序异常现象及处理方法如表 3-20 所示。

表 3-20　高纯盐酸工序异常现象及处理方法

异常现象	产生的后果	原因	处理方法
吸收系统 HCl 波动	吸收系统憋压,容易损坏吸收设备	管线积酸	停车排除
吸收塔温度高	损坏吸收系统,造成设备事故	1. 冷却水量不够; 2. 产量过大	1. 开大冷却水量; 2. 降低产量
膜吸收塔出酸温度过高	损坏吸收设备,下酸管线衬里损坏,影响成品酸质量	1. 水脏,使膜吸收塔管间结垢,传热效果差; 2. 膜吸收塔冷却水开得太小; 3. 吸收水量过大,超过了膜吸收塔生产能力; 4. 膜吸收塔安装水平度不够,造膜器不水平或损坏,导致部分 HCl 在底部吸收放热; 5. 膜吸收塔渗漏	1. 停车清洗膜吸收塔; 2. 开大冷却水量; 3. 降低 HCl、H_2O 量; 4. 重新调整水平度; 5. 停车堵漏
成品酸不合格,稀酸氯化氢含量低	用酸客户无法使用,影响电解槽运行。	1. 吸收水量过大; 2. 膜吸收塔漏; 3. 造膜器损坏,不水平; 4. HCl 纯度低	1. 减少吸收水量; 2. 停车查漏堵漏; 3. 更换造膜器,调整造膜器在同一水平; 4. 提高氯化氢纯度
水泵压力突然下降或报警	纯水泵、循环回水泵跳停无法启动时需要停车,吸收水机泵启动备用电源	泵出现异常	立即启动备用泵,停事故泵,通知检修处理

八、高纯盐酸制备工序案例分析

[案例分析 1]

事故名称：高纯盐酸罐爆炸事故。

发生日期：2011 年 1 月 17 日。

发生单位：某氯碱厂。

1. 事故经过

2011 年 1 月 17 日上午 10 时左右,合成工段运行工李某在巡检中发现合成工段高纯盐酸罐废气回收 PVC 管 T 形接口处有盐酸漏点,随即向当班班长伊某汇报,二人赶到漏点处查看并将这一情况向副工段长刘某汇报,17 时左右,副工段长刘某将情况告知塑焊工高某(高纯酸罐上面的 PVC 管焊口开了,有点漏)。高某确认情况后,向防腐工段长陈某汇报,陈某以下班在即为理由推脱至第二天。2011 年 1 月 18 日上午 8：30,塑焊工高某、李某前往高纯酸罐顶部查看漏点,负责合成工段维修工作的周某、魏某配合卸高纯酸罐的法兰螺栓。李某使用角磨机将漏点的 PVC 管接口打磨,经过打磨后发现开口较大（这时罐内的氢气已经大量外泄）,李某和高某发现管子短了一截,随后返回防腐工段取了管子和法兰。这

时维修工周某发现罐顶法兰螺栓锈死了，卸不下来，他们借了角磨机与在场的李某同时回到高纯酸罐顶，并用角磨机切割生锈的螺栓，在 10：26 左右，合成工段三个盐酸储罐同时发生爆炸，造成在现场作业的三个工人死亡。

2. 事故原因

（1）事故直接原因

维修工李某、魏某、周某严重违反《化学品生产单位动火作业安全规范》（AQ3022—2008），既未经危险有害因素分析，又未办理动火作业票证的情况下，擅自电动切割设备（不防爆），在存有大量氢气的罐顶进行切割作业，切割铁质螺栓时产生火花，引爆氢气和空气的混合易燃易爆气体，是造成这起死亡事故的直接原因。

（2）事故间接原因

① 公司未按《安全生产条例》的要求认真落实安全生产工作，安全责任制落实不到位。

② 公司对职工的安全培训教育不到位，职工的安全意识淡薄，缺乏安全应知应会知识。

③ 公司安全管理混乱，各种安全管理规章制度落实不到位，有章不循，无章可循，习惯性违章作业现象严重。长期以来未引起企业领导的高度重视。

④ 公司安监部门及安检人员对现场安全监督管理不到位，对现场违章现象熟视无睹。

⑤ 合成工段副工段长刘某安全意识淡薄，严重违反禁火区安全管理制度，违章指挥工人，违章冒险作业。

3. 事故防范措施

① 公司各级领导和管理人员、员工要增强安全意识，牢固树立"安全第一、预防为主、综合治理"的思想观念。

② 严格执行国家法律、法规和标准，杜绝违章指挥、违章作业的盲目蛮干行为。

③ 严格按国家法律、法规及安监部门的要求，并要结合自身实际，调整和健全安全管理组织机构，配备符合条件的安全管理人员，并加大培训力度，提高安全管理部门人员的安全知识水平。

④ 进一步完善、健全安全管理制度和操作规程并要加大监督管理力度，使其进一步得到落实。

⑤ 组织工程技术人员和安全管理人员对现场进行定期排查，及时发现和消除隐患。建立安全隐患排查台账。实行隐患整改"五定"制度。

⑥ 严格执行各类作业安全票证的管理制度，严格履行审批程序。

⑦ 加强巡检制度，对巡检人员实行翻牌制并配备必要的检测设备，对重要部位进行 24h 监控确保安全。公司安全员定时、不定期地进行检查，并严格考核，确保安全生产。

 ［案例分析 2］

事故名称：氯化氢尾气回收系统爆炸事故。

发生日期：2001 年 6 月 13 日。

发生单位：某氯碱厂。

2001 年 6 月 13 日，某化工厂盐酸工段氢化氢尾气系统突然发生爆炸，爆炸声巨响，爆炸造成尾气系统的管道、设备损坏，稀酸罐炸裂，所幸无火灾及人员伤亡。

1. 事故经过

2001 年 6 月 13 日零时，某化工厂盐酸工段丁班操作人员，按正常程序交接班后，生产系统正常。当时生产状况是 H_2 总管压力为 12kPa，H_2 入合成炉压力为 200Pa，火焰燃烧良好，尾气吸收达标，符合工艺操作要求。2 时 50 分全厂突然停电，主操作发现合成炉内火焰突然熄灭，借应急灯光发现 H_2 总管压力急剧下降，便立即采取紧急停车处理，主操作负责关 H_2 调节阀，副操作负责关闭 H_2 总管阀门，即将关闭 H_2 调节阀时，这时照明灯闪了一下，电又送来（为瞬间停电），发现 H_2 总管压力在降至 0 后又升到 8kPa。在关闭 H_2 阀门后，主操作又关闭 Cl_2 阀门，在关闭过程中，听到一声很清施的响声，接着便是一声沉闷的剧烈爆炸声，主、副操作急往外巡查，发现稀酸罐被炸裂，罐顶被炸开，与其相连的管道被炸碎。

2. 事故现场

盐酸尾气回收系统在四楼操作室北侧，Φ300 排放管伸至五楼顶部，主要设备有稀酸罐、稀酸泵、降膜吸收器、相连接管道等。稀酸罐为玻璃钢罐，废气排放管为硬质 PVC 管，稀酸泵为耐腐蚀泵，相连接管道为有机玻璃钢管、ABS 管、酚醛塑料管、PVC 管等。爆炸后，所有非金属管道、阀门全部炸碎，稀酸罐炸裂，合成炉、降膜吸收器的石墨防爆膜片被炸成粉状。从粉碎的管道及有关设备看，无着火迹象，据现场操作工反映，爆炸产生剧大响声。事故发生后，操作人员立即通知有关人员盐酸工段停车，检查其他设备损坏情况，查找事故原因。

3. 事故原因

事故发生后，该厂立即组成事故调查组进入盐酸工段，从生产装置、生产所需原料及各类气体、工艺控制指标、设备情况及结构、操作人员、操作方法等几方面查找事故原因，并进行全面细致调查，逐项排查，查找事故根源。

（1）生产装置调查反馈情况

石墨"三合一"盐酸合成炉为成熟盐酸生产装置，在国内早已全面推广使用，该装置安全、可靠、节能、耐腐蚀、便于操作，生产的盐酸为无色透明液体（铁合成炉为微黄色液体），质量有很大提高，生产装置没有问题。

（2）生产原料及气体调查

原料为脱盐水，气体为 H_2、Cl_2 两种，H_2 属易燃、易爆气体，Cl_2 为有毒气体且助燃，两种气体燃烧产生氯化氢气体被脱盐水吸收制成盐酸。操作时，调节 H_2、Cl_2 比，不可过氢，也不可过氯，过氢容易发生爆炸，过氯容易造成空气污染，据操作人员反映，当时气体在炉内燃烧正常，配比合理，没有异常现象。

（3）工艺控制指标调查

工艺指标是经过科学的论证和生产实践所得，由技术部门确定。经检查，各项工艺控制指标符合安全生产要求，并以技术规程形式现场张贴。

（4）设备情况及结构调查

盐酸为腐蚀品，所需生产设备大部分为耐腐蚀设备，特别是尾气吸收部分，设备、管道为非金属材料，从设备结构、布局、使用情况看，设备结构、布置、使用合理，也便于操作，除几台运转设备外，大部分设备为静止设备。

（5）操作人员调查

该班操作人员都具有盐酸生产 8 年以上的工作经验，受过多次业务培训，成绩优良，实际操作经验丰富，工作责任心也较强。

（6）操作方法及紧急停车处理采取措施调查

从操作工口述实际操作方法和事后自写的紧急停车处理采取措施等方面看，调查组认为操作方法正确，处理紧急停车采取措施较得当，调查组经过认真分析、论证，认为要从易燃易爆气体上找原因，特别是操作人员反映 H_2 总管压力从 0 突然升至 8kPa，然后慢慢回落，这一点引起调查组高度重视（原来没有出现过此类情况），一致认为，不但要在盐酸工段找原因，还要在全厂氢气系统找原因，通过艰苦调查，科学论证，反复试验，终于找出事故发生根源。

该厂电解产生的 H_2，除自用外，其余部分送邻近氮肥公司使用（近期才开始输送），管线较长，H_2 输送由氢干燥工序负责，风机输送。当全厂突然停电时，全厂所有机泵全部停止运转，管道内大量 H_2 倒流，干燥工序操作人员又未及时关闭 H_2 输送阀门，造成大量 H_2 经 H_2 管道倒流至盐酸生产系统内（突然停电后盐酸氢气压力降至 0 后又反弹升至表压显示的 8kPa），倒流的 H_2 通过盐酸工段氢管道压至合成炉内，与炉内的气体混合，此时合成炉内压力由微正压迅速达到正压状况。当大量过量的 H_2 与炉内氯化氢气体、氯气和废气混合后，经尾气管道聚积到尾气吸收塔和稀酸罐内，又与罐内气体混合，此时罐内、管道内、合成炉内混合气体达到爆炸极限。这时稀酸罐内液体量为罐体容量的 4/5，罐内气相空间相对狭小。聚积气体在压力作用下首先造成合成炉及尾气吸收塔防爆膜爆裂（第一次响声），同时，爆膜产生的冲击压力又推动管道气体压向稀酸罐，稀酸罐内混合体在压力作用下，迅速沿着 $\Phi300mm$ 硬质 PVC 管向上排泄，排泄过程中，混合气体与硬质 PVC 管壁产生摩擦，形成静电花，引起二次爆炸，造成放空管道及相连接管道炸碎，稀酸罐炸裂，罐体封头炸开，这是造成爆炸事故的主要原因。

突然停电时，操作工思想准备不足，有犹豫慌乱现象，在紧急停车过程中，关闭 H_2、Cl_2 阀门不及时、不迅速、不彻底，这也是造成事故的原因之一。

4. 防范措施

事故原因查明后，该厂及时召开有关人员会议进行事故通报，本着"四不放过"原则，重点放在防范措施落实和教育上，让职工清楚事故发生的原因，掌握处理事故方法，消除恐惧心理。

① 盐酸尾气系统 $\Phi300mm$ 放空管道由硬质 PVC 管改为酚醛塑料管道（因为聚氯乙烯管道易产生静电），这样就可清除静电确保排空管道无静电产生。

② 在盐酸各类管道处增设消除静电设施，防止其他非金属材料管道产生或积聚静电。

③ 在通往氮肥公司氢气管道处，增设一个止回阀，防止在特殊情况下氢气倒压，要求干燥操作人员只要发生停电、风机跳闸或风机机械故障，都要迅速关闭氢气分配台出口阀。

④ 修复更换损坏设备、管道及防爆膜，达到开车状态，并在防爆膜处设防护网，防止膜片爆炸后伤人。

⑤ 组织盐酸工段全体人员，认真学习《氯碱生产安全操作与事故》一书中介绍的盐酸生产中出现的各类事故，掌握事故处理方法，吸取事故经验教训。

⑥ 开车前组织操作人员进行模拟实际操作，反复实践，在紧急状况下，如何进行紧急停车处理，及在复杂情况下，如何确保生产装置、设备安全运行。

⑦ 加强管理，明确大型化生产和小型化生产本质上的区别，要从思想上认识到科学先进的管理理念是提升企业管理水平的有效途径。企业快速发展后，管理人员应站在更高的管理平台，从全局出发，解放思想，消除狭隘思想观念，这样就能适应企业发展需要，确保生产

系统、生产装置安全，这是管理之根本。

一、教学准备/工具/仪器

图片、视频展示

详细的高纯盐酸制备的 PID 图

彩色的涂色笔

化工图样中的设备、仪表、阀门中字母所代表的含义

二、操作要点

流程识读：

根据附图 13 来完成，首先找出氯化氢气体被纯水吸收经过的主要设备，规定相应的彩色准备涂色。

例如：氯化氢使用红色的粗实线，纯水为黑色细实线，稀酸为粉色等。

任务一：找到氯化氢被纯水吸收的主流程，从前到后依次经过一级降膜吸收塔、二级降膜吸收塔、尾气吸收塔。

任务二：根据高纯盐酸制备工序 PID 图（附图 13）的工艺流程简述，回顾高纯盐酸制备的原理、使用设备情况和各重点位置参数控制值。

工艺流程简述如下所示：

用于制酸的氯化氢气体经氯化氢分配台进入吸收分配台，再由吸收分配台进入盐酸吸收系统Ⅰ段降膜吸收器上封头，与来自Ⅱ段降膜吸收器的稀酸从管内自上而下进行并流吸收生成成品盐酸，成品盐酸从Ⅰ段降膜吸收器的底部流入盐酸液封罐，然后流入盐酸中间槽，未被吸收的氯化氢气体经返气管由Ⅱ段降膜吸收器的上封头进入，与来自尾气吸收塔的稀酸从管内自上而下进行并流吸收生成稀盐酸，稀盐酸从Ⅱ段降膜吸收器的底部流出经 U 形弯液封后进入Ⅰ段降膜吸收器上封头。未被吸收的氯化氢气体经返气管由尾气塔的底部进入，与循环液槽来的酸性水在塔内自下而上进行逆流吸收，废气经过风机排入大气。生成的稀盐酸从尾气塔的底部流出经 U 形弯液封后进入Ⅱ段降膜吸收器上封头。

在特殊情况下（如 PVC 生产出现异常），短时间 VCM 工序停用氯化氢气体，则采取氯化氢气体倒吸收的方式来解决。氯化氢气体经过调节阀倒入事故吸收分配台，通过事故吸收分配台进入事故吸收系统生产高纯盐酸。

习　　题

1. 电解法生产烧碱、氯气和氢气的原料是_____，它的化学名称叫_____，化学分子式为_____，分子量为_____。

2. 烧碱是由_____水溶液经_____电解后再经_____浓缩而得到。

3. 氯气在0.1MPa（绝对压力）、9.6℃时能与水生成_____结晶物。

4. 离子膜电槽（加酸）的氯气规格：_____、_____、_____。

5. 液氯生产中液化效率是一个重要控制指标，它表示_____与_____之比，液化效率越_____，被液化的氯气量越_____，液化尾氯含氯量越_____。

6. 透平压缩机输送的氯气含水要达到_____以下。

7. 进入高纯盐酸合成炉石英灯头的氯气与氢气之比为_____。

8. 氯气走石英灯头的_____，氢气走石英灯的_____，两者在灯前混合燃烧。

9. 碱液蒸发生产的目的一是_____；二是_____。

10. 固体氢氧化钠在空气中易吸收_____潮解，能和空气中_____反应生成_____，因此必须_____储存。

11. 当电解饱和食盐水溶液时，在阳极产生_____，在阴极产生_____和_____。

12. 点火指标中，要求氢气纯度_____，氢气中含氧_____。

13. 电解液（阴极液）是由_____溶液经_____而得的主要产物。一般经隔膜电解，电解液中氢氧化钠浓度为_____，一般经离子膜电解，电解液中氢氧化钠浓度为_____。

14. 离子膜电槽（加酸）的氯气规格为_____、_____、_____。

15. 氯气处理工艺过程是_____，_____。将80℃左右的湿氯气由工业上水冷却至_____，再由_____盐水冷却至_____，这样可除去_____水分，余下_____用硫酸进行吸收。

16. 氯气纯度愈高，氯气分压_____，在相同的液化效率时，废（尾）气纯度_____。

17. 氯化氢不断地被稀酸吸收，氯化氢浓度会变得_____，而酸浓度_____。

18. 工业上生产固碱时常用的工艺有_____、_____两种。

19. 熔盐HTS是一种强氧化剂，使用过程中不得混入_____、_____、_____等易燃物质，以免引起燃烧、爆炸事故。

20. 在膜法固碱生产工艺中，一般采用升膜蒸发器将_____%的碱液浓缩到_____%，然后再通过降膜蒸发器浓缩成_____碱。

21. 我国氯碱工业所用食盐一般有_____、_____、_____、_____四种

22. 烧碱的化学名称叫_____，又称_____，分子式是_____，分子量是_____。

23. 盐水生产过程是将_____、溶解成_____、溶液，并经过_____、_____、_____、_____等过程，使之成为_____，生产

所需要的合格_____。

24. 从化盐工序送来的一次精制盐水中含有少量的游离氯。如果盐水中的 ClO^- 不经过还原而进入过滤器，它将与滤材中的_____起反应生成_____，使滤材的质量劣化；此外，它还会使螯合树脂塔中的螯合树脂被_____，使树脂的_____降低。

25. 盐水流经螯合树脂塔时，发生_____反应，盐水中的 Mg^{2+}、Ca^{2+}_____，Mg^{2+}、Ca^{2+} 总浓度低于_____，达到离子膜法电解工艺对盐水质量的要求。

26. 通常采用的淡盐水脱除方法有_____，_____，_____，_____。

27. 进离子膜电解槽的盐水质量要求钙、镁杂质含量必须低于 $20\mu g/L$，唯有采用螯合树脂离子交换法才能满足上述要求。为了有效地除 Mg^{2+}、Ca^{2+}，盐水在进入螯合树脂塔之前必须加入_____来调节其 pH 值，pH 值以_____为好，pH 值若大于_____，对树脂的性能虽无明显影响，但容易生成_____，最终将堵塞_____；pH 值若小于_____，树脂的除钙能力将大大降低。

28. 电解过程的实质是电解质水溶液在_____的作用下，溶液中的离子在电极上分别放电而进行的_____反应。

29. 离子膜电槽（不加酸）的氯气规格为_____、_____、_____。

30. 绝对压力为 0.1MPa 的纯氯气，在_____℃就可以液化为液体氯。

31. 氯气的多项工艺指标影响液化效果，关键的几个参数有_____、_____、_____。

32. 电解槽电解过来的原氯中主要有_____、_____、_____、H_2O、H_2、O_2 等有害物质。

33. 氯气直接冷却具有气液_____、_____、_____等优点。但也有_____、_____的不足之处。直接冷却工艺一般适用于_____生产烧碱工艺。

34. 氯气干燥过程的推动力在于_____在气、液两相之间的浓度差。当浓度差不断_____时，传质_____逐渐_____；一旦浓度差_____，气、液两相就处于_____，吸收过程就停止进行。

35. 离子膜电解氢气纯度（体积分数，电槽出口）控制指标为_____%。

36. 一般来说气体中的含湿量在一定压力情况下，与_____有很大关系。越高，气相中含水_____，其水蒸气分压相应也_____。

37. 氯气中水分被浓硫酸所吸收，在化工工程中称为_____，其传质速率决定于_____，从气体主体向界面扩散的速率称为_____。

38. 实现气、液两相的传质吸收需具备三个条件：（1）选择_____，使之能有选择地溶解_____，使传质吸收得以进行；（2）选择_____，使气相中的扩散组分能与_____充分接触，确保传质吸收能在不断更新界面的情况下进行；（3）选择的溶剂_____，使浓度更新。

39. 高纯盐酸在离子膜制碱工艺生产中的主要作用是_____，_____和_____。

40. 影响蒸发器生产能力的因素是_____、_____、_____。

41. 蒸发工段采用六种除盐方式即_____、_____、_____、_____、_____、_____。

42. 生产 30% 液碱，一般采用_____流程及_____流程。生产 42% 液碱，一般采用_____流程及_____流程。

二、选择题

1. 中小型氯碱厂最适宜的氯气干燥是（　　）流程。

A. 泡沫塔填料塔串联　　　　　　　　B. 填料塔

C. 填料泡沫"二合一"　　　　　　　　D. 内外湍流五层泡沫塔

2. 当盐中 Ca^{2+}/Mg^{2+}（　　）时，有利于沉降操作。

A. >1　　　　　　　B. <1　　　　　　　$C=1$

3. 为了防止氢气与空气混合，一般电解槽的氢气系统都采用（　　）操作。

A. 正压　　　　　　　　　　　　　　B. 负压

C. 保持压力 101325Pa　　　　　　　D. 保持压力 $10^5 Pa$

4. 离子膜法从电解槽流出的 NaOH 溶液浓度（　　）隔膜法从电解槽流出的 NaOH 溶液浓度。

A. 大于　　　　　　B. 小于　　　　　　C. 几乎等于　　　　　　D. 等于

5. 氯气液化温度随着压力的增大而（　　）。

A. 升高　　　　　　B. 降低　　　　　　C. 不变

6. 原料氯纯度不变，氯气压力愈大，单位质量液氯耗冷量（　　）。

A. 愈小　　　　　　B. 愈大　　　　　　C. 不变

7. 合成盐酸含量一般为（　　）左右。

A. 31％　　　　　　B. 37％　　　　　　C. 0.51％

8. 在停止排放氯气后，继续向合成炉内通入（　　），并用水流喷射泵进行抽排。

A. 氮气　　　　　　B. 氢气　　　　　　C. 氯化氢

9. 欲提高升膜蒸发器的生产能力，在生产中一般采取（　　）措施 。

A. 提高加热蒸汽压力　　　　　　　　B. 提高真空度

C. 原料碱预热　　　　　　　　　　　D. 增加投料量

10. 欲提高降膜浓缩器的生产能力，在生产中一般采取（　　）措施。

A. 提高熔盐温度　　　　　　　　　　B. 扩大降膜管的直径

C. 增加降膜管的长度　　　　　　　　D. 提高熔盐在降膜管内的流速

11. 氧化钠在水中的溶解度随温度升高而（　　）。

A. 升高　　　　　　B. 不变　　　　　　C. 略有升高

12. 离子膜电解槽的阴极室和阳极室用阳离子交换膜隔开，精制盐水进入阳极室，纯水加入阴极室，氢氧化钠的浓度可根据进电槽的（　　）来调节。

A. 氯化钠溶液的浓度　　　　　　　　B. 纯水量

C. 精制盐水量　　　　　　　　　　　D. 交换膜大小

13. 离子膜电解槽有单极式和复极式两种型式。不管哪种槽型，每台电解槽都是由若干个电解单元组成，每个电解单元都有（　　）。

A. 金属阳极和铁阴极　　　　　　　　B. 石墨阳极和铁阴极

C. 阳极、阴极和离子交换膜　　　　　D. 阳极、阴极和电解液

14. 氯气的干燥，是以硫酸与湿氯气接触后，氯气中的水分被硫酸吸收而实现的。此吸收操作是（　　）中的一种。

A. 传质过程　　　　　B. 传热过程　　　　　C. 蒸发过程

15. 当氯气含水分很大时宜采用（　　）制作的设备或管道。

A 不锈钢材料　　　　B．钛材　　　　　　C．合金材料

16. 盐酸密封槽的材质适合选用（　　　）。

A．碳钢 CS　　　　B．聚氯乙烯　　　　C．铸铁

17. 在合成炉内，发现火焰变黄，主要原因是（　　　）。

A．氯气过量　　　　B．氢气过量　　　　C．氯气、氢气都过量

18. 在熬煮固碱过程中锅内液面要维持一定高度，否则会（　　　）。

A．发生崩锅　　　B．影响单锅产量　　C．影响单锅质量　　D．缩短大锅的使用寿命

19. 完成锅调色后固碱出现绿色的原因是（　　　）。

A．加硫太少　　　B．加硫太多　　　C．加硝酸钠太少　　D．加硝酸钠太多

20. 化盐桶的温度一般控制在（　　　）。

A．小于50℃　　　B．50～60℃　　　C．60℃以上

21. 在道尔澄清桶内，颗粒的沉降速率主要与（　　　）有关。

A．进水量　　　　B．颗粒直径　　　　C．盐水温度

22. 澄清前加入助沉剂是为了（　　　）。

A．增大颗粒直径　　B．增加盐水黏度　　C．加快沉淀反应

23. 氯气净化最佳设备是（　　　）。

A．浸渍氟硅油玻璃棉筒式过滤器

B．丝网过滤器　　　　　　　　　　　　C．旋流板分离器

24. 螯合树脂不溶于酸和碱，它的组分是具有活性离子交换基的有机聚合物，并且有固定的（　　　）。

A．结构　　　　　B．颗粒　　　　　C．正电荷　　　　D．负电菏

25. 在气候寒冷的地区，为防止输送的氢气中经冷却剩余水分被冻而堵塞管道，一般采用（　　　）干燥之。

A．固体烧碱　　　　B．硫酸　　　　　C．分子筛

26. 空气含水随（　　　）发生变化。

A．空气相对湿度　　B．气候季节变化　　C．空气温度

27. 液化装置中需要控制液化产量的理由为（　　　）。

A．销售情况　　　　B．原料氯含氢　　　C．废氯纯度不能太低

28. 液氯在加压输送时为（　　　）。

A．过冷液氯　　　　B．过热液氯　　　C．饱和状态液氯

29. 无论合成炉燃烧原氯或尾氯，控制氯气总压一般不低于（　　　）。

A．1.80MPa；　　　B．0.90MPa　　　C．0.07MPa

30. 悬筐式蒸发器加热室，管内、管外分别走（　　　）。

A．碱液、蒸汽　　B．蒸汽、碱液　　C．蒸汽、蒸汽　　D．碱液、碱液

31. 三效逆流蒸发过程中，Ⅱ效加热用的蒸汽除了Ⅰ效的二次蒸汽外，还有（　　　）。

A．Ⅱ效冷凝水闪蒸出来的蒸汽

B．Ⅰ效冷凝水闪蒸出来的蒸汽　　　　C．生蒸汽

32. 蒸发器加热箱的传热系数主要取决于（　　　）。

A．内膜给热系数　　B．外膜给热系数　　C．导热系数

33. 在三效顺流蒸发工艺中，为了把析出的盐及时除去，一般需采用（　　　）装置。

A. 一效采盐　　　　　B. 二效采盐　　　　　C. 三效采盐　　　　　D. 二效和三效采盐

34. 自然循环式蒸发器碱液的循环速度是依靠（　　　　）形成的。

A. 压力差　　　　　　B. 重度差　　　　　　C. 循环泵

三、判断题

1. 离子交换膜法电解食盐水溶液，是用阳离子交换膜将电解槽隔成阳极室和阴极室，向阳极室提供纯水，向阴极室提供盐水，并通以直流电进行电解。（　　）

2. 如果氯内氢含量超过1%（体积分数）时，就有爆炸的危险。（　　）

3. 在用钡盐法除去盐水中硫酸根离子时，为了使氯化钡与硫酸根反应迅速完成，一般加入氯化钡的量要比理论需要量多些。（　　）

4. 氯气能在水中溶解，但溶解度不大。温度越高，氯气在水中的溶解度就越大。
（　　）

5. 保证苛化质量可以提高麸皮淀粉等天然类助沉剂的凝聚作用。（　　）

6. 精制反应后粗盐水中的机械杂质一般采用澄清和过滤的方法除去。（　　）

7. 干燥氯气的化学性质不太活泼，不易与金属钛起作用。（　　）

8. 氢气不仅能在氧气里燃烧，而且还能在氯气里燃烧，并放出大量热。（　　）

9. 大型现代化氯碱厂使用透平式压缩机以及无油润滑往复式压缩机压缩氯气，均要求氯气含水在100mg/kg以下。（　　）

10. "干燥的氯气"是指几乎不腐蚀碳素钢管的氯气。（　　）

11. 适当升高液化温度，可以提高液化效率。（　　）

12. 盐水凝固点的高低与盐水浓度有关，浓度越高，凝固点越低。（　　）

13. 液氯生产中，只要冷冻量能保证，在盐水不结冰的前提下，盐水温度越低越好，液化效率越高越好。（　　）

14. 氯化氢溶解于水会放出大量的溶解热，只有不断将此溶解热移去才有利于吸收反应。（　　）

15. 盐酸具有无机酸的一般通性，能与金属氧化物反应生成盐和水。（　　）

16. 工业上常用的盐酸一般为无色透明液体。（　　）

17. 高纯盐酸装置在运行中极易发生爆炸，一般集中在盐酸密封装置。（　　）

18. "三合一"炉高纯盐酸生产关键在于控制灯头火焰和炉内负压稳定。（　　）

19. 蒸发器的有效温度差是指加热蒸汽的温度与被加热溶液沸点温度之差。（　　）

20. 根据升膜蒸发器连续出料的特点，必须保证加热蒸汽的压力、蒸发器的真空度、物料的进料量、进料温度和进料浓度相对稳定。（　　）

21. 提高化盐温度可以提高食盐溶解速率及盐水饱和度，所以应尽量提高化盐温度。
（　　）

22. 提高盐水pH值可使NaOH与Mg^{2+}的反应加快，所以要尽量提高粗盐水的过碱（NaOH）量。（　　）

23. 当Mg^{2+}/Ca^{2+}比值高时，生成的氢氧化镁能迅速夹带碳酸钙一起沉降，能达到良好的澄清效果。（　　）

24. 氯气进入润滑油就会促使润滑油氯化变质，酸值增加，加速老化。（　　）

25. 液氯汽化器（产高氯）的冷源供给主要靠液氯汽化潜热。（　　）

26. 为了使盐水呈中性或微碱性（pH值为7.5～8.2），需要向盐水中加入过量的碱。

（ ）

27. 用于氯碱生产上的离子交换膜是一种用高分子聚合物制成的、对离子通过具有选择性的阳离子交换膜。它能让Na^+通过，而OH^-、Cl^-等阴离子则不能通过。   （ ）

28. 对于单极槽，通过各个单元槽的电流之和即为通过一台单极槽的总电流，而各个单元槽的电压则是和单极槽的电压相等，所以每台单极槽运转的特点是低电压、大电流。

（ ）

29. 对于复极槽，通过各个单元槽的电流是相等的，其总电压则是各个单元槽的电压之和，所以每台复极槽运转的特点是低电流、高电压。   （ ）

30. 蒸发的效数是指蒸发蒸汽利用的次数。   （ ）

31. 蒸发过程中，加热蒸汽所供给的热量主要消耗于溶液的预热、水的蒸发和设备的散热。   （ ）

32. 在冷却水冷却碱液过程中，较小的冷却温差可得到较大盐颗粒的结晶。   （ ）

33. 在真空系统中，要尽量避免管道过长，弯头过多等，以减少不必要的真空度损失。

（ ）

34. 为了保持升膜蒸发器加热蒸汽有足够的压力，加热蒸汽必须直接由蒸汽总管引入。

（ ）

参考文献

［1］ 王世荣，高娟．离子膜烧碱生产技术［M］．北京：化学工业出版社，2015．

［2］ 周保国，丁惠平．氯碱 PVC 工艺及设备［M］．北京：化学工业出版社，2016．

［3］ 张艳君，魏凤琴．氯碱生产与操作［M］．北京：化学工业出版社，2015．

［4］ 田伟军，易卫国．烧碱生产与操作［M］．北京：化学工业出版社，2013．

［5］ 陈秀山．原盐掺混使用的研究［J］．氯碱工业，2018，54（5）：9-1．

［6］ 费红丽．国内氯碱行业盐水精制工艺状况调查报告（2016—2017 年）［J］．氯碱工业，2017（12）：1-2．

［7］ 宋华福．有机膜与无机膜在一次盐水生产中应用技术分析［J］．中国氯碱，2018（6）：1-4．

［8］ 郎需霞．氯碱行业发展回顾及展望［J］．中国氯碱，2018（8）：1-8．

［9］ 宋旭东，罗莎，钟彦龙，等．采用 LSZ 药剂进行氯酸盐分解的技术改造项目［J］．氯碱工业，2018，54（11）：5-7．

附 图

附图1 一次盐水精制带控制点的工艺流程图 (1)

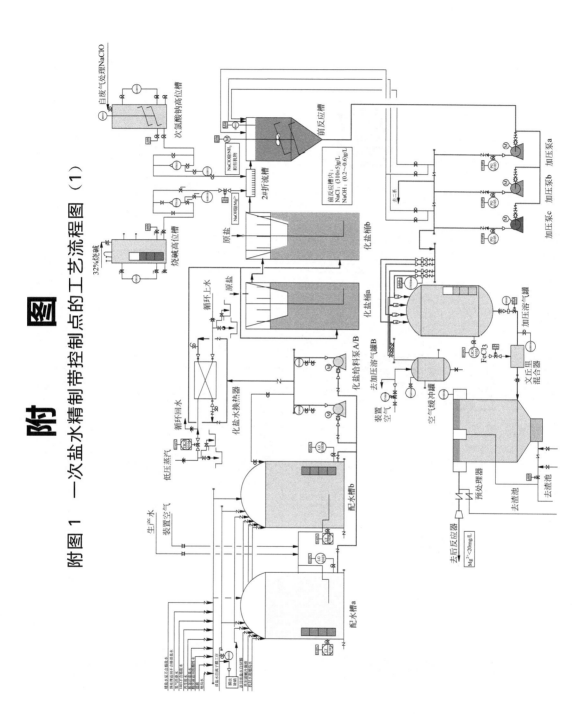

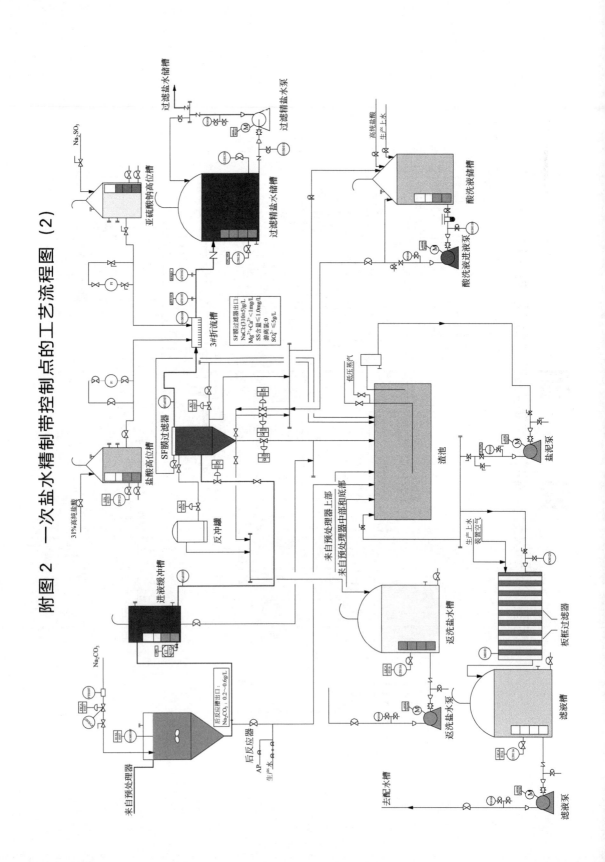

附图 2　一次盐水精制带控制点的工艺流程图（2）

附图 3 膜法除硝带控制点的工艺流程图

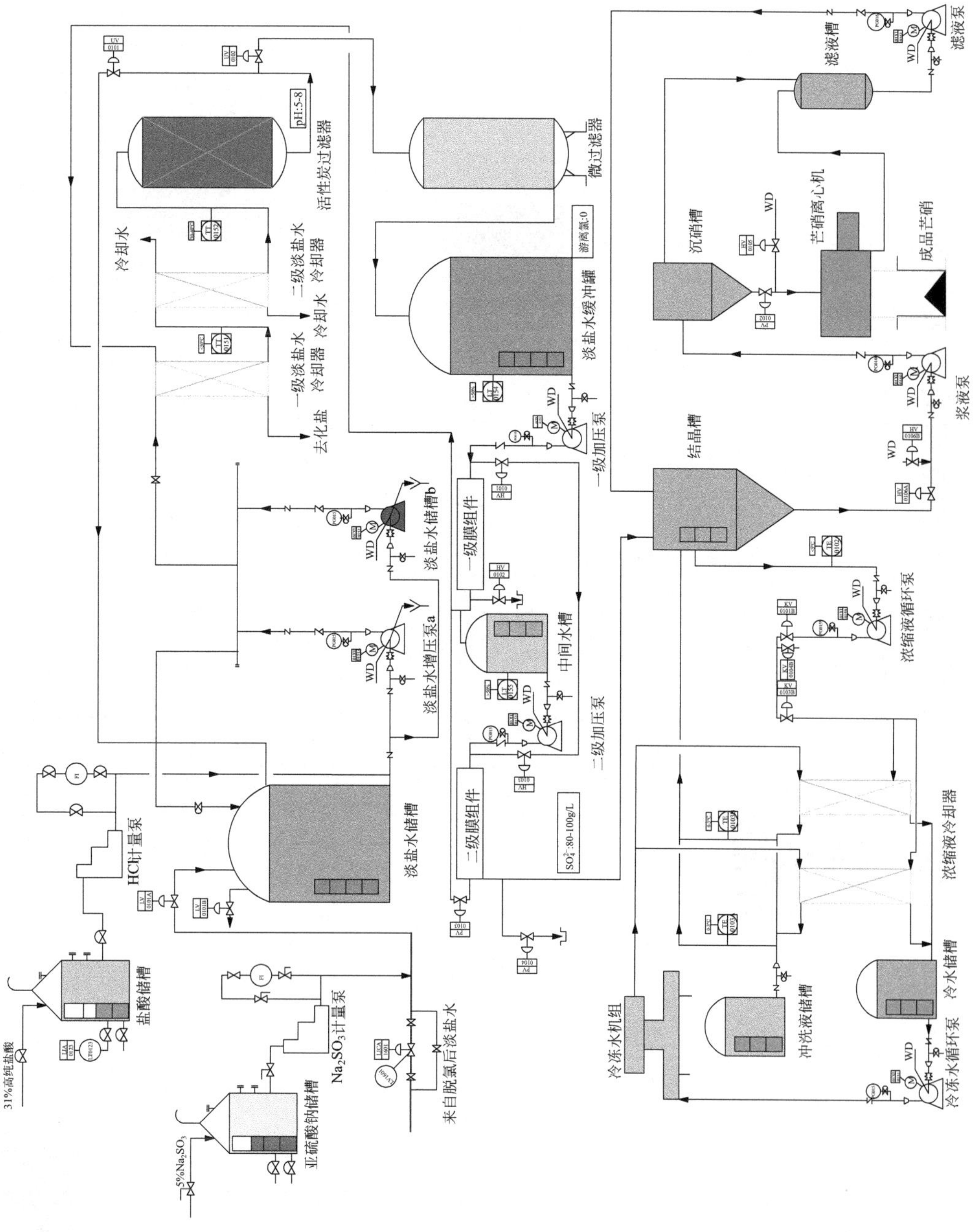

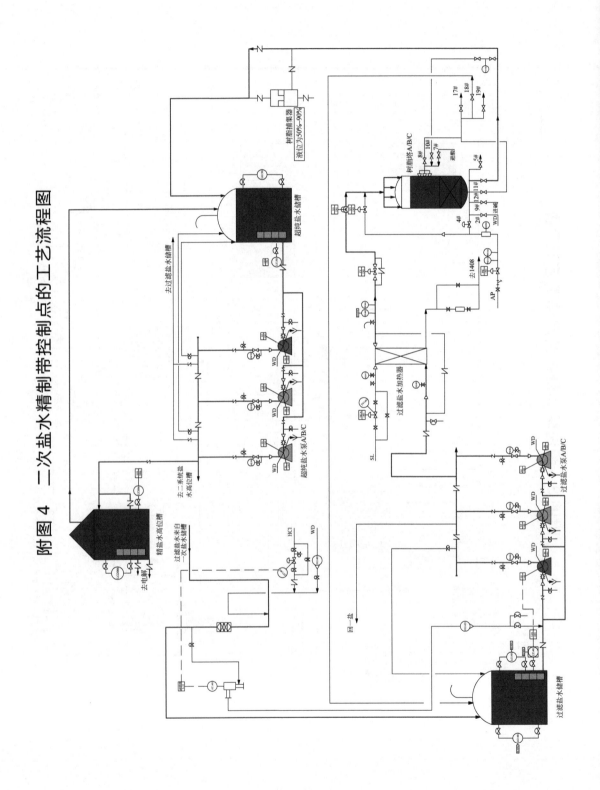

附图 4　二次盐水精制带控制点的工艺流程图

附图5 离子膜电解工序带控制点的工艺流程图

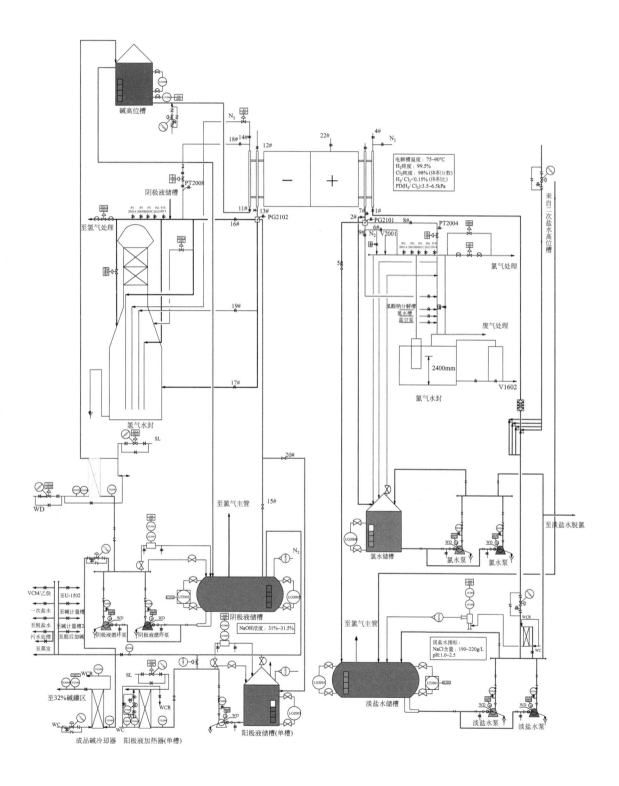

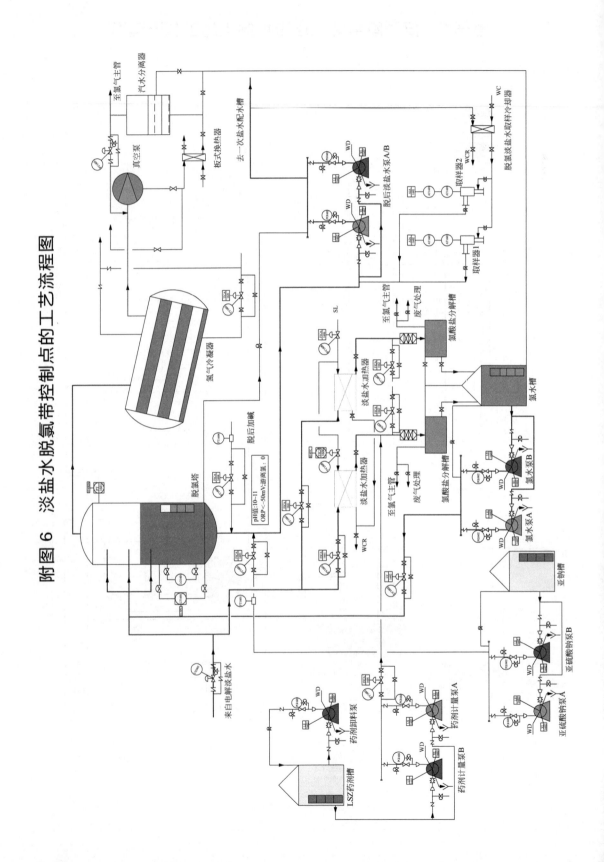

附图 6　淡盐水脱氯带控制点的工艺流程图

附图 7 碱液蒸发带控制点的工艺流程图

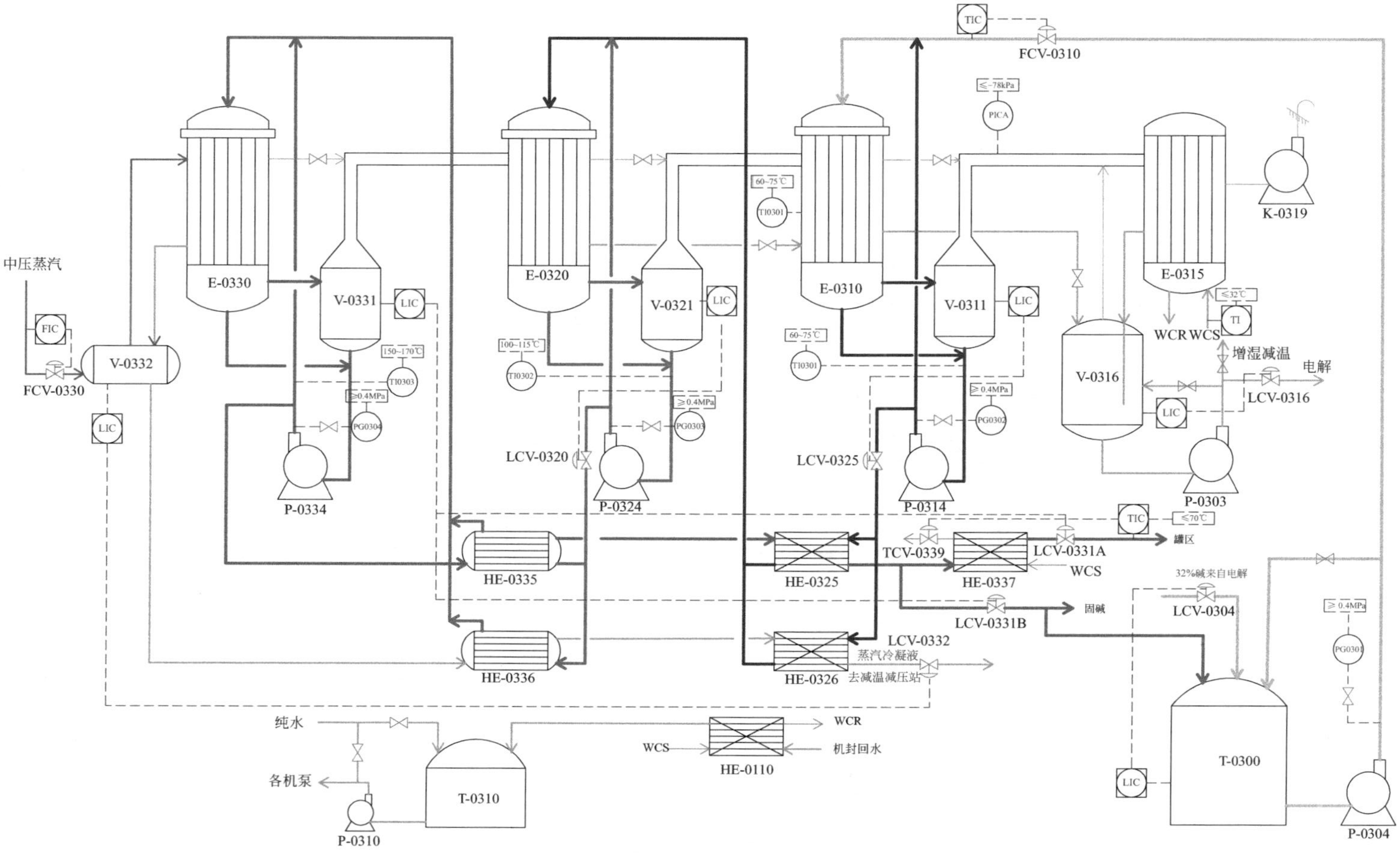

T-0300	P-0304	E-0310	V-0311	P-0314	HE-0325	HE-0326	E-0320	V-0321	P-0324	HE-0335	HE-0336	E-0330	V-0331	P-0334	V-0332
32%碱缓冲罐	32%碱泵	一效蒸发器	一效闪蒸罐	36%碱泵	氢氧化钠预热器	氢氧化钠预热器	二效蒸发器	二效闪蒸罐	42%碱泵	氢氧化钠预热器	氢氧化钠预热器	三效蒸发器	三效闪蒸罐	50%碱泵	蒸汽冷凝液罐

E-0315	K-0319	V-0316	P-0303	T-0310	P-0310	HE-0110
表面冷凝器	真空泵	工艺冷凝液罐	工艺冷凝液泵	轴封水罐	轴封水泵	轴封水换热器

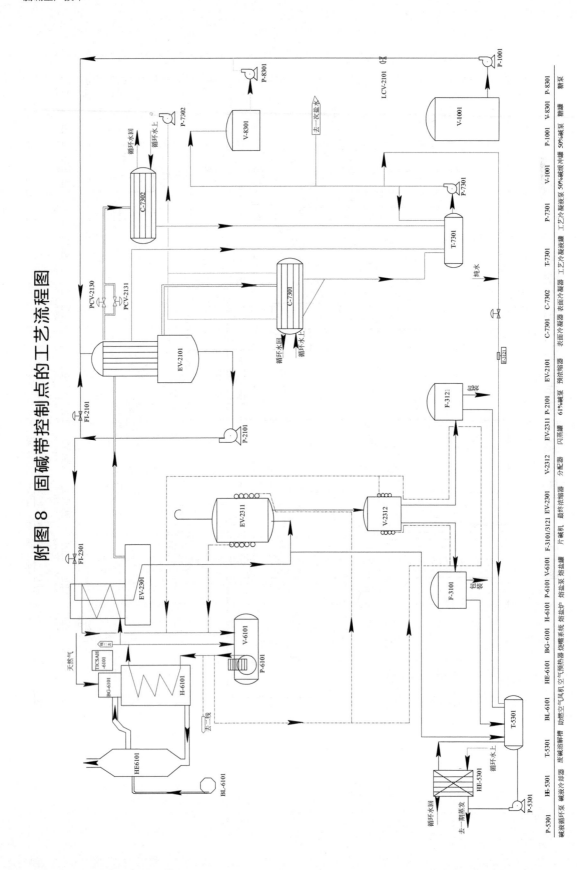

附图 8　固碱带控制点的工艺流程图

P-5301	T-5301	BL-6101	HE-6101	BG-6101	H-6101	BG-6101	H-6101	P-6101	V-6101	F-3101/3121	EV-2301
碱液循环泵	碱液冷却器	废碱溶解槽	助燃空气风机	空气预热器	燃烧系统	熔盐炉	熔盐泵	熔盐罐	片碱机	最终浓缩器

V-2312	EV-2311	P-2101	EV-2101	C-7301	C-7302	T-7301	P-7301	V-1001	P-1001	V-8301	P-8301
分配器	闪蒸罐	61%碱泵	预浓缩器	表面冷凝器	表面冷凝器	工艺冷凝液罐	工艺冷凝液泵	50%碱液冲罐	50%碱泵	糖罐	糖泵

附图 9　氯气洗涤、干燥、压缩工序带控制点的工艺流程图

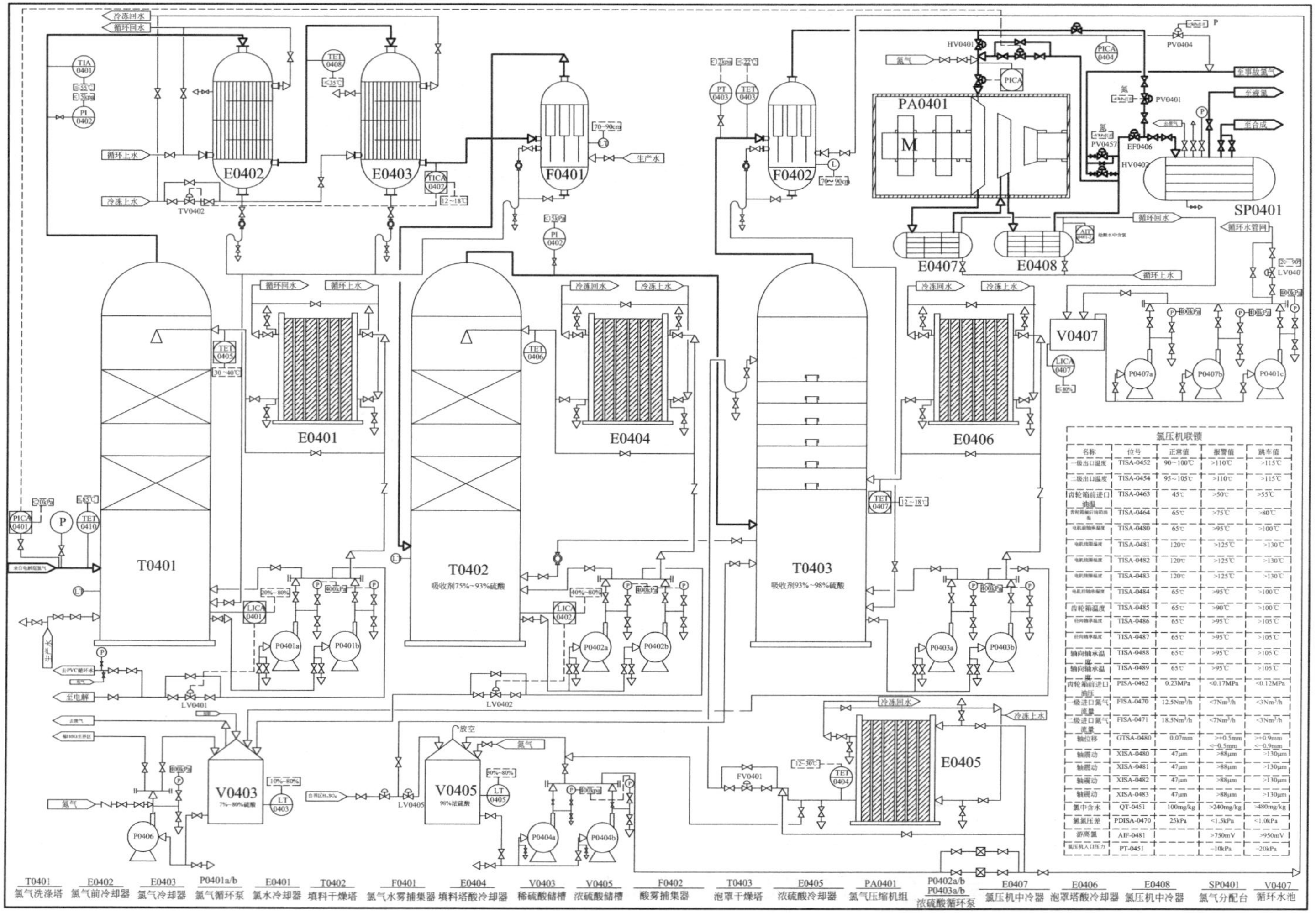

氯压机联锁

名称	位号	正常值	报警值	跳车值
一级出口温度	TISA-0452	90~100℃	>110℃	>115℃
二级出口温度	TISA-0454	95~105℃	>110℃	>115℃
齿轮箱前进口油温	TISA-0463	45℃	>50℃	>55℃
[illegible]	TISA-0464	65℃	>75℃	>80℃
电机前轴承温度	TISA-0480	65℃	>95℃	>100℃
电机线圈温度	TISA-0481	120℃	>125℃	>130℃
电机线圈温度	TISA-0482	120℃	>125℃	>130℃
电机线圈温度	TISA-0483	120℃	>125℃	>130℃
电机后轴承温度	TISA-0484	65℃	>95℃	>100℃
齿轮箱温度	TISA-0485	65℃	>90℃	>100℃
径向轴承温度	TISA-0486	65℃	>95℃	>105℃
径向轴承温度	TISA-0487	65℃	>95℃	>105℃
轴向轴承温度	TISA-0488	65℃	>95℃	>105℃
轴向轴承温度	TISA-0489	65℃	>95℃	>105℃
齿轮箱前进口油压	PISA-0462	0.23MPa	<0.17MPa	<0.12MPa
一级进口氯气流量	FISA-0470	12.5Nm³/h	<7Nm³/h	<3Nm³/h
二级进口氯气流量	FISA-0471	18.5Nm³/h	<7Nm³/h	<3Nm³/h
轴位移	GTSA-0480	0.07mm	>+0.5mm <−0.5mm	>+0.9mm <−0.9mm
轴振动	XISA-0480	47μm	>88μm	>130μm
轴振动	XISA-0481	47μm	>88μm	>130μm
轴振动	XISA-0482	47μm	>88μm	>130μm
轴振动	XISA-0483	47μm	>88μm	>130μm
氯中含水	QT-0451	100mg/kg	>240mg/kg	>480mg/kg
氯氮压差	PDISA-0470	25kPa	<1.5kPa	<1.0kPa
游离氯	AIF-0481		>750mV	>950mV
氯压机入口压力	PT-0451		−10kPa	−20kPa

附图10 氢气处理带控制点的工艺流程图

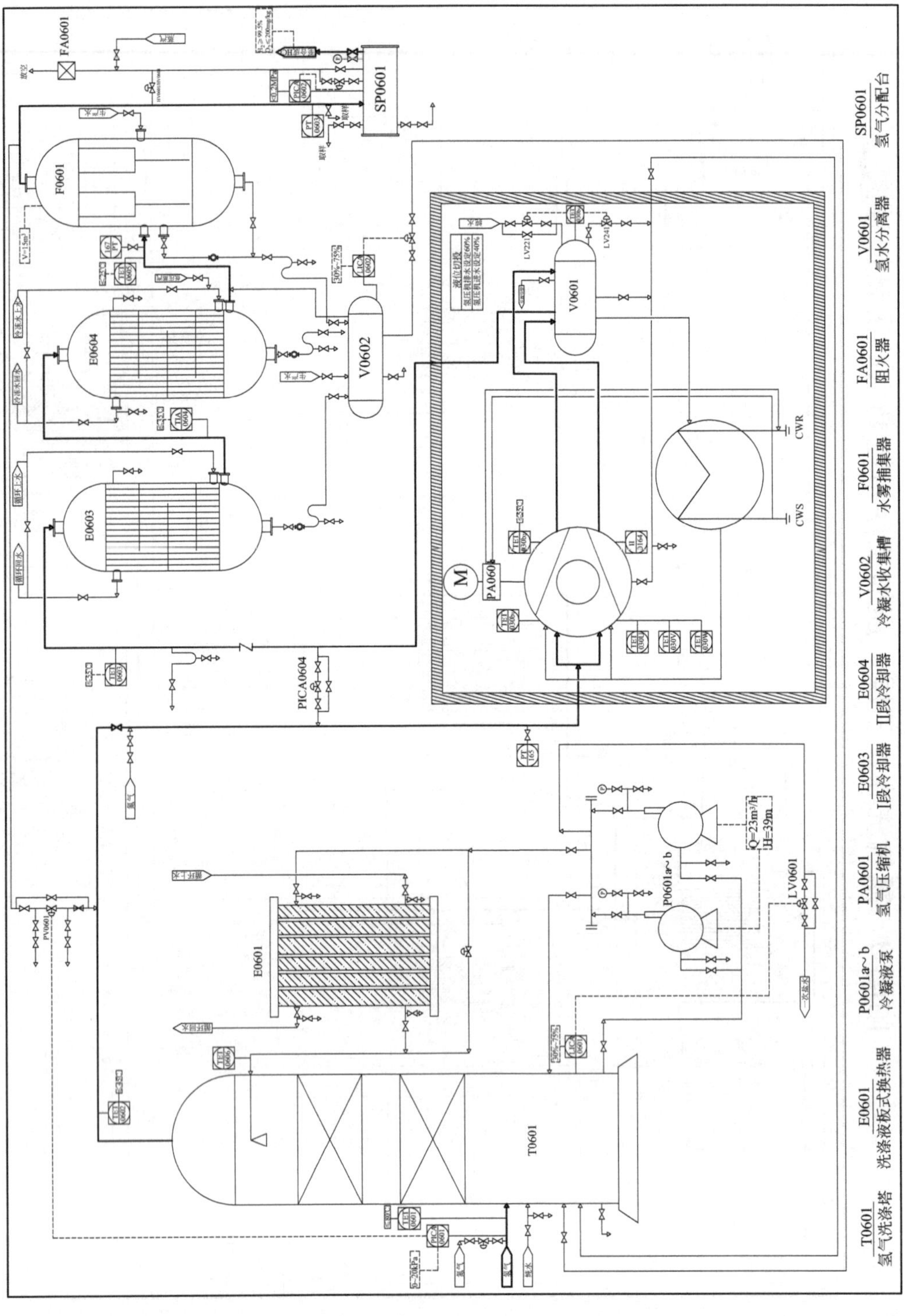

| T0601 | E0601 | P0601a~b | PA0601 | E0603 | E0604 | V0602 | F0601 | FA0601 | V0601 | SP0601 |
| 氢气洗涤塔 | 洗涤液板式换热器 | 冷凝液泵 | 氢气压缩机 | I段冷却器 | II段冷却器 | 冷凝水收集槽 | 水雾捕集器 | 阻火器 | 氢水分离器 | 氢气分配台 |

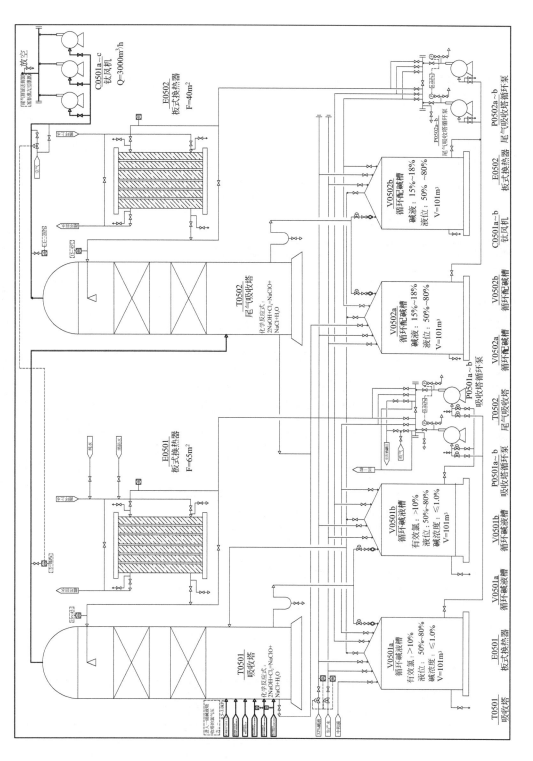

附图 11 事故氯处理带控制点的工艺流程图

附图 12　液氯的存储 PID 图

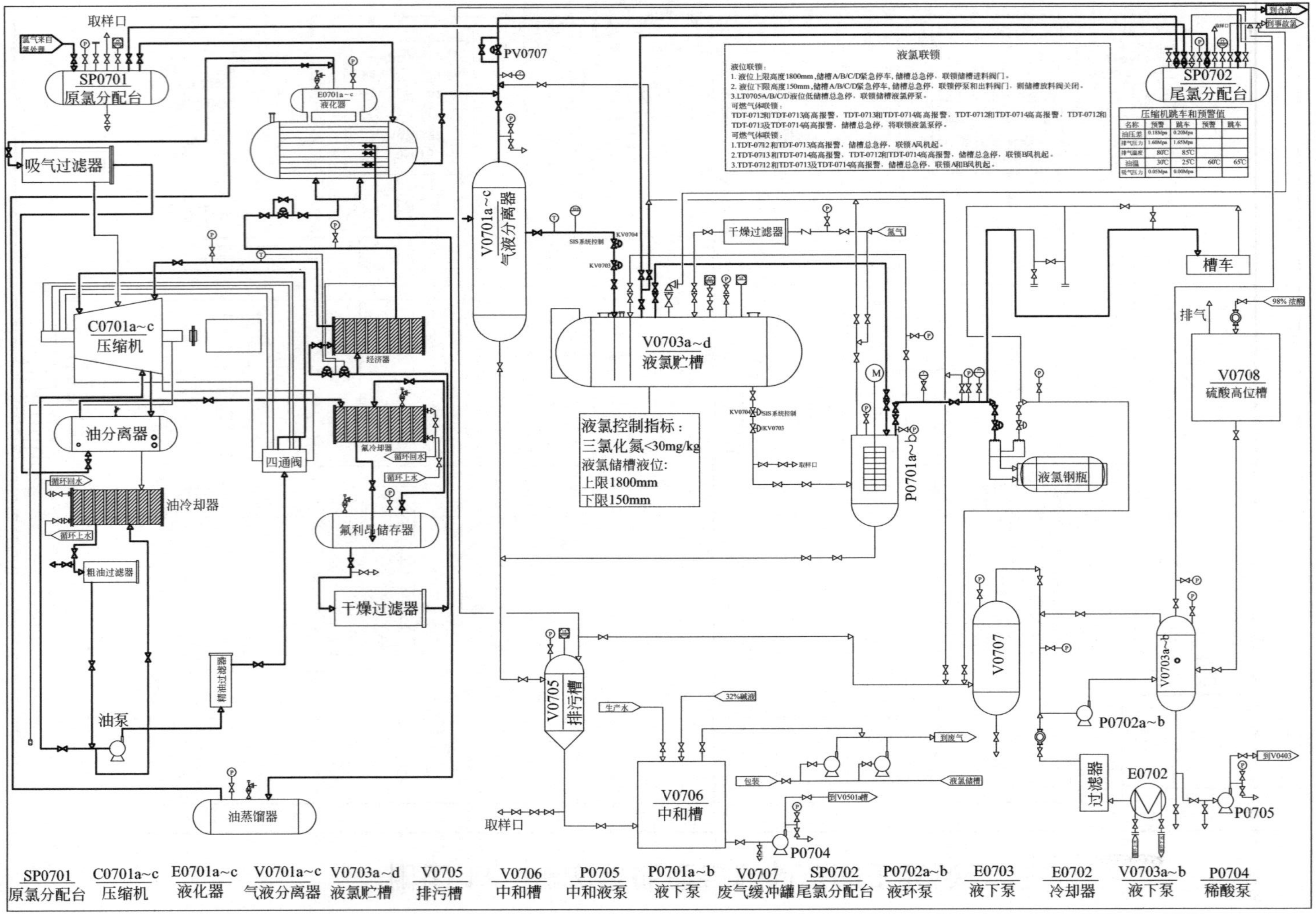

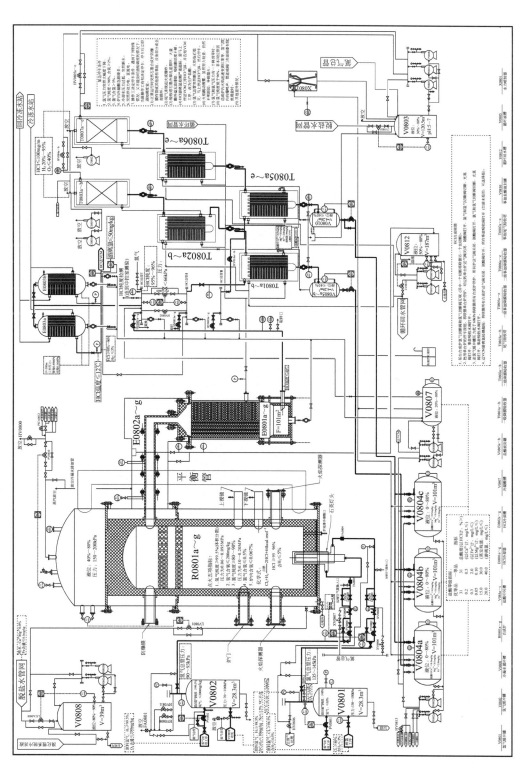

附图 13　氯化氢合成和高纯盐酸带控制点的工艺流程图